狗百科

THE DOG ENCYCLOPEDIA

狗百科

THE DOG ENCYCLOPEDIA

译者 陈超

Original Title: The Dog Encyclopedia
Copyright © Dorling Kindersley Limited, 2013
A Penguin Random House Company

北京市版权登记号：图字01-2020-4328

图书在版编目（CIP）数据

DK狗百科 / 英国DK公司编著；陈超译.
—北京：中国大百科全书出版社，2021. 6
书名原文：The Dog Encyclopedia
ISBN 978-7-5202-0951-9

Ⅰ. ①D… Ⅱ. ①英… ②陈… Ⅲ. ①犬—世界—普及读物
Ⅳ. ①S829.2-49

中国版本图书馆CIP数据核字（2021）第061028号

策 划 人：杨　振
译　　者：陈　超

专题审稿：李　东　钟　晟

责任编辑：石　玉
封面设计：袁　欣
装祯设计：殷金旭

DK狗百科
中国大百科全书出版社出版发行
（北京阜成门北大街17号　邮编 100037）
http://www.ecph.com.cn
新华书店经销
北京华联印刷有限公司印制
开本：889毫米×1194毫米　1/8　印张：45
2021年6月第1版　2021年6月第1次印刷
ISBN 978-7-5202-0951-9
定价：328.00元

For the curious
www.dk.com

目录

1 犬类介绍

2 品种指南

3 护理和训练

1 犬类介绍

犬类的进化

全世界大约有5亿只家犬，所有家犬彼此间都有亲缘关系，而灰狼是犬类进化树的根基，是各种类型和品种的犬的共同祖先。遗传学家发现，就DNA而言，狼和犬之间的差别微乎其微。诚然，自然选择所带来的改变造就了不同品种的犬，而人类对犬类的影响实则更加深远巨大。可以这么说，目前已知的几百种现代犬都是"人造"的。

犬的出现

犬的历史及其从狼到成为家庭伴侣的演变，可以追溯到史前。依靠狩猎和采集生存的古人形成了原始部落。狼出没在这些原始部落，在人类营地周围的垃圾堆寻找食物，而同时它们也成了人类所需兽皮和肉的来源之一。狼的存在还会不经意间提醒人们是否有入侵者或外来者到来。最初，人们之所以把狼带入自己的生活圈，一部分原因也许可以用这样一个事实来解释，即人类具有收养动物的本能，将动物作为玩伴或用于彰显社会地位。也许一只毛茸茸的小狼崽对我们祖先的吸引力就像可爱的动物宝宝对我们的吸引力一样大。作为社群性动物，在原始部落周围游荡的狼已经在同类和人类之间搭建起联系纽带，特别是在它们从人类这里得到了食物和庇护所等好处的情况下。

作为捕食者的狼，早期人类对它们的行为已了如指掌，并欣赏它们以团队的方式跟踪和捕获猎物时的执着和技术。而当

生活在部落中的人类一旦意识到具有灵敏嗅觉和强烈杀戮本能的狼若被驯服将会成为非常有价值的狩猎伴侣时，人与"犬"之间的伙伴故事就要拉开序幕了。在人类看来，那些"有前景""有价值"的动物可以被挑选出来用于某种用途，这可能就是选择性繁育的开端。为了达到理想状态而进行选择，这种选择现在仍在繁育者这里发生着。

狼的驯化看上去并不是一个孤立事件，而是在不同的时间和大范围区域内都在发生的事情。犬与人合葬的考古证据分别出现在相隔很远的地区，如中东地区（被认

考古证据
在以色列发现的这些约有12000年历史的人和犬（左图）的骸骨表明，犬可能是第一批驯化动物。

共同协作
狼以群而居，相互合作狩猎和抚养后代。这种群居的生活方式使其更易被早期的人类所驯化。就如与同类一起生活，那些出生不久便被人类带回养育的狼幼崽很容易适应和人类在一起生活。

为可能是最早进行狼的驯化的地区之一）和中国、德国，以及斯堪的纳维亚半岛和北美洲，近期发现的最早遗骨年代可追溯到大约14000年前。但对一块在西伯利亚发现的犬头骨化石的研究结果表明，早在大约30000年以前，狼被驯化后的新型犬科动物便已出现。

不管狼是在何时何地开始被驯化的，但可以肯定，它们的外表和性情从那时起就发生了改变。新型犬科动物出现，其品种因不同犬之间的杂交而增加。由于食物来源和气候条件的限制，一些狩猎采集部

犬类家族（犬科动物）的关系

| 狐 | 草原胡狼 | 亚洲胡狼 | 丛林狼 | 灰狼 | 犬 |

这幅示意图说明了犬与其他犬科动物的基因相关联。犬和灰狼的 DNA 最相似，并拥有许多共同特征，因此血缘关系最为接近。血缘关系越远的犬科动物相似的 DNA 越少。

落长时间与世隔绝，而另一些部落则不停地迁移，从而使跟随他们的犬可与其"氏族"以外的犬接触和交配。这些早期犬的性格和特点的交换为不同类型犬的形成打下了基础。但品种的真正建立仍需要几千年的时间逐渐完成。

现代品种

最初，人们根据特定的工作需求来繁育不同类型的犬。猎犬用于狩猎，獒犬用来保护财产，牧羊犬用来放牧。人们选择性地对犬进行繁育以使它们在身体和性情上适于相应的工作。嗅觉更灵敏的犬用于打猎，腿长的犬用于竞速，力量和耐力型的犬用于艰苦的户外劳作，具有强烈保护本能的犬则用于守卫。后来，出现了小猎犬和伴侣犬。当人类懂得并开始应用遗传定律后，这种改变的进程大大加快了。当犬开始被用于陪伴和当作宠物多于其他目的时，它们的外表就开始优于用途。自从第一个纯种犬协会在 19 世纪成立后，严格的纯种犬繁育标准就已形成。这些标准确立了每个品种的理想类型、颜色和体形，以及所能想象到的每一点，如从西

班牙猎犬的耳朵到大麦町犬（见 286 页）斑点的分布。

家养犬品种的激增发生在一个相对较短的时间内，尤其是从 20 世纪开始。现代的犬有时似乎有成为时尚配饰的危险，但人类的干预也引发了其他更大的担忧。扁平鼻子导致的呼吸问题，幼崽头部过大造成的生育困难，以及过长的后背所伴随的脊柱发育不良，这些只是少数负责任的繁育者正试图减少的一些缺陷。随着繁育者的实验，一个犬种和另一个犬种间的计划杂交产生了一系列新犬种，它们混合并拥有了

双方的遗传特征，如来自一方的卷毛型被毛和另一方的温顺性情。

从狼到犬，外表和性情上的改变需要很长时间。当人们渴求犬的陪伴时，就会想到去改变它们。在某些犬种中，狼的特征依然存在，这在雪橇犬和德国牧羊犬（见 43 页）中较为明显。而在其他犬种中，狼的原始特征已经无从寻找。假如一个远古时代的猎人遇到一只京巴（北京犬，见 270 页），他可能无法在第一时间意识到他面对的是一只犬。

变化的外貌
许多类型的犬都出现在 19 世纪，包括右图中的圣伯纳犬和查理王猎犬。但在品种标准建立之前，犬的类型一直在改变。

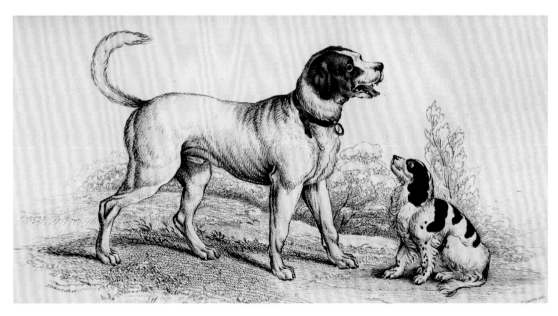

骨骼和肌肉

所有哺乳动物都拥有一副由韧带、肌腱和肌肉来稳定并赋予运动能力的骨骼。犬类骨骼系统的进化能够满足其祖先作为快速奔跑的食肉动物的需要。而犬被人类驯化以后，人类根据不同需要繁育出了不同类型的犬，这一过程导致犬骨骼的改变。尽管有些改变是由于突变而自然发生的，如侏儒化，但我们今天所见到的大多数现代犬种都是人为选择的结果。

独特的骨骼

速度和敏捷性对捕食者来说最为重要。追赶猎物要设定速度和方向，想成功捕获猎物，猎犬必须能快速奔跑和急速转弯。

犬的速度主要依赖于其柔韧性极强的、在奔跑过程中很容易弯曲和拉伸的脊柱。强有力的后肢提供了前行动力，同时，前肢的适应性改变则增加了步长。摩擦力由不能伸缩的爪子产生，起到类似跑鞋鞋钉的作用。作为四足动物，一只犬有四条

可承重的腿。其前肢没有像人类锁骨一样的骨连结，而是直接通过肌肉与身体连接。这能使前肢沿胸腔前后滑动以增加步长。其前肢的长骨，即尺骨和桡骨，紧密结合在一起，这点与人的前臂的结构不同。这是动物很重要的一个适应性改变，能使其快速改变方向来追逐猎物。尺骨和桡骨的紧密结合可防止骨头转动从而降低骨折的风险。为进一步增加稳定性，犬腕关节中的小骨头融合在一起，来限制足部的转动，以降低受伤的可能性。对于捕食者来说，

这点至关重要，受伤会大大影响犬捕猎的成功率，情况严重时会导致挨饿等后果。

犬类有一种特有的"踮脚尖"步态。犬的每只脚上有四个可承重的足趾，两个前肢内侧各有一个退化的狼趾，相当于人的拇指。但有些犬种，如藏獒（见81页），

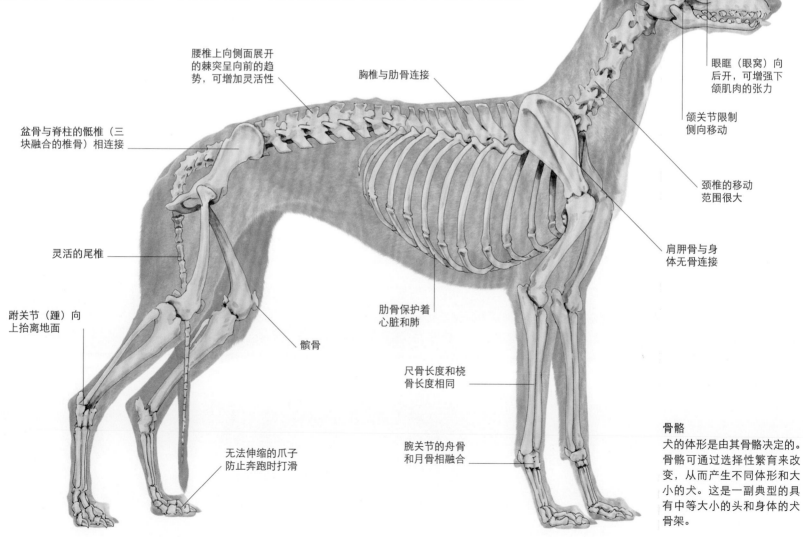

腰椎上向侧面展开的棘突呈向前的趋势，可增加灵活性

胸椎与肋骨连接

盆骨与脊柱的骶椎（三块融合的椎骨）相连接

灵活的尾椎

跗关节（踵）向上抬离地面

无法伸缩的爪子防止奔跑时打滑

髌骨

肋骨保护着心脏和肺

尺骨长度和桡骨长度相同

腕关节的舟骨和月骨相融合

眼眶（眼窝）向后开，可增强下颌肌肉的张力

颌关节限制侧向移动

颈椎的移动范围很大

肩胛骨与身体无骨连接

骨骼
犬的体形是由其骨骼决定的。骨骼可通过选择性繁育来改变，从而产生不同体形和大小的犬。这是一副典型的具有中等大小的头和身体的犬骨架。

头骨的形状

犬的头骨可视为三种基本形状的变形：长头型（长而窄）；中等头型（如狼一般，头骨宽度和鼻腔长度是等比例的）；短头型（短而宽）。家犬头骨形状的多样性是通过对原始犬进行选择性繁育的结果。

长头型
（萨路基猎犬）

中等头型
（德国指示犬）

短头型
（斗牛犬）

其后肢也有狼趾。另一些犬种，如比利牛斯山地犬（见78页），有双狼趾，被称为多趾畸形。

骨架的大小可以轻易通过选择性繁育来控制，因此，人类能够通过改变犬类骨骼的比例来繁育出如吉娃娃犬（见282页）一般的迷你犬或如大丹犬（见97页）那样的大型犬。犬类头骨的形状也发生了明显的改变（见上框）。

肌力

犬的四肢主要由肢体上部的肌肉来控制。四肢下部肌腱多于肌肉，可减轻重量，降低能耗。奔跑速度很快的犬种，如灵猩（见126页），其肌肉中有很高比例的"快"肌纤维，这种肌纤维因其获得能量的方式使它们能够产生爆发性速度；而那些因耐力需要而繁育的犬，能使它们跑得更远的"慢"肌纤维在肌肉中的比例更高，如雪橇犬和寻回犬。

用于狩猎的犬不仅需要比猎物跑得快，还得能抓到并控制住猎物。正如所有的食肉动物那样，犬类头骨的变化使大量肌肉附着其上，使下颌能打开，并防止侧移以及可能造成的脱位，这样就能咬住挣扎着的猎物。强健的颈部肌肉能使犬叼起并移动猎物。

犬类依靠肌力来完成细微动作的能力也优于人类。它们依赖肢体语言来相互交流，犬类能不断地抽动肌肉：龇牙低吼时的卷唇、竖起耳朵以示注意，或用摇尾巴来表示欢迎或和解。

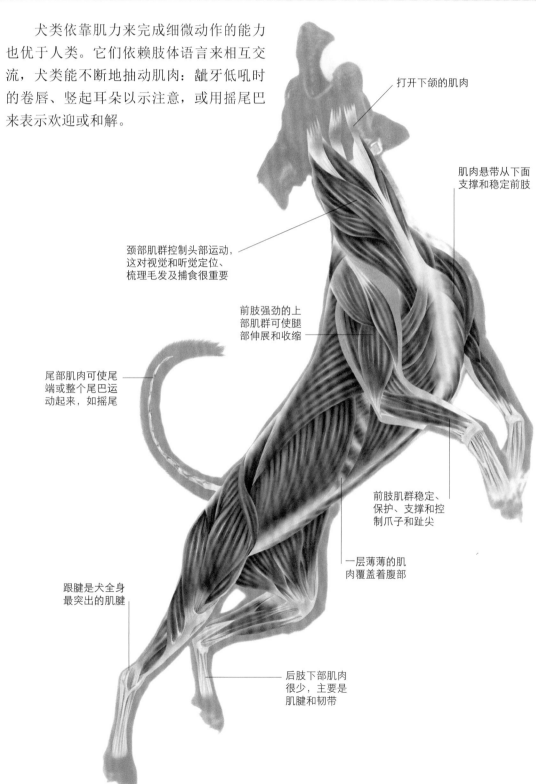

打开下颌的肌肉

肌肉悬带从下面支撑和稳定前肢

颈部肌群控制头部运动，这对视觉和听觉定位、梳理毛发及捕食很重要

前肢强劲的上部肌群可使腿部伸展和收缩

尾部肌肉可使尾端或整个尾巴运动起来，如摇尾

前肢肌群稳定、保护、支撑和控制爪子和趾尖

一层薄薄的肌肉覆盖着腹部

跟腱是犬全身最突出的肌腱

后肢下部肌肉很少，主要是肌腱和韧带

肌肉
所有犬都拥有相同的肌肉。肌肉能使犬运动，在交流中也起着重要作用。有些成对的四肢肌肉具有相反的作用，有的用来伸腿，有的则用来收腿。

感官

犬类对周围环境很警觉，其感官对所接收的信息反应极其灵敏。它们跟人类一样，通过看和听来解读周围环境。尽管我们看东西与犬相比更为清晰（夜视除外），但犬的听觉更强，嗅觉更是高度发达。鼻子是犬最宝贵的"财富"，犬依靠鼻子对世界进行精细的了解。

视觉

虽然犬类辨识色彩的范围不及人类，但它们的确能看到某些颜色。视色范围受限的原因在于犬的视网膜——眼球后部的光敏感层——只有两种颜色的反应细胞（二色视觉），而人类则有三种（三色视觉）。犬类眼中的世界是由不同色度的灰色、蓝色和黄色组成的，缺乏红色、橙色和绿色——这与红绿色盲症的人所看到的世界相同。但犬类却拥有优秀的远距离视物能力，它们能快速识别移动的猎物，甚至能发现跛行的猎物，这种能力对那些寻找较容易被捕获的猎物的捕食动物来说非常有效。由于近距离视物能力不够准确，犬更多依赖嗅觉或胡须敏感的触觉来感知周围物体。

耳朵的形状

竖耳 （阿拉斯加雪橇犬）	"烛焰"耳 （英国玩具犭更）
"玫瑰"耳 （灵猩）	"纽扣"耳 （巴哥犬）
垂耳 （布罗荷马獒犬）	吊坠耳 （寻血猎犬）

耳朵的类型
主要有三种类型的耳朵：竖耳（上排）、半竖耳（中排）和垂耳（下排），但每种又包含许多不同的形状。耳朵的类型影响着犬的整体外观，因此许多品种的犬都有相对应的品种标准来描述耳朵的位置、形状和形态。

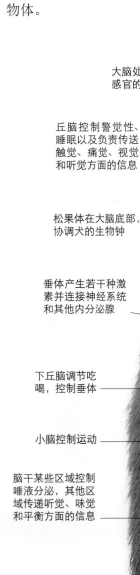

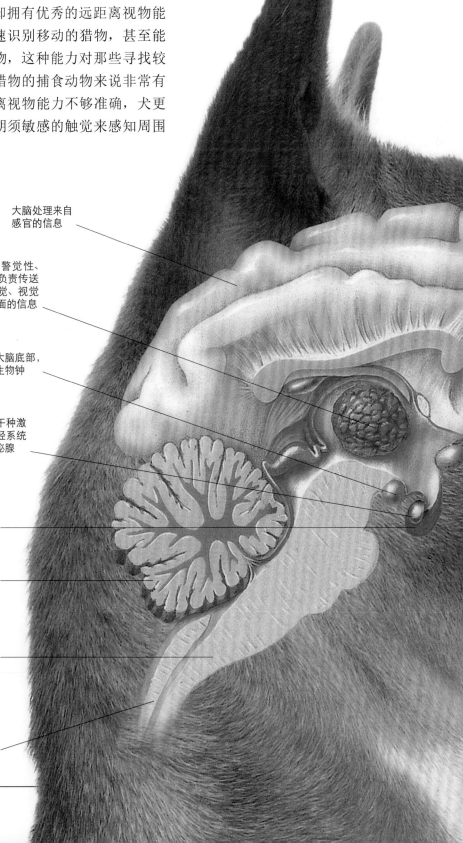

大脑处理来自感官的信息

丘脑控制警觉性、睡眠以及负责传送触觉、痛觉、视觉和听觉方面的信息

松果体在大脑底部，协调犬的生物钟

垂体产生若干种激素并连接神经系统和其他内分泌腺

下丘脑调节吃喝，控制垂体

小脑控制运动

脑干某些区域控制唾液分泌，其他区域传递听觉、味觉和平衡方面的信息

脊髓连接含有全身感官获取信息的外周神经系统

听觉

幼犬出生时是聋的，但随着生长发育，听觉会逐渐完善成熟，其听觉敏锐度是人类的4倍。它们能听到那些对人来说因声调过高或过低而难以听到的声音，还善于辨别声音来源的方向。那些拥有竖耳的犬种简直是收集声音的"天造之才"，通常比垂耳或吊坠耳的犬种听力更加敏锐。犬的耳朵还能大范围活动，可用来与其他犬交流：轻轻后摆以示友好；垂下或摆平表示恐惧或屈服；竖起代表侵略性。

嗅觉

犬类主要通过鼻子获取大部分信息，其鼻子可以从各种我们所不能识别的味道中接收复杂信息。嗅一下某种气味可让犬获知诸如雌性是否发情，猎物的年龄、性别和状态，甚至犬主人的心情。更令人惊奇的是，犬能嗅出并分辨出是谁或者什么东西曾经出现在它们所走的路上，而这正是它们擅长追踪的原因。通过训练，犬能学会嗅出毒品，甚至还能检测疾病。

犬大脑中负责解读气味信息的区域大约为人脑相关区域的40倍。尽管辨识气味的能力与犬的体形大小和吻部的形状有关，但与人类的500万个气味受体细胞相比，犬的鼻中平均有大约2亿个气味受体细胞已是很惊人的数字。

味觉

哺乳动物的味觉和嗅觉是紧密相关的。犬的鼻子能让它们探寻到很多它们正在吃的食物的信息，但它们的味觉却欠发达。人类有大约10000个辨别苦、酸、咸、甜等基本味道的味蕾，而犬只有不到2000个。与我们不同，犬对于咸味的感觉不强，这可能是由于其野生祖先食肉为生，尽管肉含盐较高，但以生存为目的，没有必要去区分食物中盐分的高低。也许是出于平衡这种高盐饮食的需要，犬的舌尖上有对水具有高接受度的味觉受体。

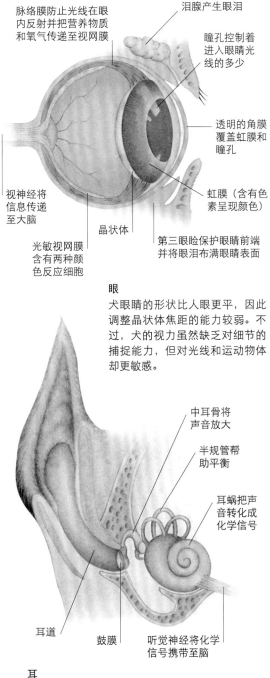

脉络膜防止光线在眼内反射并把营养物质和氧气传递至视网膜

泪腺产生眼泪

瞳孔控制着进入眼睛光线的多少

透明的角膜覆盖虹膜和瞳孔

视神经将信息传递至大脑

虹膜（含有色素呈现颜色）

晶状体

光敏视网膜含有两种颜色反应细胞

第三眼睑保护眼睛前端并将眼泪布满眼睛表面

眼
犬眼睛的形状比人眼更平，因此调整晶状体焦距的能力较弱。不过，犬的视力虽然缺乏对细节的捕捉能力，但对光线和运动物体却更敏感。

中耳骨将声音放大

半规管帮助平衡

耳蜗把声音转化成化学信号

耳道

鼓膜

听觉神经将化学信号携带至脑

耳
可活动的外耳扫描并将声音传入中耳和内耳后，声音被放大并转化成化学信号，并由大脑进行解析。

大脑

犁鼻器的位置

鼻膜有大约2亿个气味受体

舌头对盐不敏感

薄的鼻甲骨被鼻膜覆盖，捕捉气味分子

水受体集中在舌尖

脑
犬通过感官获取的全部信息由神经传递给大脑，经大脑分析后做出相应的反应。反应速度极快：如犬在听到声音后，可在0.06秒内确定声源位置。

鼻和舌
嗅觉和味觉是犬吻部的化学感觉器。位于鼻腔底部犁鼻器上额外的气味受体对于收集关于其他犬的信息来说是很重要的。

循环系统和消化系统

犬和所有其他哺乳动物的主要身体系统需要通过协同工作发挥作用，从而保持身体的正常运转。肺摄取的氧气和消化系统吸收的营养物质是生命所需的能源，需要被输送到身体各处。心脏通过有规律的收缩保持血液在身体中的循环，将血液输送到动脉和静脉组成的血管网络中，这是身体重要的补给线。

循环和呼吸

犬的心脏与人类心脏的运作方式相同，通过有规律的收缩来保持血液在身体中的循环。心脏的肌肉壁内部有四个心腔，每次心跳时四个心腔按顺序收缩和舒张，血液就可以被输出，通过动脉进入循环，再通过静脉回流至心脏。

　　循环（或心血管）系统与呼吸系统合作将氧气送至体内的每个细胞，并移出细胞中的废物，如二氧化碳。血液在一个连续的通路中流动，从肺吸入的空气中撷取氧气，把通过小肠壁吸收的养分一起输送到全身。氧气在肺中被摄取的同时，二氧化碳从血流中扩散入肺并被呼出体外。

　　呼吸系统在防止犬体温过热的过程中也起着关键作用。犬的汗腺数量有限，大多数分布在爪子上，所以不能通过出汗来降温。不过，犬可以通过喘气呼出热气使口腔中的唾液蒸发，带走热量，达到降低体温的目的。

　　另外，对犬类弥足珍贵的一点是循环系统的适应性改变可防止其爪子与冰冷地面接触时过度丢失热量，特别是生活在寒冷气候中的狐狸犬。

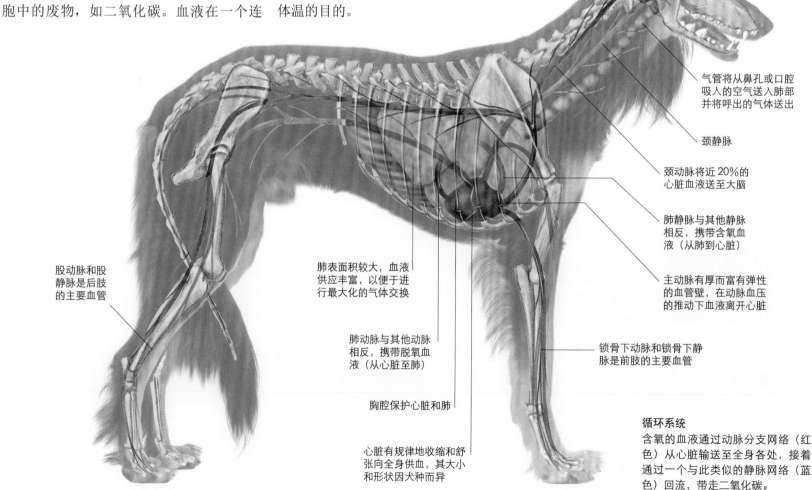

股动脉和股静脉是后肢的主要血管

肺表面积较大，血液供应丰富，以便于进行最大化的气体交换

肺动脉与其他动脉相反，携带脱氧血液（从心脏至肺）

胸腔保护心脏和肺

心脏有规律地收缩和舒张向全身供血，其大小和形状因犬种而异

气管将从鼻孔或口腔吸入的空气送入肺部并将呼出的气体送出

颈静脉

颈动脉将近20%的心脏血液送至大脑

肺静脉与其他静脉相反，携带含氧血液（从肺到心脏）

主动脉有厚而富有弹性的血管壁，在动脉血压的推动下血液离开心脏

锁骨下动脉和锁骨下静脉是前肢的主要血管

循环系统

含氧的血液通过动脉分支网络（红色）从心脏输送至全身各处，接着通过一个与此类似的静脉网络（蓝色）回流，带走二氧化碳。

在爪子部位的血液循环，动脉和静脉靠得很近。当温暖的动脉血流过爪子的时候，热量就会被传递给较冷的回流静脉血，热量因此被身体保留，而不是释放出去。这种方式称为逆流热交换，海象和企鹅的爪子也具有同样的热交换方式，使它们能在寒冷的极地环境中生存。

消化食物

健康的犬常常将它的饭盆一扫而光，一口接一口狼吞虎咽，甚至都不嚼。犬科动物天生吃得快，这并非贪吃，毕竟在野外吃得最慢的犬会因为贪婪同伙的抢夺而失去食物。人类习惯于用嘴品尝、咀嚼并使食物与唾液混合，其实在吞咽之前就已经开始消化了。与人相比，犬的味蕾较少，它们只是简单地攫取大块食物并整块吞下。

牙齿

当7—8个月大时，大多数犬已长出一整套适于吃肉的42颗恒牙。前方上下颌骨有6颗门齿，每侧的门齿后面紧跟一颗被用于抓、叼并撕扯猎物的犬齿。沿着颌部两侧是前臼齿和臼齿。每侧上颌第四颗前臼齿和下颌第一颗臼齿被称为裂齿，是所有食肉目哺乳动物特有的。这些牙齿像剪刀一样用于切割和撕裂兽皮和骨头。

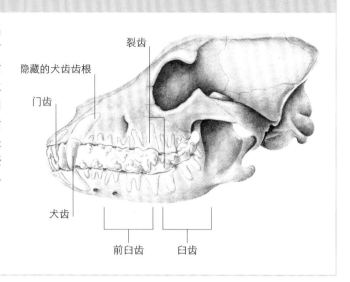

为了减轻这种狼吞虎咽可能造成的不适，它们具有一种呕吐反射能力。如果吃了难吃的东西，犬只需把这些东西吐出来即可。犬的消化道很短，专为消化肉而设计，肉比植物性食物更容易被快速消化。犬的胃中含有高水平的酸性消化液，能使肉、骨头和脂肪迅速溶解，使食物液化，然后进入小肠。一旦进入小肠，由肝脏和胰脏产生的消化酶会帮助把食物分解成可通过肠壁而被吸收到血液中的营养物质。经过大肠后，未消化的物质将以粪便的形式排出体外。从食入到排出，食物通过消化道所需的时间，犬类为8—9小时，而人类平均需要36—48小时。

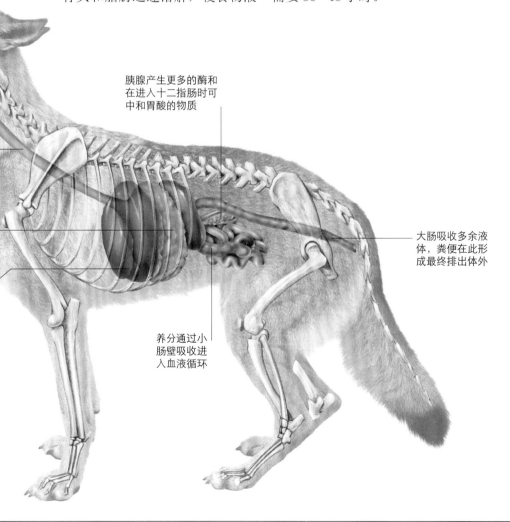

被锋利牙齿咬下的肉块与唾液混合后不经咀嚼被直接整块咽下

食道的肌肉收缩将成块的食物向下推至胃中

胃的入口（贲门括约肌）和出口（幽门括约肌）处各有一圈肌肉。胃产生酶，酶在酸性环境下活性最大，能分解肉中的纤维组织，同时覆盖在胃壁上的黏液保护其自身免受所产生胃酸的破坏

肝脏产生胆汁，帮助把脂肪分解成可被血液吸收的分子

胰腺产生更多的酶和在进入十二指肠时可中和胃酸的物质

养分通过小肠壁吸收进入血液循环

大肠吸收多余液体，粪便在此形成最终排出体外

消化系统
结构简单，基本上来说消化道就是一个长管子，但功能复杂。消化系统处理食物，释放营养成分，使之能被吸收进入血液循环。

泌尿系统、生殖系统和内分泌系统

跟其他哺乳动物类似，犬类的泌尿系统和生殖系统也是位于腹腔后部的同一区域。雄性的泌尿系统和生殖道连在一起，穿过阴茎的尿液和精子使用共同出口。像所有机体功能一样，这两个系统被激素精密调节着。激素控制着尿液的产生和产量，并确保雌犬的生殖周期在最佳时间出现。

泌尿系统

泌尿系统的功能是从血液中移出废物并将它们随着多余的水分即尿液排出体外。泌尿器官是由过滤和产生尿液的肾脏、把尿液从肾脏移走的输尿管、储存尿液的膀胱和把尿液排出体外的尿道组成的。这一过程是通过激素作用于肾脏来达到维持体内盐类和其他化学物质的平衡的目的。

犬类排尿不只为排空膀胱，也起标示领地及与其他犬交流的作用。犬可以嗅出尿液里的激素和化学物质气味所包含的相关信息，比如刚刚经过的犬是雄性还是雌性。由于气味很快会在空气中消失，所以雄犬会频繁地在不同地点少量排尿，并且还经常会返回相同地点排尿以强化信息。而雌犬通常会在一个地点把尿全部排光。雌犬和雄犬的尿液都含氮，因此被犬尿过的草坪容易变黄。

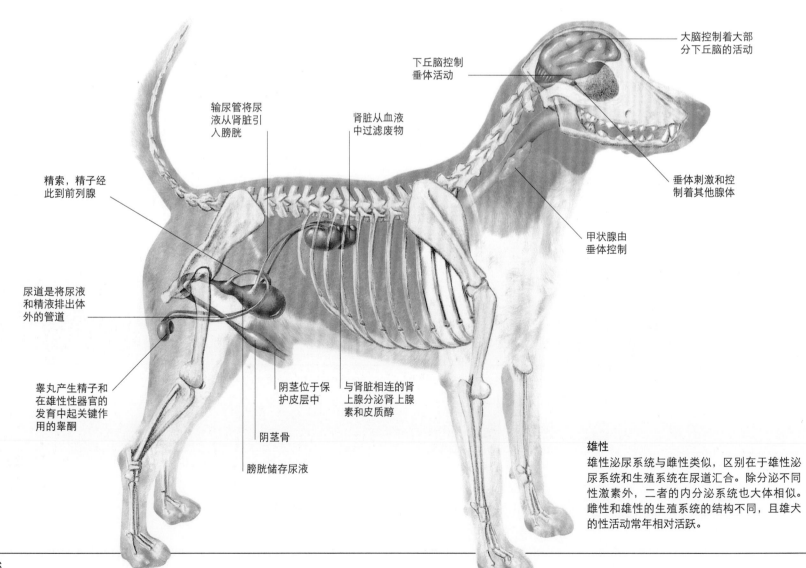

下丘脑控制垂体活动

大脑控制着大部分下丘脑的活动

垂体刺激和控制着其他腺体

甲状腺由垂体控制

输尿管将尿液从肾脏引入膀胱

肾脏从血液中过滤废物

精索，精子经此到前列腺

尿道是将尿液和精液排出体外的管道

睾丸产生精子和在雄性性器官的发育中起关键作用的睾酮

阴茎位于保护皮层中

与肾脏相连的肾上腺分泌肾上腺素和皮质醇

阴茎骨

膀胱储存尿液

雄性

雄性泌尿系统与雌性类似，区别在于雄性泌尿系统和生殖系统在尿道汇合。除分泌不同性激素外，二者的内分泌系统也大体相似。雌性和雄性的生殖系统的结构不同，且雄犬的性活动常年相对活跃。

生殖

犬类通常在6—12个月大时达到性成熟。在狼等野生犬科动物中，雌性一般一年发情一次（称为"进入繁殖季"），在这期间排卵并准备交配。家犬，除巴辛吉犬等几种外，大多一年发情两次。雌犬发情开始以少量出血为标志，大概持续9天，然后就可以交配了。

雄犬的阴茎中有一根骨称为阴茎骨。交配时，阴茎骨周围的区域膨大，插入后可锁定在雌犬体内，形成所谓的"结"，这种状态能持续数分钟。如果交配使雌犬的卵细胞（卵子）受精，随后将有60—68天的孕期。每窝产仔数与犬种有关，体形大的数量更多一些。犬产仔每窝1—14只或更多，平均每窝6—8只。

激素

激素是由特殊腺体和组织产生并释放到血液中的化学物质，作用于特定细胞。激素活动可控制多种身体功能，包括生长、代谢、性发育和生殖。

绝育的犬产生性激素——雄性的睾酮和雌性的雌激素——的部位被去除，可防止受孕。失去睾酮的雄犬丧失了寻找雌犬的冲动，并缺乏进攻性。绝育也影响雌犬更换被毛，通常雌犬一年掉两次毛，这是由激素诱发的，并同时进入繁殖季。而绝育后的雌犬则常年掉毛。绝育还可能会增加肥胖的可能性。

孕期激素

怀孕期间，雌激素水平升高，雌激素可帮助雌犬为生育做准备，同时也通过刺激乳腺的发育为哺乳做准备。在哺乳期，犬的乳汁分泌是通过催乳素的升高来维持的，催乳素也影响母性行为，可唤起强烈的保护本能，确保雌犬在幼犬需要它的时候不会抛弃它们。

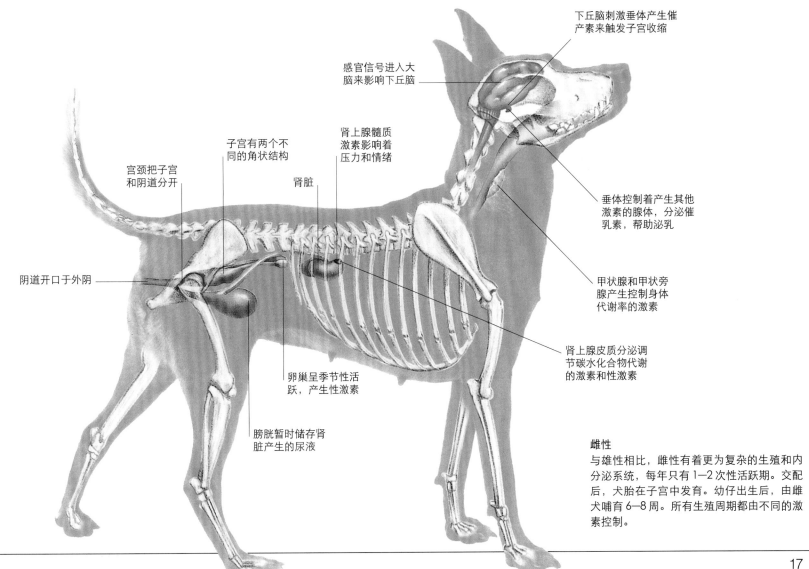

下丘脑刺激垂体产生催产素来触发子宫收缩

感官信号进入大脑来影响下丘脑

肾上腺髓质激素影响着压力和情绪

子宫有两个不同的角状结构

宫颈把子宫和阴道分开

肾脏

垂体控制着产生其他激素的腺体，分泌催乳素，帮助泌乳

阴道开口于外阴

甲状腺和甲状旁腺产生控制身体代谢率的激素

肾上腺皮质分泌调节碳水化合物代谢的激素和性激素

卵巢呈季节性活跃，产生性激素

膀胱暂时储存肾脏产生的尿液

雌性

与雄性相比，雌性有着更为复杂的生殖和内分泌系统，每年只有1—2次性活跃期。交配后，犬胎在子宫中发育。幼仔出生后，由雌犬哺育6—8周。所有生殖周期都由不同的激素控制。

皮肤和被毛

犬类皮肤很薄，但大多数犬身上的毛能够提供足够的保暖和保护作用。犬类被毛有多种类型：有些拥有"爆炸头"，还有些是短毛、刚毛、卷毛或呈绳索状的毛。少数品种皮肤裸露，仅四肢上有少许毛。犬类被毛的差异有些与自然选择有关，而多数是由人类造成的，部分是出于其用途的需要，而更多则是为了时尚。

皮肤结构

与所有哺乳动物相同，犬类的皮肤有三层：表皮（外层）、真皮（中层），以及含有大量脂肪细胞的皮下组织层。与人类相比，除很少的无毛品种外，犬类表皮很薄，由被毛来提供保护和保暖。

犬毛从复合毛囊长出，由中间的针毛和一些更细的内毛组成，二者均从同一表皮毛孔中长出。犬类还有敏感的面毛，称为触毛，根深，具有丰富的供血和神经。胡须、眉毛和耳朵上的毛都属于这类毛。

皮脂腺与毛囊相连，分泌一种叫皮脂的物质。皮脂起着润滑皮肤、使皮肤亮泽和防水的作用。大多数毛囊连着肌肉，能使毛立起以保暖，更明显的是可使脖子后部的颈毛竖起，比如在犬恐惧或愤怒的时候颈毛会竖起来。与人类不同的是，犬类不通过皮肤排汗，它们的汗腺主要在足底的肉垫上。

被毛类型

下图所示为一些主要的被毛类型。大多数品种只有一种被毛类型，但某些品种具有几种被毛类型，如比利牛斯牧羊犬（见50页）。很多犬有双层被毛，即由针毛组成的起防水作用的外层被毛和短而软的内层被毛。在狐狸犬中，如松狮犬（见112页），这种双层被毛长得特别浓密。由于拥有这

无毛型被毛　　　　单层短毛型被毛　　　　卷毛型被毛　　　　刚毛型被毛

双层被毛　　　　半长毛型被毛　　　　长丝状被毛　　　　绳索状被毛

种保暖层，北半球的传统雪橇犬如格陵兰犬（见100页）完全不受极寒天气的影响。这些犬的爪子上甚至也有趾间长毛的保护，能为它们在雪地和冰面上提供有效的摩擦力。足部血管的适应性变化（见14页）也可以帮助防止热量的流失。

尽管某些犬所拥有的特长被毛原本是为野外生存的需要，但现在繁育的主要目的可能仅仅是为了外观。例如，阿富汗猎犬（见136页）是来自阿富汗寒冷高原山区的视觉猎犬，而长须柯利牧羊犬（见57页）则具有牧羊犬的工作背景。另一方面，尽管体形极小的约克夏梗（见190页）具有悠久的历史，但其丝状、柔滑的被毛更具装饰作用，而非出于功能的需要。某些非常引人注目的犬种，如可卡犬（见222页）和

英国赛特犬（见241页），有半长毛型被毛，是中等长度的丝质被毛与尾巴、身体下侧以及四肢上长绒毛的结合。

有些短毛犬质地结实而有光泽的被毛，往往只由针毛组成。大麦町犬（见286页）、某些指示犬和猎犬均属这一类的典型代表。在刚毛犬中，主要是梗犬，针毛纠结在一起，质地粗糙而有弹性。这样的被毛在寒冷天气中很实用，适合精力旺盛的梗犬乐于挖掘及深入灌木丛的生活方式。卷毛型品种比较少见，最有名的是贵宾犬（见229、276页），有时在犬展上能见到被毛被剪成奇特造型的卷毛犬。在几种少见的品种中，包括可蒙犬（见66页）和匈牙利波利犬（见65页），被毛可卷到极致，成为像辫子一样的长绳索状，完全掩盖了犬的整

个身体。自然基因突变造就了几个无毛品种。墨西哥无毛犬（见37页）和中国冠毛犬（见280页）等已经存在了几个世纪。在现代时期，无毛这一特征是通过人为选择繁育而延续的。有些无毛犬的头部和足部会有几缕毛，有的尾巴上有羽状毛。

养犬人都知道犬会掉毛。掉毛是对日照时间长短的自然季节性反应，春季是掉毛高峰，被毛减少、变薄，为温暖季节的到来做准备。在双层被毛犬中，无论是长毛还是短毛，掉毛现象会在内层被毛脱落时变得相当严重。当犬主要生活在温度适宜的室内时，掉毛方式会发生改变，通常掉毛会减少。

毛色

有些犬只有一种颜色或一种组合色，但许多犬种有两到三种甚至更多的毛色。本书中所呈现的毛色样本尽可能地与每个品种所公认的毛色相匹配，但是，每个犬种的颜色可能不仅仅只是本书图片中所呈现的颜色。

一个毛色样本可能代表一系列毛色。以下示例中的毛色样本在不同犬种养育标准中均有描述，但同种颜色可能会使用不同词汇。例如，尽管许多品种都用红色来描述，但红宝石色则用来描述查理王猎犬和骑士查理王猎犬。对于那些毛色为有限的几种颜色的犬种或可能有多种颜色的犬种，会使用一个通用样本来代表。

 奶油色；白色；米白色；金发色；黄色

 灰色；烟灰色；板岩灰色；铁灰色；灰色斑纹；狼灰色；银色

 金色；赤金色；杏色；饼干色；小麦色；沙色；浅沙色；芥末色；稻草色；欧洲蕨色；伊莎贝拉色（驼色）；各种色度的浅黄褐色；浅棕色；黄红色；黑貂色

 红色；红陨石色；红宝石色；鹿红色；深姜红色；沙红色；浅鹿红色；红棕色；栗棕色；狮子色；橙色；橙杂色

 赤褐色；黄铜色

 蓝色；蓝陨石色（蓝灰色）；银灰色

 深棕色；油褐色（棕色）；巧克力色；枯叶色；雪茄棕色

 黑色；近黑色；深灰色

 黑色和黄褐色；黑褐色；查理王色（黑色和黄褐色）；黑灰色和黄褐色；黑和棕色

 蓝斑色和黄褐色；蓝色和黄褐色

赤褐色和黄褐色

 金色和白色（二者皆可主导）；白色和栗色；黄色和白色；白色和橙色；黑貂色和白色；贝尔顿橙色；贝尔顿柠檬色

 栗色、红色和白色；红色和白色；红白斑点

 赤褐色和白色；贝尔顿赤褐色；棕色和白色（二者皆可主导）；红杂色；杂色；白色带赤褐色斑点

 黄褐色和白色（二者皆可主导）

 黑色和白色（二者皆可主导）；黑白斑点；芝麻色；黑芝麻色；黑色和银色

 黑色、黄褐色和白色；灰色、黑色和黄褐色；白色、巧克力色和黄褐色；查理王子色（白色带有黑色和黄褐色斑纹）；亦称为三色

 斑纹；黑色斑纹；深色斑纹；浅黄褐色斑纹；椒盐色；各种红色斑纹

 多种颜色或任何颜色的变体

宗教、神话和文化中的犬

犬和人类的关系可以追溯到人类文明之初，甚至更早。因此，几千年后，犬和人类之间形成强大的文化联系不足为奇。最初，犬只是人类在物质世界里的仆人，但逐渐地，它变成了亦正亦邪的精神象征，它既为善良服务，也会被邪恶利用。随着犬与人类之间爱与忠诚的纽带不断加强，犬被赋予了角色——流行文化和大众娱乐中老少皆宜且不可或缺的重要一员。

中国福犬

宗教中的犬

犬作为传统的保卫者，很自然地在各种信仰体系中被赋予监护的职责。古埃及的墓穴绘画和象形文字表明，犬与冥界中的灵魂向导——长着一颗胡狼头的神阿努比斯相伴。类似有关犬的宗教意义的证据在玛雅古典期（约300—900）的墓地中也有发现，墓穴中的雕塑和木乃伊显示，犬与他们的主人合葬，以便在来世引导他们的灵魂。阿兹特克人（14—16世纪）将犬的陶俑与他们的尸体合葬，有可能是将犬作为宗教仪式中的祭品。在中国，福犬样式的石雕、器物寓意福气，常摆在寺庙门前"守护"大门。

今天，大部分宗教对犬不屑一顾，有些把它们当作不洁之物来回避。但对当今印度和尼泊尔部分地区的印度教徒来说，犬被认为是天堂之门的看护者，与毗湿奴神相关。毗湿奴神的四只犬被认为代表了四部《吠陀》——印度教的古代圣典。在每年一度的宗教节日上，犬被戴上花环，额头上点着象征神圣的红点（tika）。

犬的神话和传说

忠实的犬和可怕的犬在各个国家不同时期的经典神话、传说和民间故事中均有描述。没有比奥德修斯的猎犬阿尔戈斯更忠诚的犬了。它为迎接主人回家等待了20年，在终于见到主人以后，摇了摇尾巴便断了气。可能没有比三头猎犬刻耳柏洛斯（地狱守

门犬）更可怕的了，它镇守着通向冥王哈迪斯的大门。大力神赫拉克勒斯曾经活捉过它，这成为他的第十二项功绩。

幽灵犬的概念在超自然的故事中经常出现。恶犬是从北美洲、南美洲到亚洲等世界各地民间传说中的一部分。许多传说起源于英国和爱尔兰，故事中的幽灵犬又大又黑，在墓地或偏僻的岔路口出没吓唬人。在夏洛特·勃朗特的《简·爱》中，女主人公简·爱在一条山坡小径上，第一次与罗切斯特先生和他的狗狭路相逢，使她蓦然记起英格兰北部的幽灵犬盖特拉西的故事。阿瑟·柯南·道尔爵士在《巴斯克维尔的猎犬》（1901）中描述了黑犬传说，这是一个关于一只有着炯炯有神眼睛的猎犬在英国达特穆尔引起恐慌的可怕传说。

文学作品中的犬

人们在文学作品中描写犬已有约2000年的历史了，但最早的书籍是写给那些为工作而养犬的人，主要是打猎使用的实用指南。虚构的犬大约在公元前500年的几十篇伊索寓言中就已经出现了，寓言里的希腊说教者用犬来展现人类的特点和弱点，如贪婪和轻信。几个世纪后，犬成为人们的宠物和伙伴，那时它们才开始被视为拥有自己的个性。早期出现的具有持久吸引力的虚构犬是莎士比亚《维洛那二绅士》（1592）中的克来勃，仆人朗斯是它的主人，伤心地形容它为"世上最狠心的狗"。这只没良

阿尔戈斯，伟大的犬

在荷马史诗《奥德赛》中，阿尔戈斯是奥德修斯的忠犬。当奥德修斯20年后乔装回到他的家乡伊萨卡时，阿尔戈斯第一个认出了他。

《白牙》
杰克·伦敦 1906 年的小说《白牙》讲述了一只由犬和狼杂交产生的犬的故事。在成功击败了其他几只犬后，它与一只几乎杀了它的斗牛犬狭路相逢。

心的猎犬在舞台上常由真实的犬来扮演作为笑料。虽然这只犬谈不上是"最好的朋友"，但在大多数犬的故事中，奉献是一贯的基调。

杰克·伦敦的作品，如《荒野的呼唤》（1903）和《白牙》（1906），是在一个世纪前比较流行的一种典型流派。故事的一部分是从犬的视角来讲述并加以渲染的。尽管这些故事中含有暴力元素，但这些书仍是永恒的经典。

在那些亲切温暖的犬故事中，娜娜是最受欢迎的犬之一，它是有着悲伤眼睛的纽芬兰犬（见79页），负责照顾《彼得·潘》中达林太太的孩子们，送他们上学，哄他们洗澡。还有很多孩子都熟悉的蒂米，一只被毛粗糙的杂交犬，是安迪·布莱顿在 20 世纪 40—60 年代写的系列故事《五伙伴历险记》中的第五名成员。蒂米是各种令人不可思议的冒险事件中的救世主，不失为一只比娜娜更可信的犬，很容易被孩子们设想为玩伴。其他的忠犬包括《丁丁历险记》中男孩的搭档白色狸犬白雪（见209页）和《绿野仙踪》中桃乐丝的小狗托托。

银幕上的犬
20 世纪以来，有关犬故事的影片都大获成功。华特·迪士尼的卡通犬几十年来一直深受观众喜爱：笨头笨脑的布鲁托；淑女丽迪和流浪汉长云；101 只斑点狗（见286页大麦町犬）。犬还出现在其他受欢迎的影片中，如《莱西回家》（见52页）、《父亲离家时》《义犬情深》和《一猫二狗三分亲》。如同莎士比亚剧作中的克来勃，犬是影片中优秀的喜剧演员，许多主要演员都会跟犬合作，那些让人难以忘怀的银幕犬包括《特纳和霍奇》（1989）中帮助警方破案的阴郁忧伤的马士提夫獒犬、《马利和我》（2008）中不听话的拉布拉多寻回犬和《艺术家》（2011）中抢镜的杰克罗素㹴。

《一猫二狗三分亲》
作为 20 世纪 60 年代最催人泪下的电影之一，《一猫二狗三分亲》是根据同名小说拍摄的，讲述了拉布拉多寻回犬鲁阿斯、斗牛㹴保哲和顶天立地的暹罗猫小桃穿越百里险恶荒野回家的故事。

艺术家
乌吉是一只杰克罗素㹴，以在《改造先生》《大象的眼泪》和《艺术家》中的表演而出名。乌吉在《艺术家》（上图）中扮演的角色获得了世界范围内的一致好评，助该片赢得多个奖项。

艺术和广告中的犬

在视觉上，犬类对人类的吸引力体现在各个方面，绘画、雕塑、挂毯、照片，以及公司标识上都能见到它们的身影。在各种形式的媒体上，它们讲述着无言的故事，"诉说"着对主人或者描绘者的印象，并反映出不同时期人的生活方式和品味。大多数人都很喜爱犬，并乐于将它们作为艺术主题。商业机构多年来依赖犬类的吸引力，通过犬的形象来宣传和提升其商品和服务。

荷加斯与他的宠物巴哥犬特朗普

绘画中的犬

家犬的历史可以在艺术的发展进程中加以追溯。对于犬最初作为人类狩猎伴侣的描绘，最早出现于在非洲撒哈拉发现的史前岩画中，距今有5000多年的历史。在古希

石刻
从新石器时代到21世纪，犬被广泛应用于艺术主题。这幅位于阿尔及利亚撒哈拉沙漠中的尤福·阿哈基特·塔西里·阿哈加尔的石刻，是最早的石刻之一。

腊和古罗马时期的一些华丽雕塑中，特别是与古希腊神话中的女神阿尔忒弥斯（古罗马神话中的戴安娜）有关的雕塑中，用来狩猎的犬的外貌与今日的灵猩很相似。古代最著名的犬并不是猎犬，而是那些从庞贝古城废墟中发掘出来，栩栩如生的镶嵌画中被铁链拴着的凶猛守卫犬。此后，身材修长的视觉猎犬追赶着鹿和野牛的画面出现在中世纪的挂毯中，在著名的《诺

尔曼人征服英国》的贝叶挂毯中，约有35只犬以配角身份出现。有关猎犬的主题一直延续下来，在18世纪的体育版画中出现了整群猎狐犬全力追击的画面；在19世纪最受青睐的狩猎场景画作中，有枪猎犬叼着垂在口边无力挣扎着的猎物的画像。

在19世纪犬被普通家庭普遍接受之前，它们通常只以宠物的身份出现在富人委托画家所画的肖像画中，作为贵族的伴侣，或坐在身着缎带衣饰孩子的怀里。但犬确实被描绘在现实生活中，无论是理想化的还是其他方面，犬在艺术作品中已经存在几个世纪了。威廉·荷加斯（1697—1764）

灵伍德，布罗克莱斯比猎狐犬
这幅由英国画家乔治·斯塔布斯在1792年绘制的猎狐犬的精细画像，展示了当时猎狐犬的样子。

贝叶挂毯
11世纪的贝叶挂毯，这一局部描绘的是三只大犬和两只小犬在猎人前面奔跑的景象。

国王的伙伴
这幅提齐安诺·维伽略（提香）的《查理五世》画像，通过描绘他控制住他的大犬来巧妙地暗示了皇帝的权力。

曾在其自画像中加入了他的宠物巴哥犬特朗普，他把犬作为隐含在其作品中的社会评论的一部分。荷加斯的犬的行为常不被人们认可，但对犬来说那些都是正常的行为，诸如偷吃食物残渣或抬起一条腿小便。18世纪后期的一些画家如乔治·斯塔布斯等开始把犬作为绘画的主题来创作。对犬更感性的认识悄悄出现在维多利亚时代艺术家的作品中，如著名的埃德温·兰西尔爵士（1802—1873），他的《有关自我牺牲的纽芬兰犬》（见79页）、《时髦的狻犬》和《高贵的猎鹿犬》等画像体现了那一时代的美德和情感。

世界上最著名的一些带有犬的绘画作品，被印象派、后印象派、超现实主义、现代主义以及其他画家们给予了不同的诠释。皮埃尔·奥古斯特·雷诺阿曾无数次画过犬，有坐在人们腿上的犬，有散步中的犬，也有野餐中的犬。在他最著名的作品之一《游艇上的午餐》（1880—1881）的纷杂场面中，一只小犬在画面的前景中大出风头。另一位喜欢画犬的艺术家是皮埃尔·博纳尔（1867—1947），从街头流浪犬到家庭宠物犬，他的笔下呈现出了犬类真实的性格。

令人不安的是萨尔瓦多·达利，在其超现实主义作品中将犬用作隐晦符号。达利的《那喀索斯的变形》（1937）中一只饥饿的猎犬咀嚼尸体的画面，可能喻示着死亡和腐烂。同样神秘的是超现实主义画家胡安·米罗的卡通小犬在一个荒芜的画面中冲着冷漠的月亮吠叫（《狂犬吠月》1926）。爱犬者巴勃罗·毕加索对他的爱犬兰普通过几笔优美的素描线条，就表现出了腊肠犬，即达克斯猎犬（见170页）的精髓所在。卢西安·弗洛伊德在他的几幅有名的人像画中画上了他心爱的惠比特犬埃利和布鲁托；在他的《女孩和白色的狗》（1950—1951）中，斗牛狻和女模特——弗洛伊德的第一任妻子都是画面的焦点。

商业图标

犬对人的吸引力在商业广告方面已被证明具有巨大的价值。与艺术家们通过描绘犬来传递信息的方式相似，市场经营者们发现犬在市场信息传播方面非常有用：斗牛犬强壮而可靠，适用于保险销售；毛发蓬松的大型犬常用来展示家庭和睦类主题；毛茸茸的小型犬则适合作为美容用品的形象代表。

有史以来，最著名的犬类广告图标之一有狻犬"小咬"，自1899年起被唱片公司HMV用作商标。同样历史悠久的还有黑色苏格兰狻（见189页）和西高地白狻（见188页），自19世纪90年代以来，一直作为一种苏格兰威士忌的商标。最初的那些带有"黑白配"商标的酒吧摆件、水壶和烟灰缸等现在都已成了收藏品。

随着电视的到来，犬开始出现在电视屏幕上，从家用涂料到信用卡等各种产品广告中都有它们的身影。20世纪70年代，几百只可爱的小拉布拉多寻回犬（见260页）成为畅销厕纸的吉祥物。犬也被用于其自用品的广告中，瞪着明亮的大眼睛，欢快雀跃地去品尝各种罐装和袋装的宠物食品。而影响最大的是20世纪60—70年代出现在电视广告中，深受人们喜爱的寻血猎犬亨利，它只是哀伤而安静地坐在那里。

在时尚圈中，犬也经常依据"可爱则好卖"的原则被使用。与穿着高档女装或戴着奢侈品的长腿模特相伴，犬很好地起到了装饰物的作用。很多时尚杂志里曾出现巴哥犬（见268页）和吉娃娃犬（见282页）的照片，它们脖子上戴着珠宝首饰或把小脑袋从昂贵的手袋里探出来。

主人之声
尽管新技术不断出现，但自1899年以来便成为HMV唱片公司徽标，呆呆地凝视着发条留声机喇叭的狻犬"小咬"，一直到21世纪还存在于人们的视线中。

体育运动和服务中的犬

自关系形成之初，犬与人便能很好地在一起工作和玩耍。大多数犬生性喜欢追逐奔跑，而人们学会了如何利用犬的这些爱好并将其用于狩猎和体育运动。犬的智慧不只体现在作为工作伙伴的需求方面。大多数犬乐于讨好人类，并随时准备成为守护者、放牧助手、向导、追踪者，甚至是家庭帮手。

狩猎的乐趣

古人用犬来帮助他们捕获猎物作为食物，随着文明的发展，以犬狩猎发展成为一项运动，但通常只限于社会上的那些富人。3000年前的绘画中描述，与古埃及人一起狩猎的犬和现在的大耳朵视觉猎犬类似，如法老王猎犬（见32页）和依比沙猎犬（见33页）。在中国汉代（西汉，公元前202—公元8；东汉，公元25—220）的墓葬中发现了一些栩栩如生的健壮的类似獒犬的俑，看起来像是在"指示"猎物。

到中世纪的欧洲，与不同类型的犬一起狩猎是国王和贵族地主们的爱好。那些与现代灵提犬和猎兔犬相似的行动敏捷的猎犬，用于追逐较小的猎物；但对于危险的猎物如熊和野猪，则需要那些体形较大的猎犬进行集体狩猎，包括一些现已灭绝的品种，如阿朗特犬和莱莫斯犬，这两种犬与现在的獒犬和寻血猎犬很相似。再往后的几个世纪，成群狩猎的犬分化为不同类型的品种，如猎狐犬、猎鹿犬和猎水獭犬（奥达猎犬）。用猎犬狩猎活的猎物目前在一些国家是非法的，但群猎犬循着人造气味进行的追猎依旧流行。随着枪支的发明而产生的以水禽和野鸡、松鸡等为目标的射击猎禽活动的发展，高度专业化的

跟踪和追逐
早期的猎人赏识猎犬追踪气味的能力和追逐猎物的速度，所以用猎犬来提高他们的狩猎成功率，如这个罗马浮雕中所展示的大力士狩猎的场景。

猎犬逐渐出现。在这些现在仍在不断繁育并训练的犬种中，有能帮助指示猎物方位的指示犬和赛特犬，有从灌木丛中赶出猎物的西班牙猎犬和将被击落的鸟类叼回的寻回犬。

运动犬

狩猎绝不是人们将犬用于自我娱乐的唯一方式。最早和最残忍的"娱乐项目"之一是斗犬，用那些强壮的犬，如曾出现在古罗马斗兽场中的马士提夫獒犬，与熊、公牛或者同类进行搏斗。争斗是血腥的，一方的胜利意味着另一方的死亡或重创。还有一些小规模的在㹴犬和鼠类之间进行的捕鼠诱杀活动，也曾有很多追随者。

人们还想出了许多其他将犬用于运动的方式，其中的竞速比赛是持续最久的项目。在逐兔比赛这项赛事中，灵提、惠比特犬和萨路基猎犬等行动敏捷的视觉猎犬被配对并追逐野兔角逐胜负，这项比赛在被大多数欧洲国家定性为非法活动之前，流行了近2000年。灵提竞速赛几百年来一直很吸引观众；自20世纪以来，最具挑战性的速度和耐力赛则是在寒冷的北部地区进行的雪橇犬团队赛，那些具有坚韧体质的寒带品种，如格陵兰犬（见100页）和西伯利亚雪橇犬（见101页），它们奔跑数

阿富汗猎犬追逐赛
几个世纪以来，赛犬一直是大众娱乐的一种方式——选择一些犬种，如阿富汗猎犬，让它们在赛道上追逐人工诱饵直到冲过终点线。

放牧
训练后的牧羊犬能将羊群聚拢并放牧，有足够的能力在恶劣的气候条件下工作。图中是一只在新西兰特威泽尔放羊的边境牧羊犬。

百千米来一决胜负。相对温和一些的项目有让犬类在布满障碍的场地中展示灵活性、聪慧度和服从性的比赛。敏捷性比赛常常具有高度竞争性，但许多比赛只不过是低调的地区性赛事，任何能够跳跃障碍或穿越管道的犬都可以参加。

服务中的犬
犬服务于人类的另一种早期工作是守卫和放牧，这一传统在世界的许多地区依然存在。毕竟在有熊和狼出没的地方，放牧并不总是风平浪静，因此，健壮且具有强烈保护本能的犬种被繁育出来用于对付危险的野兽，至今在东欧地区被毛厚实的牧羊犬仍随处可见。

人类利用犬的力量和长处，将大型犬当作役畜，或是在极地拉雪橇，或让犬拉奶车甚至被儿童骑行戏弄。在过去欧洲，即使是小型犬有时也被当作艰苦的劳力：在大房子或旅店热得难忍的厨房中，无数不幸的㹴犬曾被迫在烤肉架旁与炙叉相连的木质轮圈里不停跑动来转动烤肉叉。

犬参与战争已经有几个世纪的历史了，在第一次和第二次世界大战中用来传递书信、急救品，以及携带弹药跨越无人区。现在，经训练可嗅出爆炸装置的犬是军队的重要成员。犬类嗅出危险物的能力为警察和安保人员提供了巨大帮助。吠叫的"警员"寻血猎犬在各种危急关头追逐着逃犯。经过特殊训练的犬在检测药物或搜救灾区幸存者方面也极具价值。

犬类常使家庭生活更为轻松愉悦。古代阿兹特克人在寒夜里把无毛犬当热水袋暖身。而今犬的用途更为广泛。导盲犬帮助视力残障人士安全地穿越车流、上下楼梯，通过危险区域。许多其他残障人士或患病的人也依赖那些经过训练的犬为自己提供帮助，有的犬能预警癫痫发作，有的犬能将衣服放入洗衣机。在医院、收容所和养老院中，被精心挑选出来的性格温顺的犬安抚着人心，分散被照顾对象聚焦困苦的注意力。

2

品种指南

具有多种天赋的原始犬
现在的秘鲁无毛犬主要被当作宠物，但在几百年前，这种健壮敏捷的品种被用于狩猎、看守及治疗和陪伴。

原始犬

现代犬中的许多品种是几百年来人们针对特定的特征进行繁育的结果，但也有不少品种基本保持了其祖先狼的"基因蓝图"，它们通常被称为原始犬。对这一类犬来说，原始犬的定义并不清晰，而且不是所有的机构都认可这一犬组。

原始犬是一个多样化的群体，但大多数具有狼的特征，包括竖耳、具有尖吻部的楔形头、倾向于嗥叫而非吠叫的特点。它们的被毛一般较短，毛色和密度根据起源地区不同而不同。与一般家犬一年发情两次不同，多数原始犬一年只发情一次。

现今的犬类专家一反常态，对那些历史上与人类并无交集以及对于以往繁育项目来说风马牛不相及的一些种类兴趣大增——它们是世界各地的原始犬，包括北美洲的卡罗来纳犬（见

35页）和罕见的在遗传基因上非常接近澳洲野犬的新几内亚歌唱犬（见32页）。这些犬是自然进化的，它们的性情和外貌并非通过人为繁育而获得，因此不能算是完全驯化犬种。濒临灭绝的新几内亚歌唱犬更多出现在动物园，而不是在人类家庭中。

有些犬被列为原始犬是因为它们几千年来没有被其他任何品种所影响。它们中的非洲巴辛吉犬（见30页）在成为宠物前在其发源地长期被用于狩猎。其他例子还有来自墨西哥和南美

洲的无毛犬，这些无毛犬与艺术品和古文物中所展示的有毛品种很相似，是古老有毛品种的基因突变型。

最近的遗传学研究表明，本节中所描述的两种犬，法老王猎犬（见32页）和依比沙猎犬（见33页），或许不应再被认为是原始犬。这些品种被认为是约3000年前绘画中描绘的埃及大耳猎犬的直系后代。遗传证据表明，经过若干世纪的演变，其系谱已经发生了改变。法老王猎犬和依比沙猎犬实际上很可能是古代品种的现代变种。

巴辛吉犬 Basenji

肩高	体重	寿命	多种颜色
40–43厘米	10–11千克	10年以上	白色斑纹可见于胸、足和尾端。本书此处所展示颜色为主图犬色以外的颜色

外貌优雅、整洁，警觉性高，随时准备保护主人和财产，不会吠叫，而是发出约德尔调般的"唱调"。

作为最原始的品种之一，巴辛吉犬是一种源自非洲中部的猎犬。与迦南犬（见32页）一样，属于"Schensi"犬——尚未被完全驯化的品种。巴辛吉犬最初为俾格米人狩猎所用，半独立性地群居在部落旁边，可以帮助人们把大猎物驱逐到猎网中。它们被佩戴上有铃铛的项圈，用来吓唬猎物。西方探险者最初在17世纪的非洲发现了它们，并用诸如"刚果㹴"或"丛林犬"的叫法来称呼它们。20世纪30年代，这种犬首先被引进到英国，被命名为巴辛吉犬（意为"来自灌木丛的小东西"；在非洲刚果地区的一种语言中意为"村民的犬"）。

因其喉部（声带）形状与其他犬不同，所以巴辛吉犬的一个与众不同的特点是不会吠叫。它们可发出嗥叫或约德尔山歌似的声音。某些使用巴辛吉犬的非洲部落称其为"会说话的狗"。该犬另一个明显的特点是雌犬与狼一样每年只发情一次，而非像家犬那样一年两次。

巴辛吉犬性情亲和，喜好玩乐，是非常受欢迎的家犬。虽然它们忠于主人，但思想独立，因此需要好好训练才能听话。它们行动敏捷迅速、聪慧伶俐，利用视觉和嗅觉来定位猎物，喜欢追逐和跟踪。需要大量的脑力和体力活动支撑，否则它们会感到无聊。

全心奉献的繁育者

维罗妮卡·都铎-威廉姆斯（下图）是在20世纪30年代后期最早把巴辛吉犬从非洲引入英国的人之一。在第二次世界大战食物短缺时期，她一直坚持繁育，并将幼犬出口到北美洲，帮助那里建立此品种。1959年，她到苏丹南部去寻找原生巴辛吉犬用以优化品种。她带回了两只犬，其中有一只叫福拉的红白色雌犬，尽管从未展出过，但这只犬对该品种的繁育产生了极其重要的影响，几乎所有登记在册的巴辛吉犬都有福拉的血统。

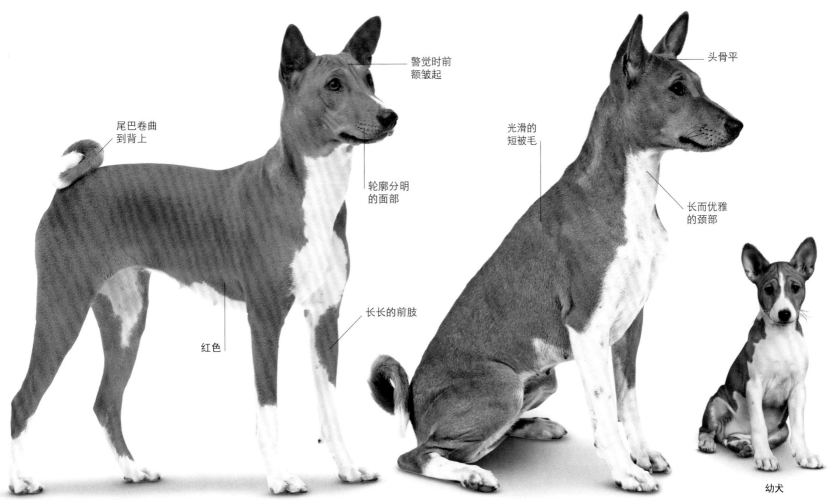

尾巴卷曲到背上

轮廓分明的面部

红色

长长的前肢

警觉时前额皱起

头骨平

光滑的短被毛

长而优雅的颈部

幼犬

新几内亚歌唱犬 New Guinea Singing Dog

肩高 40-45 厘米
体重 8-14 千克
寿命 15-20 年

 黑貂色　 黑色和黄褐色

白色斑纹可见于各种毛色。

这种具有澳洲野犬外形的稀有犬种是新几内亚的原生物种，呈野生或半驯化状态。新几内亚歌唱犬被世界各地的动物园当作稀有犬种饲养，也有少数养犬人把它们当作一种具有挑战性的宠物。它们具有能转换不同音阶嗥叫的独特能力，并因此得名。

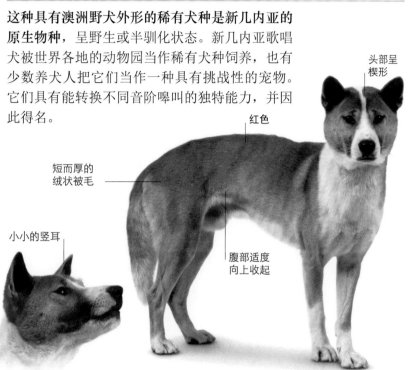

头部呈楔形

红色

短而厚的绒状被毛

小小的竖耳

腹部适度向上收起

迦南犬 Canaan Dog

肩高 50-60 厘米
体重 18-25 千克
寿命 10 年以上

白色
红白斑点　 黑色
黑白斑点

生长在以色列，用于看门守户和放牧，具有强烈的保护本能，但又不会轻易发起攻击。迦南犬非常聪明，经过持续训练后能成为可靠而受人喜爱的伙伴。它们不是常见品种，知名度还有待提高。

略倾斜的黑色眼睛

高耸卷曲的刷状粗尾

密而粗硬的被毛

低位宽耳

腹部向上收起

白色的胸部斑纹

沙色

法老王猎犬 Pharaoh Hound

肩高 53-63 厘米
体重 20-25 千克
寿命 10 年以上

尽管现代法老王猎犬源自马耳他，但这一优雅的犬种与古埃及艺术珍品中所描绘的竖耳猎犬惊人地相似。法老王猎犬性情温和，但运动需求量大，在户外如不加以限制，会追逐包括其他宠物在内的小动物。

大大的竖耳

琥珀色眼睛

拱形长颈

修长而优雅的身材

深褐色

鞭状尾，活动时高高卷起

光滑略粗硬的短被毛

胸部常见白色斑纹

足趾多呈白色

加那利沃伦猎犬 Canarian Warren Hound

肩高	53-64 厘米
体重	16-22 千克
寿命	12-13 年

又称加那利群岛猎犬，见于加那利各群岛，有数千年历史的埃及血统。加那利沃伦猎犬被当作猎兔犬，速度很快，视觉敏锐，嗅觉出色。敏感而好动，不太适合平静的室内生活。

低位尾巴，略呈锥形

红色

肉色鼻子

琥珀色小眼睛

纤细而健壮的身体

胸部有白色斑纹

光滑的被毛

艾特拉科尼克猎犬 Cirneco dell'Etna

肩高	42-52 厘米
体重	8-12 千克
寿命	12-14 年

伊莎贝拉色，浅沙色

西西里品种，可能源自埃特纳山附近，在其产地之外很少见。艾特拉科尼克猎犬灵活而强壮，天生适合奔跑和捕猎。虽然性情温和，但不是那些喜爱安静宠物之人的理想选择。

头骨很平且窄

强壮的拱形颈部

光滑的短被毛

位于头顶上的直立硬耳

浅黄褐色

胸部有白色斑纹

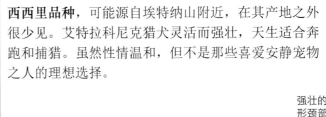

依比沙猎犬 Ibizan Hound

肩高	56-74 厘米
体重	20-23 千克
寿命	10-12 年

狮色

依比沙猎犬在西班牙被用于群猎犬狩猎兔子，它们能在崎岖不平的地面上用特有的"耙子碎步"撵出猎物。它们弹跳力惊人，能轻松跃过花园的篱笆。但只要主人保持安全意识，依比沙猎犬并不难养。它们好动，运动量需求很大。这种犬性情温和，适宜家庭生活。有两种被毛类型——光滑型和粗毛型，都易于打理。

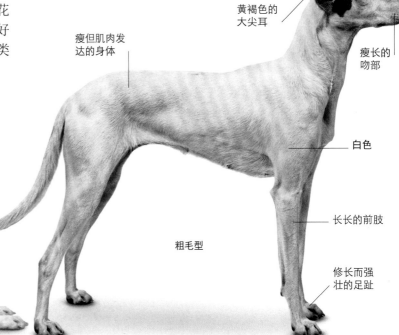

清澈的琥珀色眼睛

窄头

栗色

光滑型

胸部和颈部白斑

平头骨

黄褐色的大尖耳

瘦长的吻部

瘦但肌肉发达的身体

白色

长长的前肢

粗毛型

修长而强壮的足趾

葡萄牙波登哥犬 Portuguese Podengo

刚毛型
小型犬

肩高	体重	寿命	白色，黄色
小型 20-30 厘米	小型 4-5 千克	12年以上	黑色
中型 40-54 厘米	中型 16-20 千克		白色犬有黄色、黑色或浅黄褐色斑纹，
大型 55-70 厘米	大型 20-30 千克		小型犬可能为棕色被毛。

一种多用途猎犬，能给人带来足够的精神和体育活动方面的互动，因而是令人愉快的好伙伴。

作为葡萄牙国犬，葡萄牙波登哥犬据说是2000多年前由腓尼基人带到伊比利亚半岛的那些犬的后代。它们现有三种类型：小型犬（佩克诺犬）、中型犬（梅地奥犬）和大型犬（格兰德犬）。被毛光滑的佩克诺犬多见于北部地区，那里气候湿润，其快干型被毛适合潮湿天气。刚毛型多见于较干燥的南部地区。所有种类的波登哥犬都是以狩猎为目的繁育的，葡萄牙的一些品种现在仍用于狩猎。

葡萄牙人擅长航海，是15—16世纪第一批到美洲探险和殖民的欧洲人，占据了加拿大和巴西的部分地区。据说当年用于航行的船上就有佩克诺犬，用来对付那些在行程中遇到的歹徒。到达新大陆后，这些犬就回归它们的本职工作。佩克诺（podengo）是一个通常来指代那些竖耳猎犬的葡萄牙语词汇，这些早期到美洲的佩克诺犬可能与现在的有很大不同。

现代葡萄牙波登哥犬，特别是佩克诺犬，已快速发展成为受欢迎的伴侣犬，并被进口到英国和美国。相反，格兰德犬从20世纪70年代后就很少见了，现在人们正试图增加其数量。尽管体形大小有别，但所有波登哥犬都是优秀的看门犬。

适应环境的体形

葡萄牙波登哥犬主要为猎兔而繁育，属原始视觉猎犬。为满足在不同地形区域狩猎的需要被繁育成三种体形。格兰德犬产自葡萄牙中南部地区，用于对速度要求较高的宽阔地带狩猎。梅地奥犬的体形相对较小且灵活，多见于猎物易于躲藏的北部地区。最小的佩克诺犬适于在对大型犬来说活动受限的浓密灌木丛中狩猎。

面部白斑

浅黄褐色带白色斑纹

强壮的后肢

被毛光滑的中型犬

有弓形趾的圆足

三角形大竖耳

短毛

浅黄褐色

被毛光滑的小型犬

卡罗来纳犬 Carolina Dog

肩高 45-50 厘米	深红姜色
体重 15-20 千克	黑色和黄褐色
寿命 12-14 年	

也称"美洲野犬"，其祖先据说是由早期亚洲拓荒者驯化并带到北美洲的。在美国东南部各州，一些卡罗来纳犬仍处于半野生状态。它们天性机警谨慎，需要早期开始社交训练才能成为被人们接受的家庭宠物。

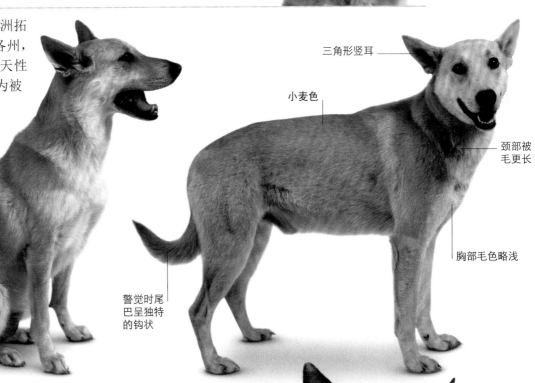

三角形竖耳

小麦色

颈部被毛更长

胸部毛色略浅

短而密的被毛

警觉时尾巴呈独特的钩状

秘鲁印加兰花犬 Peruvian Inca Orchid

肩高 50-65 厘米	任何颜色
体重 12-23 千克	无毛犬通常为粉红肤色，但斑纹颜色多变。
寿命 11-12 年	

秘鲁印加兰花犬的真正起源地已无从考证，但这一犬种在印加文化中很重要。该犬有两种类型：无毛型和有毛型。无毛型印加兰花犬因其皮肤细嫩更适于室内生活。

警觉时耳朵半直立

头顶有冠毛

直背

粉红色皮肤带深色斑纹

无毛型印加兰花犬

尾巴有时卷在腹部下方

前足比后足长

秘鲁无毛犬 Peruvian Hairless

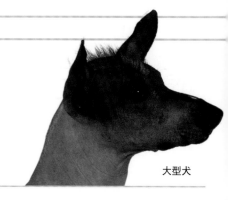

肩高	体重	寿命		金发色
迷你型 25-40厘米	迷你型 4-8千克	11-12年		深棕色
中型 40-50厘米	中型 8-12千克			黑色
大型 50-65厘米	大型 12-25千克			

大型犬

聪慧温柔、行动敏捷，与主人很亲密，但也许会羞于见陌生人。

在南美洲，有关无毛犬的记录可追溯到印加时代之前。公元前750年的陶器上就有它们的图像。这些活泼优雅的犬常见于印加贵族家庭。

安第斯人相信这些犬朋友能带来好运，有助于健康，拥抱它们能减轻疼痛和痛苦。这种犬的尿液和粪便过去可能还入过药。当有人过世时，无毛犬形状的工艺品有时会用来陪葬在逝者身边，寓意来世不孤单。

16世纪西班牙征服秘鲁后，无毛犬险些被虐杀致绝种，只有少数幸存下来。从2001年开始，秘鲁无毛犬被列为保护品种——成为秘鲁"国家遗产"的一部分。2008年，一只秘鲁无毛犬作为家庭宠物被赠予时任美国总统奥巴马。

秘鲁无毛犬有三种类型：迷你型、中型和大型。无毛状态是一种特定的退化基因所造成的结果，往往伴有若干臼齿和前臼齿的缺失。但有时一窝幼犬里也会出现有毛犬。无毛犬皮肤细嫩，需要保护，对低温敏感，易被阳光灼伤。

消失在旧时光

秘鲁沿海地区的前印加纳斯卡文明以镂刻大型的荒漠图形而闻名，这些超大图形统称为纳斯卡线条图。在各种设计和图形中，有超过70种不同的动物，包括一只犬。这只犬被创作于公元100—800年，长51米，其轮廓外形是通过移除表面石块，露出下面颜色较浅的岩石而绘制成的。图形中的这只犬（见下图）可能就是秘鲁无毛犬的祖先。

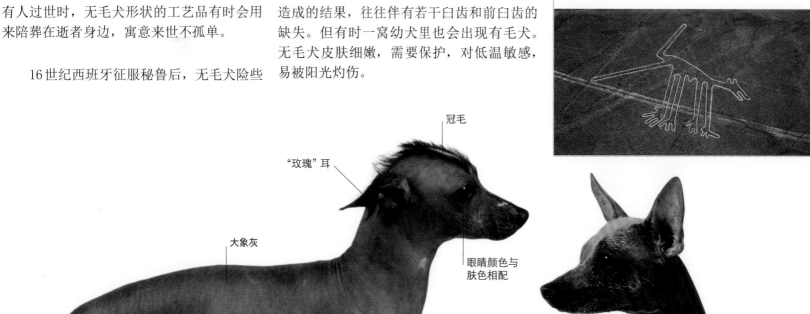

冠毛

"玫瑰"耳

大象灰

眼睛颜色与肤色相配

细腻而富有弹性的皮肤

腹部向上收起

中型犬

四肢上有粉色斑纹

迷你型犬

长足

墨西哥无毛犬 Mexican Hairless

肩高	体重	寿命	红色
迷你型 25-35厘米	迷你型 2-7千克	10年以上	赤褐色或黄铜色（右图）
中型 36-45厘米	中型 7-14千克		
标准型 46-60厘米	标准型 11-18千克		迷你型犬（幼犬）

这种犬天性沉稳，警觉性高，易于喂养，是可爱而令人愉快的伙伴。

也被称为修罗兹英特利犬（或修罗犬），常见于3000多年前的陶瓷绘画和雕像中，也发现于阿兹特克人、玛雅人以及中美洲其他种族的墓葬中。

在被欧洲人征服之前的墨西哥，无毛犬常被当作重要的伙伴和暖床之物，而且还被认为具有神圣的宗教意义。它们被用作看护犬，保护家庭免受恶魔和入侵者的骚扰，并被认为是灵魂通向阴间的向导。有些犬被当成祭品在宗教仪式上被吃掉，因此该犬一度几乎灭绝。直到20世纪中期，繁育者才开始设法恢复这个品种。

此犬有三种类型：迷你型、中型和标准型。与所有无毛犬一样，这个品种受欢迎的程度有限，数量很少。但是，墨西哥无毛犬温顺、深情、聪明，因此是很好的伴侣犬和看门犬，并被用作服务犬来帮助病人缓解慢性疼痛——回归其最初的古老用途。另外，无毛的特点使其成为对犬毛过敏人士的理想宠物。

有用的伙伴

由于无毛，墨西哥无毛犬可以向体外散发体热，所以摸上去很温暖。以前，农夫常用它们来暖床。这也是那些寒冷的夜晚被称为"three dog night"的原因。其体热也被认为具有疗愈作用，可将其抱在身体疼痛的部位作为热敷之用。

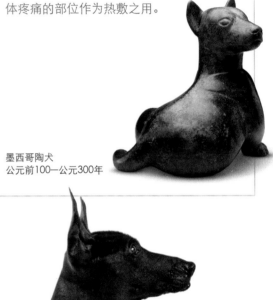

墨西哥陶犬
公元前100—公元300年

警觉时竖立的大长耳

前额有簇状毛

暗灰色

额段浅，吻部渐呈锥形

尾部有稀疏的黑色被毛

紧实而修长的颈部

黑色

中型犬

标准型犬

救援工作
巴儿利，一只德国牧羊犬。它正在一个雪洞里搜寻，这是雪崩搜救训练的一部分。

工作犬

人类要求犬做的工作数不胜数。在犬被驯养的数千年里，犬作为人类的助手帮人们看守家园、拯救身处险境的人、奔赴战场、照看病患和残障人士——这里只举几个例子。本书介绍的工作犬主要以传统上用于放牧、警戒、看护的品种为代表。

一般而言，各品种的工作犬大多数体形较大，但也有一些品种体形较小却很强健。工作犬的繁育要兼顾体力和耐力，许多工作犬能在任何天气下生活在户外。

一只正在聚拢羊群的柯利牧羊犬是大多数人所能想到的典型的牧羊犬形象，但还有许多其他犬种也被用来看守牲畜。这些活跃在田园间的放牧犬，既能放牧，又会看护。放牧犬拥有驱赶聚拢牧群的天性，但工作方式各有不同。如边境牧羊犬（见51页）靠跟随、追赶和怒目凝视来使羊群保持队形，而传统的牧牛犬，如威尔士柯基犬（见58、60页）和澳洲牧牛犬（见

62页）则通过轻咬牲畜脚跟的方式来驱赶牧群，有时还会吠叫。看护牧羊犬，包括马雷马牧羊犬（见69页）和比利牛斯山地犬（见78页）在内的山地犬种则用来保护羊群免受狼等捕食者的袭击。工作犬通常体形很大，许多都长有厚实的白色被毛，混在其共处守护的羊群中很难一眼区分出来。

另一种类型的看护任务通常由獒犬来完成，它们被认为是体形巨大、形象常出现在古代檐壁雕饰和手工艺品上的古莫洛苏斯犬的后代。诸如斗牛獒犬（见94页）、波尔多獒犬（见89页）和那不勒斯獒犬（见92页）等犬种在全球范围内被安全部队所使用，

也被用来看护财产。这些犬的典型特点是体形庞大、力量惊人、耳朵小（在一些剪耳合法的国家耳朵常被剪小）和两侧松弛下垂的上唇。

许多工作犬都是优秀的伴侣犬。牧民们非常聪明，他们擅长训练犬类，并且很乐于享受工作犬发挥技能帮助主人的感觉，还带犬参加敏捷性方面的竞赛。家畜看护犬因体形大和具有保护本能，相对而言不太适合家庭生活。但近几十年来，一些獒犬作为伴侣犬越来越受欢迎，尽管最初它们是以斗犬为目的而被繁育的，但如果幼年便开始在家中喂养并进行训练，也能完全适应宠物生活。

萨卢斯猎狼犬 Saarloos Wolfdog

肩高 60-75 厘米	奶油色
体重 35-40 千克	油褐色（棕色）
寿命 10 年以上	

萨卢斯猎狼犬是通过选择性杂交繁育而产生的一种德国牧羊犬类型的犬种，其自然特质与作为祖先的狼很接近。尽管现在萨卢斯猎狼犬被建议用作导盲犬，但事实证明它们更适合作为宠物伴侣犬，只是需要精心照料。

与狼相似的楔形头

三角形耳朵，弧形耳端

杏仁状眼睛

狼灰色

躯干比腿长

拱形长足

厚毛宽尾

捷克斯洛伐克狼犬

Czechoslovakian Wolfdog

肩高 60-65 厘米	
体重 20-26 千克	
寿命 12-16 年	

捷克斯洛伐克狼犬最初是由德国牧羊犬和狼杂交繁育的，具有其祖先的多种野性特征。这一品种具有动作迅猛、勇敢无畏、适应性和警惕性强的特点。对熟悉的驯养者忠诚而顺从，具备家犬的优秀特质。

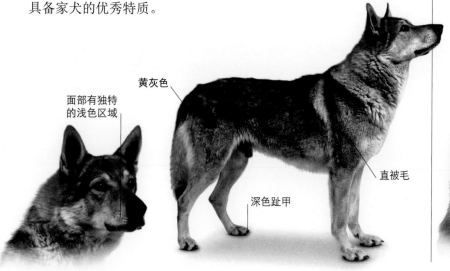

面部有独特的浅色区域

黄灰色

直被毛

深色趾甲

国王牧羊犬 King Shepherd

肩高 64-74 厘米	黑色	黑色犬可能带有红色、金色或奶油色斑纹。
体重 41-66 千克	带黑色斑纹的黑貂色	
寿命 10-11 年		

国王牧羊犬在美国繁育，于20世纪90年代晚期被认可，体大英俊，有德国牧羊犬（见42页）的遗传特征。国王牧羊犬喜欢充当放牧犬和看护犬，温和宽容的性情使其很容易成为家庭的一员。有两种被毛类型：光滑型和粗毛型。

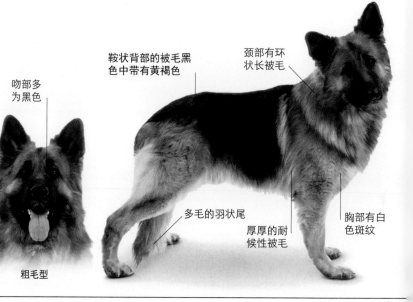

鞍状背部的被毛黑色中带有黄褐色

颈部有环状长被毛

吻部多为黑色

多毛的羽状尾

厚厚的耐候性被毛

胸部有白色斑纹

粗毛型

拉坎诺斯犬 Laekenois

肩高 56-66厘米
体重 25-29千克
寿命 10年以上

在四种比利时牧羊犬中，这种刚毛品种是19世纪80年代首个被繁育成功的。拉坎诺斯犬以安特卫普附近的拉坎庄园而命名，曾一度受到比利时王室的钟爱。因其稀有，这种可爱的牧羊犬值得被更多的人所赏识。

头部高昂，表情警惕

硬被毛

深色被毛区域

高位竖耳

浅红褐色

身体强健但不笨重

圆足

格罗尼达尔犬 Groenendael

肩高 56-66厘米
体重 23-34千克
寿命 10年以上

从1893年起，这种黑色被毛的比利时牧羊犬在布鲁塞尔附近的格罗尼达尔的一间犬舍被选育。这种漂亮的犬现在非常受欢迎。和大多数牧羊犬一样，格罗尼达尔犬需要在早期进行社交训练并进行严格而有度的管理。

精致的吻部

长而直的被毛

略倾斜的臀部

环绕颈部的长颈毛

黑色

四肢上有长羽状毛

马利诺斯犬 Malinois

肩高 56-66厘米
体重 27-29千克
寿命 10年以上

灰色
红色
所有颜色都有黑色毛尖。

马利诺斯犬据说原产于比利时的梅赫伦（Malines），是比利时牧羊犬的短毛变种。这个品种与同类品种相似，是天生的看护犬，尽管有时行为难以捉摸，但只要经过耐心负责的驯养，便能成为社交能力优良的忠诚的伴侣犬。

三角形耳朵，多呈黑色

被毛短而直，毛尖为黑色

杏仁状的棕色眼睛

独特的黑色面部

浅黄褐色

尾部被毛浓密，尾端颜色略深

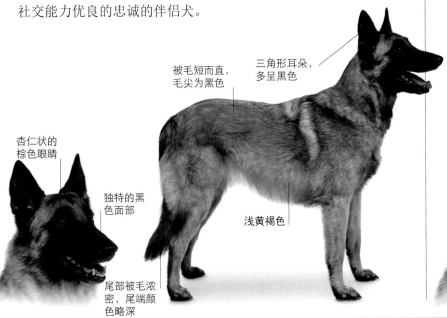

特武伦犬 Tervueren

肩高 56-66厘米
体重 18-29千克
寿命 10年以上

灰色
所有颜色都有黑色毛尖。

全世界最受喜爱的比利时牧羊犬，繁育者用繁育此犬种的村庄名为其命名。特武伦犬有强烈的保护本能，常被用作警犬和看护犬。带有黑色毛尖的漂亮被毛会定期脱落，需要经常梳理。

肌肉发达的背部

浅黄褐色带有黑色毛尖

黑色的耳朵和面部

后肢浓密的马裤状被毛

丰密的长被毛

德国牧羊犬 German Shepherd Dog

肩高	体重	寿命	
58-63厘米	22-40千克	10年以上	■ 黑貂色 ■ 黑色

全世界最受欢迎的犬种之一，这种聪明而又多才多艺的牧羊犬是忠诚可靠的伙伴。

这一犬种是由一位叫马克思·冯·施泰藩尼兹的德国骑兵队长用那些看护和放牧牲畜的犬繁育而来的。第一批犬出现在19世纪80年代，并于1889年在德国以"德国牧羊犬"（德文Deutsche Schäferhund）为名注册；最早注册的犬是一只叫霍兰德·冯·格拉夫斯的雄犬。

第一次世界大战期间，此犬的名字在英国被改为"阿尔萨斯"（Alsatian）。之所以取这个新名字，是因为第一批是由士兵从此犬服役过的叫作阿尔萨斯-洛林的地方带回来的，也因为这个名字规避了"德国"二字。基于同样的原因，其名字在美国被改为"牧羊犬"（Shepherd Dog）。两国士兵都对这种犬的能力印象深刻。

德国牧羊犬适应性强且非常顺从，适于看护和追踪，在世界范围内广为警察和军队所用，也作为搜救犬和导盲犬使用。

现代品种的德国牧羊犬长短被毛都有。这种犬常被贴上"凶猛"的标签，但拥有业内良好的声誉的那些繁育者会繁育出性情稳定的德国牧羊犬。这种犬勇敢且善于学习，驯养者只消采用心平气和的训练方式去逐渐树立权威，这样便不会失掉主导，能很好地控制犬的行为。它们需要大量的活动，善于从事看家等"工作"。管理好的话，它们可成为家里忠诚可靠的一员。

超级巨星

美国海军士兵李·邓肯从第一次世界大战的战场上救回了一只叫任丁丁（下图）的犬，并把它带回了加州训练演电影。它共出演了28部好莱坞电影，深受欢迎，并在1929年奥斯卡最佳演员的投票中获得了最多票数，但由于评奖委员会担心把奖颁给一只犬会破坏他们的名声，所以只给了它第二名。任丁丁死于1932年，它的一些后代经过邓肯训练后也参演了一些电影。

幼犬

头部轮廓鲜明

坚挺的大竖耳

双色

黑色和黄褐色

被毛密，下有一层厚厚的内层被毛

臀部朝着尾巴的方向向下倾斜

强壮的后肢

黑色披毯状被毛

短毛型

修长的前肢

被毛浓密的尾巴

长毛型

皮卡迪牧羊犬 Picardy Sheepdog

肩高 55-65 厘米
体重 23-32 千克
寿命 13-14 年

暗灰色
浅黄褐色斑纹
可能带有白色斑纹。

皮卡迪牧羊犬的血缘史尚不明确,这种外表坚韧的品种可能源自一个世纪前的法国东北部皮卡第地区。经过耐心训练后,该犬会成为孩子们的好朋友和好玩伴。这种犬蓬松的被毛较易打理。

头形美观,被长毛遮盖

高位竖耳

长眉,但不遮眼

浅黄褐色

胡须与颌毛由吻部的被毛构成

厚厚的卷曲被毛,触感较硬

胸部毛色浅

尾端略卷曲的长尾巴

荷兰牧羊犬 Dutch Shepherd Dog

肩高 55-62 厘米
体重 30-31 千克
寿命 12-14 年

浅黄褐色斑纹

在荷兰以外的地方很少见、荷兰本土也不常见的品种。在过去的200多年间,这种犬不仅充当多用途的农场犬,还曾用于安全和警务工作、充当导盲犬、参与服从训练性实验。作为家庭的一员,荷兰牧羊犬天性忠诚可信,惹人喜爱,对陌生人则充满本能的谨慎。有长毛型、短毛型、粗毛型三种类型。

短毛型

粗眉毛

银色斑纹

竖耳

尾巴下部有羽状毛

粗硬的波浪状被毛

四肢后侧毛色较浅

后肢跗关节下方的被毛较短

长毛型

粗毛型

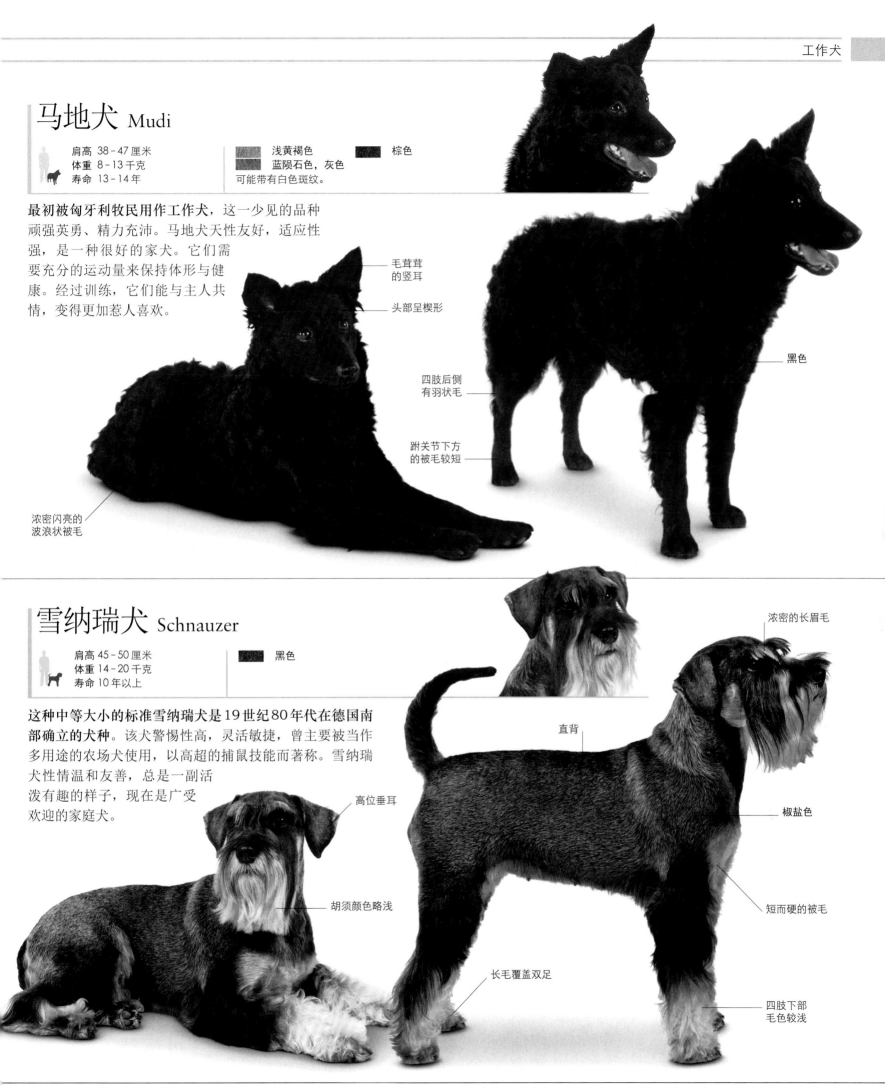

马地犬 Mudi

肩高 38-47 厘米
体重 8-13 千克
寿命 13-14 年

浅黄褐色
蓝陨石色，灰色
可能带有白色斑纹。

棕色

最初被匈牙利牧民用作工作犬，这一少见的品种顽强英勇、精力充沛。马地犬天性友好，适应性强，是一种很好的家犬。它们需要充分的运动量来保持体形与健康。经过训练，它们能与主人共情，变得更加惹人喜欢。

毛茸茸的竖耳

头部呈楔形

黑色

四肢后侧有羽状毛

跗关节下方的被毛较短

浓密闪亮的波浪状被毛

雪纳瑞犬 Schnauzer

肩高 45-50 厘米
体重 14-20 千克
寿命 10 年以上

黑色

这种中等大小的标准雪纳瑞犬是19 世纪 80 年代在德国南部确立的犬种。该犬警惕性高，灵活敏捷，曾主要被当作多用途的农场犬使用，以高超的捕鼠技能而著称。雪纳瑞犬性情温和友善，总是一副活泼有趣的样子，现在是广受欢迎的家庭犬。

浓密的长眉毛

直背

椒盐色

高位垂耳

胡须颜色略浅

短而硬的被毛

长毛覆盖双足

四肢下部毛色较浅

45

巨型雪纳瑞犬 Giant Schnauzer

肩高 60－70厘米	体重 29－41千克	寿命 10年以上	椒盐色

不易激动，聪明，易于训练，非常有力，具有很强的保护本能。

巨型雪纳瑞犬身强力壮，源自德国南部，是在标准雪纳瑞犬（见45页）的基础上通过与当地体形较大的犬杂交繁育而成的，用于杂交的品种据说有大丹犬（见96页）和佛兰德畜牧犬（见47页）等。

巨型雪纳瑞犬具有强壮的骨架和耐候性被毛，最初被用于农场工作，负责放牧和驱赶牛群。到20世纪初期，这一品种因聪明、易训和令人印象深刻的外貌被认为拥有看护犬的理想特质。巨型雪纳瑞犬在20世纪30年代被引入美国，60年代引入英国。从70年代开始在美国和欧洲变得更受欢迎。

巨型雪纳瑞犬现在欧洲被安全部队广泛用作警犬来行使跟踪和搜救等职责。平静的性情使其适合成为家用看门犬和宠物犬。尽管体形大，但如果给予充分的训练，巨型雪纳瑞犬也很好管理。它们学东西很快，在服从性和敏捷性方面的表现异常突出。其硬而厚密的双层被毛需定期护理，包括每天的梳理和每隔几个月的修剪。

安然无恙

这张20世纪70年代末在东德发行的邮票上印有一只典型的巨型雪纳瑞犬，有剪过的耳朵和剪过的尾巴。从第一次世界大战开始，巨型雪纳瑞犬就能很好地从事军事工作，其硕大的体形和威武的吠声起到了很好的威慑作用。尽管这个品种在德国很受欢迎，但在其他国家却倾向于用德国牧羊犬从事类似的工作。

20世纪70年代末东德发行的邮票

黑色眼睛

垂耳，耳端圆

尾巴高耸

黑色

硬而密的被毛

带须鼻口部

深胸

前肢后侧有少许羽状毛

浓眉遮眼

强壮而优雅的颈部

佛兰德畜牧犬 Bouvier des Flandres

肩高	体重	寿命	多种颜色
59–68厘米	27–40千克	10年以上	胸部可能带有小的白色星状图案。

总统之犬

腊吉（Lucky）是一只佛兰德畜牧犬，它是生活在白宫里体形最大的犬之一，1984年12月，幼犬腊吉成为南希·里根的宠物。随着长大成熟，腊吉变得强壮而活跃，开始在媒体拍照会（下图）上拉着总统到处跑，令总统完全没有一个领导应有的掌控者的样子。1985年11月，腊吉被送到里根在加州的牧场，取而代之的是一只体形较小且更好控制的名叫雷克斯的小查理王猎犬。

这种独立性强的犬忠诚无畏，城乡皆宜，但需要有足够的活动空间和有经验的主人。

这种畜牧犬在比利时和法国北部被繁育，用于放牧、看护和驱赶牛群。在法语中Bouvier意为"牧牛者"。在各种畜牧犬中，佛兰德畜牧犬是最常见的一种。

在第一次世界大战期间，佛兰德畜牧犬被用作信使犬和急救犬（引导医护人员到达伤员处）。它们饱受战争之苦，整个品种险些荡然无遗。一只名为尼克的雄犬幸存了下来，并成为其现代品种的祖先。当尼克1920年在比利时安特卫普奥运展上展出时，它被

认为是"理想型"的畜牧犬。在20世纪20年代，繁育者开始着手佛兰德畜牧犬的复兴。

这个品种的犬现多用作看护犬和家庭宠物犬。安静易训，但同时又具有强烈的保护本能，使它们仍在军队和警事中作为搜救犬使用。尽管佛兰德畜牧犬最初是一种户外犬，但只要能保证每天有充足的运动，它们完全可以适应城市家庭生活。被毛每周需多次梳理，每3个月需要修剪一次。

厚重的羽状尾

银色斑纹

高位垂耳

长而粗硬的胡须

厚厚的被毛，触感粗糙

被毛浓密，覆盖至足

阿登牧牛犬 *Bouvier des Ardennes*

肩高 52-62 厘米	
体重 22-35 千克	多种颜色
寿命 10 年以上	

这种昔日生活在比利时阿登地区坚强、活跃的牧牛犬无论作为工作犬还是家犬均已不多见。少数该犬发烧友一直设法努力保留此品种。阿登牧牛犬良好的适应性和对生活的热情使其具有很大潜力能在未来成为一种受欢迎的犬。

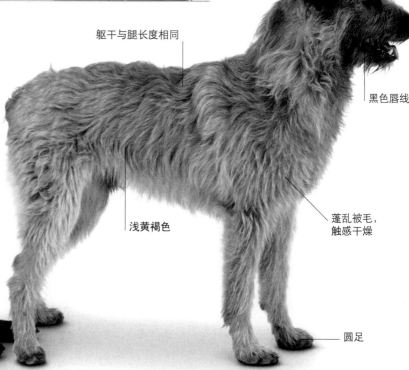

耳朵颜色比体色略深

躯干与腿长度相同

黑色唇线

浅黄褐色

蓬乱被毛，触感干燥

圆足

尖竖耳

黑色

粗胡须和颔毛

克罗地亚牧羊犬

Croatian Shepherd Dog

肩高 40-50 厘米	
体重 13-20 千克	
寿命 13-14 年	

这个品种作为牧羊犬，相对来说体形小且体重轻，机警且富有活力。克罗地亚牧羊犬易作为工作犬来驯养，但由于其喜爱放牧和看护的自然本性，作为家犬会较难管理。与众不同的波浪状或更为卷曲的被毛是其突出特征。

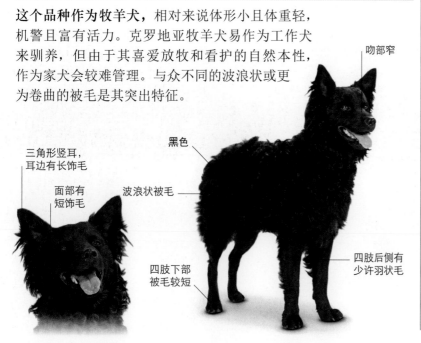

三角形竖耳，耳边有长饰毛

面部有短饰毛

吻部窄

黑色

波浪状被毛

四肢下部被毛较短

四肢后侧有少许羽状毛

萨普兰尼那克犬 *Sarplaninac*

肩高 58 厘米以上	
体重 30-45 千克	任何纯色
寿命 11-13 年	

萨普兰尼那克犬以前被称为伊利里亚牧羊犬，这种令人印象深刻的犬现在以其发源地沙尔山（Sar Planina）命名。萨普兰尼那克犬是典型的户外工作犬。虽然该犬具有社交意识，又充满保护的天性，但其体形和精力旺盛的程度使其很难成为家庭宠物。

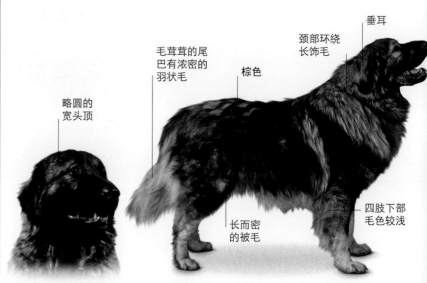

垂耳

颈部环绕长饰毛

毛茸茸的尾巴有浓密的羽状毛

棕色

略圆的宽头顶

长而密的被毛

四肢下部毛色较浅

卡斯特牧羊犬
Karst Shepherd Dog

肩高 54-63 厘米
体重 25-42 千克
寿命 11-12 年

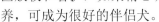

曾被称为伊利里亚牧羊犬，为了与另一个同名的品种区分开，在20世纪60年代改名为卡斯特牧羊犬或伊斯特拉牧羊犬。这种优秀的工作犬用于在斯洛文尼亚高寒的阿尔卑斯山脉卡斯特地区放牧和看护，如果精心训练并进行早期社交培养，可成为很好的伴侣犬。

头部宽度和长度相同

颈部有领毛和鬃毛
铁灰色
平顺的长被毛
被毛浓密的长尾巴
浅灰色斑纹
四肢前侧有深色暗纹

埃斯特里拉山犬
Estrela Mountain Dog

肩高 62-72 厘米
体重 35-60 千克
寿命 10 年以上

狼灰色或黑色斑纹
身体下侧和四肢可能带有白色斑点。

作为来自葡萄牙埃斯特里拉山的畜牧犬，它们无畏且健壮，为保护畜群免受狼等野兽袭击而被繁育。埃斯特里拉山犬对主人忠诚、友好，但有时固执己见，需持续耐心地进行服从性训练。被毛分长毛型和短毛型两种。

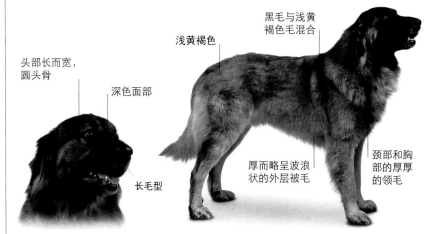

头部长而宽，圆头骨
深色面部
长毛型
浅黄褐色
黑毛与浅黄褐色毛混合
厚而略呈波浪状的外层被毛
颈部和胸部的厚厚的领毛

葡萄牙守卫犬
Portuguese Watchdog

肩高 64-74 厘米
体重 35-60 千克
寿命 12 年

狼灰色　黑色
被毛可能有斑纹；白色被毛上有单色斑点。

这一品种可能是被游牧民从欧洲带入亚洲的强壮獒犬的后代，也被称为拉福罗·德·阿兰多獒犬（Rafeiro de Alentejo），以葡萄牙阿兰多地区命名。葡萄牙守卫犬传统上用于看护，警惕性高，对陌生人有所戒备，具有让人生畏的体形和力量。尽管没有攻击性，这种犬也不适合新手喂养。

三角形垂耳
浓密的直被毛
尾端略卷
黑色唇线
宽胸
浅黄褐色有白色斑纹

卡斯特罗拉博雷罗犬
Castro Laboreiro Dog

肩高 55-64 厘米
体重 25-40 千克
寿命 12-13 年

狼灰色
胸部可能带有白色小斑点。

这种犬以其在葡萄牙北部山区家乡的村庄名字命名，有时也被称为葡萄牙牧牛犬，是按畜牧犬来繁育的。它们的警告吠叫声很独特，开始低沉，最后高亢。这种犬与家庭成员关系亲密，对陌生人则可能充满敌意。

三角形垂耳
短而厚的粗硬被毛
杏仁状眼睛
尾巴常低垂，下部有长毛
样似"山川"的斑纹

葡萄牙牧羊犬 Portuguese Sheepdog

肩高 42-55 厘米	多种颜色
体重 17-27 千克	胸部可能有少许白毛。
寿命 12-13 年	

在其原产地葡萄牙，这种毛茸茸的、行动敏捷的犬有时也被称为"猴犬"。葡萄牙牧羊犬喜欢户外运动和放牧。该品种活泼且非常聪明，作为伴侣犬和运动犬在葡萄牙很有人气，在其他地方则较少为人所知。

浅黄褐色

浓眉但不遮眼

被毛浓密，似山羊毛

黑色

长胡须和颌毛

四肢下部有黄褐色斑纹

加泰罗尼亚牧羊犬 Catalan Sheepdog

肩高 45-55 厘米	灰色	黑色和黄褐色
体重 20-27 千克	黑貂色	
寿命 12-14 年	可能带有白色斑纹。	

这种强壮的犬在西班牙加泰罗尼亚地区作为放牧犬和看护犬被繁育。这种犬十分坚强，它们的被毛不仅漂亮，而且具有很强的耐候性，能让它们在几乎任何条件下工作。加泰罗尼亚牧羊犬聪慧、性情安静，并乐于与人交好，由此使其易于训练，是很好的家庭伴侣。

头顶冠毛

覆有流苏状饰毛的耳朵贴近头部

质地粗硬的被毛

深琥珀色圆眼睛

浅黄褐色

长毛遮足

比利牛斯牧羊犬 Pyrenean Sheepdog

肩高 38-48 厘米	灰色 黑色和白色
体重 7-14 千克	蓝色
寿命 12-13 年	黑色

蓝色被毛可能杂有红陨石色、板岩灰色或斑纹。纯色是理想毛色。

作为牧羊犬，该品种体形小而轻巧，一直被用于在法国比利牛斯山脉放牧畜群。20世纪初期以前，在其原产地以外几乎不为人知。比利牛斯牧羊犬灵巧、精力充沛，喜爱参与任何有趣的活动，在诸如敏捷性比赛等犬类运动中表现优异。对于喜欢运动的家庭，比利牛斯牧羊犬是很好的宠物选择。该品种有两种被毛类型：长毛型被毛和半长毛型被毛。脸型也有两种：粗脸型和平脸型。

粗脸半长毛型

浅黄褐色

后肢羊毛状被毛

面颊部有后掠的长饰毛

胸部有白色斑纹

浅黄褐色夹杂黑色被毛

粗脸长毛型

长饰毛从腿部延伸盖过足趾

平脸半长毛型

边境牧羊犬 Border Collie

肩高	体重	寿命	
50－53厘米	12－20千克	10年以上	多种颜色

这种超级聪明的犬需要有经验的主人，以及充足的体力和脑力活动。

在边境牧羊犬起源的英格兰和苏格兰边境以外的地方，边境牧羊犬作为典型牧羊犬的美誉也是声名远扬。几乎所有的边境牧羊犬都是1894年出生于诺桑比亚（英格兰北部）的一只名叫老汉普的犬的后代。老汉普是一只非常优秀的牧羊犬，以至于许多牧民都想拥有它的后代。它有至少200个子女。

放牧时，边境牧羊犬动作敏捷而安静，对牧民说话的声音、口哨声或手势指令反应迅速。它们围拢羊群，把羊群从一个牧场驱赶到另一个牧场或羊圈，并在必要时把某只羊从羊群中分离出来。边境牧羊犬主要作为

工作犬使用，直到1976年才被养犬协会正式承认为一个品种。

边境牧羊犬精力旺盛，总是兴致勃勃，且个性独立，这意味着如果作为宠物犬，它们每天需要大量的体力和脑力方面的挑战。许多边境牧羊犬参加敏捷性比赛。这种于1978年在英国开始的赛事，要求主人训练和指导犬穿过一系列障碍物。边境牧羊犬很擅长这项运动，如同放牧一般，它们能很快执行主人的命令。该犬有两种不同的被毛类型：中长毛型被毛和短毛型被毛。

忠诚到永远

美国蒙大拿州小镇本顿最出名的也许是一只等候了主人6年的牧羊犬。1936年，主人因病在小镇的医院接受治疗，但不幸去世。这只犬看到了主人的棺木被抬上一列火车，从此，这只被车站工作人员称为"老谢普"的犬不放过任何一列通过的火车，来寻找它的主人。它因忠诚而出名。1942年，老谢普不幸被一列火车撞上身亡。它被安葬在能俯瞰到车站的地方，人们在那里为它竖起了一座纪念雕像。

美国蒙大拿州本顿车站的老谢普铜像

长至跗关节的低位尾巴

肌肉发达的运动型身材

黑色和白色

额段明确

双耳间距很宽

中长毛型

前肢上有羽状毛

苏格兰牧羊犬 Rough Collie

肩高 51-61厘米	体重 23-34千克	寿命 12-14年	金色 蓝陨石色 金色和白色	黑色、黄褐色 和白色

这种高傲美丽、性情温顺的犬是忠诚的家庭伴侣，但它们需要大量的活动。

这种拥有厚密被毛的品种是昔日苏格兰普通牧羊犬的后代，现在则是备受人们喜爱的宠物以及表演场上的明星。苏格兰牧羊犬的历史可追溯到罗马时代的英国，但这种类型的犬直到19世纪才引起广泛关注。英国的维多利亚女王对这一品种在欧洲和美国的流行起了关键作用。后来，聪明绝顶的影视明星"灵犬莱西"确立了苏格兰牧羊犬作为有史以来最受喜爱的犬种之一的地位。

苏格兰牧羊犬性情温和，对其他犬和宠物态度宽容。对训练反应灵敏，是非常吸引人且颇具保护意识的伙伴。然而，喜欢人的苏格兰牧羊犬容易轻信到访者，不能算是合格的看守犬。作为运动型犬种，它们热衷嬉戏，如果给予机会，会打起十二分精神去参加诸如敏捷性比赛等活动。它们的放牧本能还未完全消失，对运动目标的敏锐意识常使其产生"围拢"朋友和家人的冲动。较早进行社交训练可防止这一特性变成潜在的麻烦。

跟所有品种的工作犬一样，当苏格兰牧羊犬运动量不足或长时间独处时也会变得焦躁不安，还可能会过度吠叫。但只要能让它们每天充分活动，就可以在中型房屋甚至公寓里喂养。

苏格兰牧羊犬长而厚的被毛需定期梳理，以防打结和纠缠。在一年两次的浓密内层被毛脱落时需要更频繁的梳理。

后肢布满
羽状毛

丰富的羽
状毛尾巴

跗关节以下
光滑的被毛

莱西——忠诚的朋友

第一部"灵犬莱西"的电影《莱西回家》是以一本书为剧本拍摄的，书中莱西的穷主人把它卖给了一个富有的公爵，但莱西逃跑并长途跋涉跨越险阻回到了属于它的家。随后又有几部电影和一部电视剧出炉，分别讲述了莱西的勇敢和对人类朋友的忠诚。尽管莱西是个女孩的名字，但所有参与演出的犬均为雄性。最早参加演出的那只叫帕尔的犬在被训练演电影之前其实相当顽劣。

1994年出品的电影的海报

幼犬

半竖耳

显示智慧与好奇的黑色眼睛

带有光滑绒毛的面部

长而浓密的被毛，质地粗硬

密实的白色鬃毛

瘦长的锥形头

黑貂色和白色

短毛牧羊犬 Smooth Collie

肩高	体重	寿命	
51-61厘米	18-30千克	10年以上	黑貂色和白色 黑色、黄褐色和白色

一个好帮手

犬类被用于协助盲人、聋哑人等残疾人已有很长历史，而今也在试图用于帮助那些阿尔茨海默病患者。用短毛牧羊犬从事这一工作成效显著。它们经过训练后可领着主人回家或者在救助人员到来前陪伴着主人（见下图）——牵犬绳的背带上有GPS来显示所在位置。这些经过训练的犬忠心耿耿，可以在无指令的情况下工作，并且能应对各种情况下的情绪波动。

这种越来越少见的牧羊犬性情温和、友善，是老人和有孩子家庭的理想宠物。

短毛牧羊犬作为一个被认可的单独品种，与苏格兰牧羊犬（见52页）有许多共同的生理特征。这两个品种都是苏格兰农场犬和牧羊犬的后代。早期的短毛牧羊犬体形比现在的要小，吻部较短。不过19世纪的繁育者为犬展繁育出了更高大、优雅的品种。短毛牧羊犬这个品种是由维多利亚女王推广的，与苏格兰牧羊犬同受女王的喜爱。

现在，短毛牧羊犬没有苏格兰牧羊犬那么有名。英国养犬协会已将其列为本地濒危品种，即每年新注册犬数少于300只的品种。2010年，新注册的短毛牧羊犬只有54只。这一品种在英国以外的其他国家更是鲜为人知。

短毛牧羊犬有时被用作牧羊犬或看门犬，同时也是不错的家犬，喜欢和人在一起。这种犬温顺、友善，需有人陪伴并需要大量的体力和脑力活动。跟苏格兰牧羊犬一样，在敏捷性和服从性比赛方面表现良好。短被毛易于护理，只需常规梳理即可。

蓝陨石色犬的单眼
或双眼可为蓝色

吻部末端
呈圆形

长至跗关
节的尾巴

独特的白色
颈毛和胸毛

蓝陨石色

椭圆形足，
拱形足趾

警觉时耳朵
呈半竖立状

密而粗硬
的短被毛

喜乐蒂牧羊犬 Shetland Sheepdog

肩高	35-38 厘米
体重	6-17 千克
寿命	10 年以上

黑貂色
蓝陨石色
黑色和黄褐色

黑色和白色

最早在与苏格兰大陆北海岸隔海相望的地势崎岖的设得兰群岛上被繁育，这种小型牧羊犬耐寒而且适应力强。喜乐蒂牧羊犬充满活力而又容易训练，惹人喜爱，能很好地适应家庭生活，是忠诚的宠物犬。需要定期梳理被毛来保持漂亮形象。

两耳紧凑

眼周有黑色眼线

长而厚的被毛

三色

面部有光滑的短毛

浓密的鬃毛

长毛尾巴

伯瑞犬 Briard

肩高	58-69 厘米
体重	35 千克
寿命	10 年以上

板岩灰色
黑色

这种大而活泼的法国品种在其原产国主要用于放牧和看护羊群。伯瑞犬勇敢又极具保护意识，但不会主动攻击，如果能定时活动并有足够的空间跑动和玩耍，会是一个优秀的家庭伴侣。为这种犬护理被毛会花费相当多的时间，那身长而厚的被毛需经常梳理。

过眼长眉

黑鼻

浅黄褐色

高位长毛短耳

深色被毛与主色被毛相融合

下垂而略呈波浪状的长被毛

肌肉发达的强健四肢

英国古代牧羊犬 Old English Sheepdog

肩高	体重	寿命	灰色
56–61 厘米	27–45 千克	10 年以上	各种深浅色度的灰色、斑白色、蓝色。躯干和后躯为纯色，无白色斑纹。

多乐士犬

对于世界各地许多以英语为母语的人们来说，英国古代牧羊犬已成为国际涂料品牌"多乐士"的代名词。第一部以这种犬为主角的特色多乐士广告出现在1961年。有人认为，体形大且毛茸茸的犬会给这个系列广告片带来吸引人的"家"的感觉。英国古代牧羊犬作为各种演出的明星已有50多年了，有些犬甚至有自己的司机。这种犬和这个品牌互因对方而名扬天下。因此英国古代牧羊犬常被称为"多乐士犬"。

这种脾气好又聪慧的犬需要经常梳理来养护其蓬松厚密的被毛。

英国古代牧羊犬起源于英国西南部，是那些用于看护牲畜免受狼袭击的大而强壮的犬以及长须柯利牧羊犬（见57页）的后代，也有可能来自南俄罗斯牧羊犬（见57页）。到19世纪中期，这些犬被用于把牲畜赶到集市上去。给犬截尾是当时英国的一种习惯，表明该犬是工作犬，因此免予征税；"短尾牧羊犬"的别名有时仍然会使用。

这一品种因常出现在电影和广告中，在20世纪70—80年代非常流行，但最近有些失宠。2012年，在英国养犬协会新注册的英国古代牧羊犬只有316只，从而被协会列入了濒危品种观察名单。

这种大而强壮的犬需要大量活动。它们的被毛浓密而蓬松，从前牧民经常在修剪羊毛的同时修剪犬毛，剪下的毛用于做织物。而现在，英国古代牧羊犬的被毛变得格外厚密，以至于需要经常梳理以防纠缠打结。

眼睛被毛遮盖

被毛覆盖住小耳朵

低而相对短的身体

后躯被毛较长

厚而蓬松的被毛，带白色斑纹

蓝色

头部、颈部和胸部有白色斑纹

长须柯利牧羊犬 Bearded Collie

肩高 51-56 厘米		沙色	黑色
体重 20-25 千克		红棕色	
寿命 10 年以上		蓝色	

直到20世纪中期，长须柯利牧羊犬只作为牧羊犬在苏格兰和英格兰北部为人所知。现在因其有吸引力的外表、紧凑的体形和温柔的天性受到人们普遍赞赏，使这个品种作为宠物有巨大的吸引力。然而，它们可能更喜欢空间较大的郊区家庭胜过空间紧凑的都市环境。

不盖眼的拱形眉毛

大鼻子

长外层被毛

吻部有长须

板岩灰色

白色领毛

脚趾肉垫间有饰毛

波兰低地牧羊犬
Polish Lowland Sheepdog

肩高 42-50 厘米		任何颜色
体重 14-16 千克		
寿命 12-15 年		

这个品种是在北欧平原地区繁育的，被用作放牧犬和看护犬，这种活泼可爱、毛发蓬松的犬强健又灵活。该犬聪明，容易进行多种用途的训练。运动量与毛发梳理需要特别重视。

厚而蓬松的长被毛随年龄增长而逐渐稀疏

黑色和黄褐色

长毛盖眼

心形垂耳被长毛盖住

短而钝的吻部

椭圆形足

荷兰斯恰潘道斯犬 Dutch Schapendoes

肩高 40-50 厘米		任何颜色
体重 12-20 千克		
寿命 13-14 年		

荷兰斯恰潘道斯犬动作敏捷、不知疲倦且聪明伶俐，是天生完美的牧羊犬。该犬工作时动如弹簧，可高速奔跑，能轻松弹跳跃过各种障碍。这个品种具有成为好的伴侣犬的潜质，但只有经常运动才能使它茁壮成长。

覆盖面部的长上须和长下须

羽状毛长尾巴

长顶髻，盖住部分眼睛

黑色和白色

厚密而略呈波浪状的被毛

南俄罗斯牧羊犬
South Russian Shepherd Dog

肩高 62-65 厘米		烟灰色
体重 48-50 千克		稻草色
寿命 9-11 年		黄色和白色

这种来自俄罗斯大草原的大型牧羊犬不是繁育来聚拢牧群的，而是用于保护牲畜免受凶猛食肉动物的袭击。该犬反应迅速、有主导的天性且保护意识强，也被称为奥乌查卡（Ovtcharka 俄语意为"牧羊犬"），需要一个能在早期建立起权威的主人。

密实而质地粗硬的长被毛

额头宽，但头部整体狭长

白色

三角形垂耳

长毛盖住足部

彭布罗克威尔士柯基犬 Pembroke Welsh Corgi

肩高	体重	寿命	浅黄褐色和黑貂色
25-30厘米	9-12千克	12-15年	

一种敏捷而自信的看门犬，体形小但叫声大，若能保持足够的运动量会是不错的家庭宠物。

彭布罗克威尔士柯基犬是两种柯基犬中更有名的一种，该犬与卡迪根威尔士柯基犬（见60页）的区别在于其耳朵略小，体重较轻，轮廓精致，有些没有尾巴。彭布罗克威尔士柯基犬是两种柯基犬中历史较短的，但其祖先在1107年就出现了，当时佛兰德纺织工人和牧民首次将其从欧洲引入威尔士西部。两种柯基犬在19世纪曾杂交过，但彭布罗克威尔士柯基犬于1934年被单独确认为一个品种。

柯基犬在威尔士作为牧牛犬和看护犬有很长的历史，其低矮

的体形和敏捷的特性非常适合通过咬脚踝的方式驱赶牛羊和小马。今天，这些警觉性高且有活力的小型犬仍偶尔用于放牧和敏捷性运动项目。彭布罗克威尔士柯基犬是优秀的看门犬，喜爱家庭生活，但有时会因其放牧的本能而咬人脚踝，这种可能性可以通过早期调教而降低。柯基犬有易增重的倾向，需调整好其饮食和运动量。

彭布罗克威尔士柯基犬有一个特点是身上有个叫"精灵马鞍"的部位——在肩部上方的一个区域，被毛密度和生长方向与身体其他部位不同。

女王的爱犬

众所周知，英国王室喜爱养犬，再没有比彭布罗克威尔士柯基犬与温莎公爵夫妇关系更紧密的品种了。1933年，在位君主伊丽莎白二世女王的父亲乔治六世国王买下了第一只皇家柯基犬，名叫罗札佛金鹰（"杜基"）。女王从18岁开始，就拥有并喂养彭布罗克威尔士柯基犬。其中一只叫蒙蒂的犬（已去世）在2012年伦敦奥运会开幕式上曾和她出现在詹姆斯·邦德的奥运宣传片中。

幼犬

黑色和黄褐色

水平的背线

"精灵马鞍"

竖耳，耳端圆

狐狸形头，有典型的斑纹

红色

宽而低的白色胸部

胸部有白色斑纹

椭圆形足，内趾长于外趾

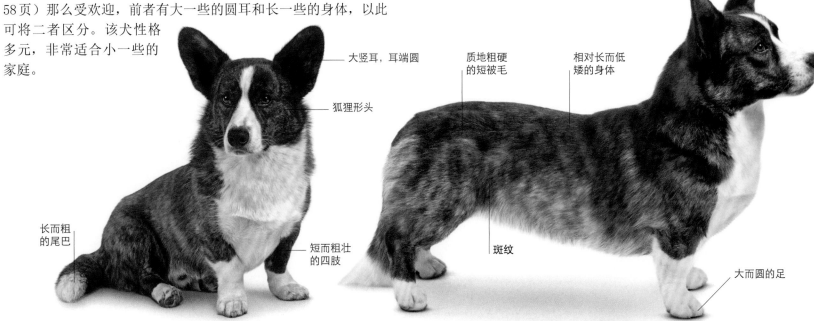

卡迪根威尔士柯基犬 Cardigan Welsh Corgi

肩高 28~31厘米	任何颜色
体重 11~17千克	
寿命 12~15年	可有白色斑纹，但不会占据大部分身体。

两种威尔士柯基犬在20世纪30年代被列为两个不同品种。卡迪根威尔士柯基犬作为家犬没有其近亲彭布罗克威尔士柯基犬（见58页）那么受欢迎，前者有大一些的圆耳和长一些的身体，以此可将二者区分。该犬性格多元，非常适合小一些的家庭。

大竖耳，耳端圆

质地粗硬的短被毛

相对长而低矮的身体

狐狸形头

长而粗的尾巴

斑纹

短而粗壮的四肢

大而圆的足

瑞典柯基犬 Swedish Vallhund

肩高 31~35厘米	铁灰色
体重 12~16千克	红色
寿命 12~14年	红色和灰色被毛可能混有棕色或黄色。

瑞典柯基犬乍一看与威尔士柯基犬（本页上方和第58页）长得很像，且都作为牧牛犬使用。这种强悍、喜爱劳动的品种仍在瑞典的农场使用。作为较为少见的家犬，这种犬正逐渐被更多的人所知，其快乐的性格让人喜爱。

尖竖耳

浓密而粗硬的外层被毛

肌肉发达的粗颈部

楔形长头

直背

胸部有白色斑纹

灰黄色

椭圆形足

新西兰牧羊犬 New Zealand Huntaway

肩高 50~61 厘米	**三色**
体重 18~30 千克	**深色斑纹**
寿命 12~14 年	目前可能也有其他毛色。

新西兰牧羊犬缺乏品种标准，可能是用包括德国牧羊犬（见42页）、罗威纳犬（见83页）以及边境牧羊犬（见51页）等混合繁育的，因此未被任何一家养犬协会承认。该犬在新西兰被繁育用作牧羊犬，是优秀的工作犬，作为家犬也越来越受欢迎。

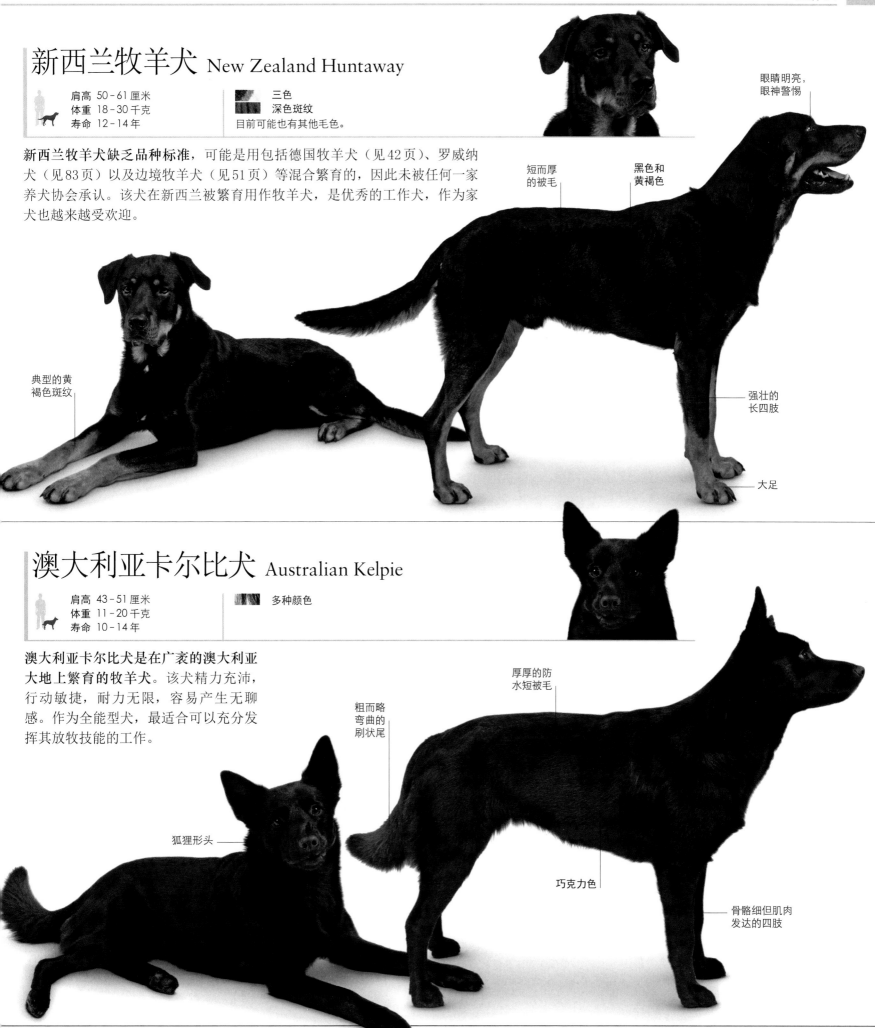

眼睛明亮，眼神警惕

短而厚的被毛

黑色和黄褐色

强壮的长四肢

大足

典型的黄褐色斑纹

澳大利亚卡尔比犬 Australian Kelpie

肩高 43~51 厘米	**多种颜色**
体重 11~20 千克	
寿命 10~14 年	

澳大利亚卡尔比犬是在广袤的澳大利亚大地上繁育的牧羊犬。该犬精力充沛，行动敏捷，耐力无限，容易产生无聊感。作为全能型犬，最适合可以充分发挥其放牧技能的工作。

厚厚的防水短被毛

粗而略弯曲的刷状尾

巧克力色

骨骼细但肌肉发达的四肢

狐狸形头

澳洲牧牛犬 Australian Cattle Dog

肩高	体重	寿命
43-51厘米	14-18千克	10年以上

强壮，热爱劳动，这种值得信赖的放牧犬对陌生人会有些防备。

澳洲牧牛犬也叫澳大利亚赫勒犬（Australian Heeler），曾被广泛用于驱赶和护卫牛群。该犬起源于19世纪，当时的牧民需要一种犬在广阔的牧场上控制半野生牧牛，并能在复杂地形和酷暑条件下进行长途跋涉。19世纪40年代，一个叫托马斯·豪的牧场主将一些柯利牧羊犬与澳洲野犬杂交，繁育出"豪氏赫勒犬"（赫勒是指犬通过咬牛的脚后跟而驱赶它们的习性）。这些犬进一步与大麦町犬（见286页）、斗牛獒（见197页）及澳大利亚卡尔比犬（黑色和黄褐色放牧品种）进行杂交。到19世纪90年代，澳洲牧牛犬这个品种终于被繁育成功。

杂交繁育造就了澳洲牧牛犬具有强烈的放牧本能、澳洲野犬般坚忍安静的性格和大麦町犬能与马匹共同工作的能力。许多澳洲牧牛犬仍有其柯利牧羊犬祖先的蓝陨石色。该犬具有不知疲倦、步态轻盈和速度爆发力强的特点。

澳洲牧牛犬作为家犬具有许多优点，吃苦耐劳、警惕性高、对主人忠诚。但因其带有澳洲野犬祖先的特征，对陌生人天性怀疑。由于当时该犬被繁育用于从事长时间的工作并可适合远距离跋涉，因此需要大量活动。澳洲牧牛犬需要受到有效的控制并需要脑力和体力结合的工作，否则会变得无聊呆板。该犬聪明且乐于取悦于人，因此易于训练；在放牧、守令和灵活性运动方面表现突出。

后躯长而宽，肌肉发达

略弯曲的低位吊尾

圆足，有结实的拱形足趾

颈部被毛更长更厚

红色带斑点被毛

垂耳

幼犬

额段明显

喉部有黄
褐色斑纹

蓝色

四肢上有独特
的黄褐色斑纹

最长寿的犬

澳洲牧牛犬以强壮和健康闻名，一只叫布鲁伊的犬拥有"最长寿的犬"的吉尼斯世界纪录。布鲁伊出生于1910年6月，为澳大利亚夫妇莱斯和依司马·豪所拥有。它做放牧牛羊的工作超过20年（见下图），以袋鼠和鸸鹋肉为食。1939年11月，它在29岁5个月零7天时去世。

兰开夏赫勒犬 Lancashire Heeler

肩高 25-30 厘米	赤褐色和黄褐色
体重 4-7 千克	
寿命 15 年	

兰开夏赫勒犬聪明、坚忍、勤劳，非常适合其最初在英格兰北部地区所做的牧牛犬的工作。该品种可能是彭布罗克威尔士柯基犬（见58页）和曼彻斯特㹴（见212页）杂交的结果。跟其他赫勒犬相比，它们不那么爱啃脚跟。这种看着聪明的小犬如果认真训练会成为合格的家庭成员。

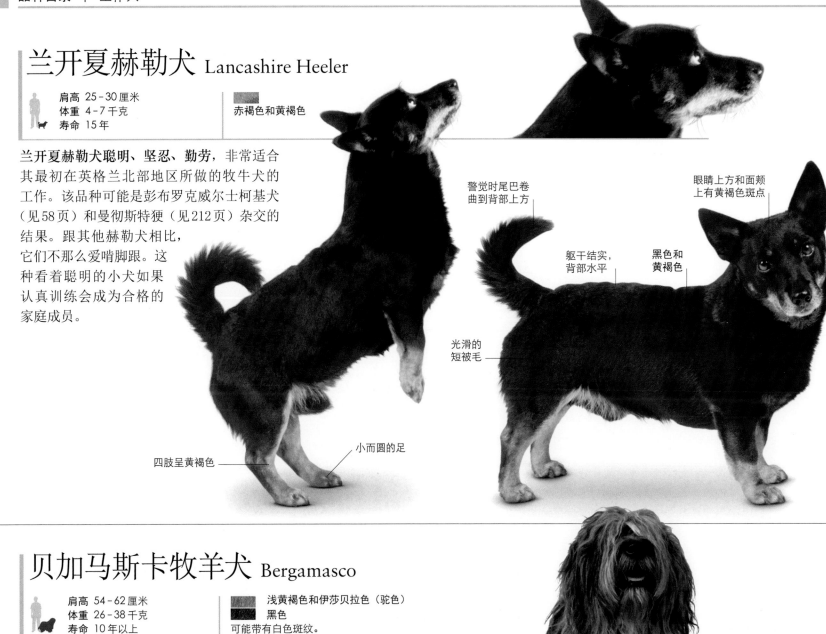

警觉时尾巴卷曲到背部上方

眼睛上方和面颊上有黄褐色斑点

躯干结实，背部水平

黑色和黄褐色

光滑的短被毛

四肢呈黄褐色

小而圆的足

贝加马斯卡牧羊犬 Bergamasco

肩高 54-62 厘米	浅黄褐色和伊莎贝拉色（驼色）
体重 26-38 千克	黑色
寿命 10 年以上	可能带有白色斑纹。

强壮的贝加马斯卡牧羊犬被用作牧羊和看护，在意大利北部山区繁育。其耐候性被毛厚实、手感油腻、容易打结，但被毛一旦结成丛状后，梳理时间会大大减少。贝加马斯卡牧羊犬是热情而忠诚的伴侣，但需要严格管教。

宽而直的背部

灰色

头骨上的额段明显，被饰毛覆盖

低位尾巴

缠结的丛状被毛

波密犬 Pumi

肩高	38-47 厘米	
体重	8-15 千克	
寿命	12-13 年	

奶油色
灰色
金色

胸部及足趾上可能有小的白色斑纹。

波密犬被繁育于 18 世纪的匈牙利，是匈牙利波利犬（见下）与德国、法国狭犬杂交产生的。波密犬是一种优秀的放牧犬和多用途的农场犬，同样也是出色的家犬。它们勇敢而不知疲倦，在运动方面表现突出。

耳朵上有浓密而卷曲的簇状毛

狭窄的狭犬形头

黑色

尾巴高耸

厚而卷曲的被毛

肌肉发达的苗条身体

匈牙利波利犬 Hungarian Puli

肩高	36-44 厘米	
体重	10-15 千克	
寿命	12 年以上	

白色
灰色
浅黄褐色

胸部和足部可能带有小的白色斑纹。

匈牙利波利犬据说是由亚洲的游牧民族马扎尔人部落带入中欧的，传统上用作放牧犬。该犬充满激情，而且学得快，是很好的家庭宠物，但若缺少乐趣和陪伴会易感厌倦。其打结的被毛需要特别注意打理。

眼睛被长而打结的灯芯绒状被毛遮盖

被毛浓密的尾巴卷曲到背上

健壮的直背

黑色小鼻子

黑色

被毛呈长灯芯绒状

圆形短足

可蒙犬 Komondor

肩高	体重	寿命
60－80厘米	36－61千克	10年以下

这种体大力足的犬不适合新手喂养，它们需要能给予其时间和关注的有经验的主人。

可蒙犬是由库曼人从中国往西迁移至多瑙河流域时带到匈牙利的守卫犬的后代。有关这种犬的最早书面记录可追溯到16世纪中期，但它们的存在实际可能还要早上几个世纪。直到20世纪初期这个品种才被匈牙利之外的人所了解。

可蒙犬传统上用于保护绵羊、山羊和牛群免受狼和熊的袭击。主人会让它们与畜群生活在一起，独立工作，守卫牲畜使之免受捕食者的伤害。许多可蒙犬在第二次世界大战期间由于被用于守卫军事设施而被杀害，导致该品种几乎绝种。但仍有一些犬被那些执着的繁育者保护下来。今天，这种犬在匈牙利和美国的数量最多，用于保护牲畜免受丛林狼和其他野兽的攻击。

尽管可蒙犬总体上来说天性安静矜持，但当它们认为受到威胁时，会毫无畏惧地攻击对手。这种犬具有很强的保护本能，是家庭的忠诚守卫者，但比起宠物犬，它们更适合生活在户外或被当作农场犬。可蒙犬独立的天性和本能，再加上庞大的体形和惊人的力量，只有那些有充分管理犬类经验和空间的人才适合当它们的主人。至于它们的流苏状被毛，每天的梳理是必需的。

白色

尾端略卷曲的长尾巴

幼犬

鼻子通常为黑色，
但也有灰色或棕色

被毛遮盖的垂耳

绵羊装

可蒙犬不仅长得像它们所保卫着的当地的匈牙利绵羊，而且被当作羊对待。幼犬从小跟羊群一起喂养，因为天天生活在一起，羊并不惧怕它们。可蒙犬也将羊当成自己的同类来保护。那些从小在人类身边成长起来的可蒙犬，也会有保护所在家庭成员的习性。人们甚至像对待羊一样每年夏天给可蒙犬剪毛，以去除冬天用来御寒的那些长长的被毛。

黑眼睛，部分
为被毛所遮盖

又长又厚的
流苏状被毛

艾迪犬 Aidi

肩高 53-61 厘米	浅黄褐色 ■ 棕色（右）
体重 23-25 千克	■ 黑色
寿命 约12年	浅黄褐色、棕色和黑色的被毛可有白色斑纹。

也被称为阿特拉斯山地犬（Atlas Mountain Dog），这种犬被摩洛哥游牧民族用作护卫犬已有几个世纪的历史了。艾迪犬忠诚而无畏，随时准备保护主人及其财产。但其强烈的保护本能意味着它们不能完全适应家庭生活方式。

厚厚的中等
长度被毛

黑色唇线

白色

四肢后侧
有羽状毛

间距很宽
的垂耳

黑色斑纹

澳大利亚牧羊犬 Australian Shepherd

肩高 46-58 厘米	■ 红色，红隐石色
体重 18-29 千克	■ 黑色
寿命 10 年以上	所有被毛都可能带有黄褐色斑纹。

这种牧羊犬是在美国繁育的品种，根本算不上具有"澳大利亚"的身份。它们的名字源自其祖先——那些在巴斯克牧羊人身边工作的犬。19世纪后期，巴斯克牧羊人移民至澳大利亚，后来又到了美国。澳大利亚牧羊犬还被作为农场犬和跟踪犬使用，并日益成为受人喜爱的宠物。

额段明显

高位垂耳

厚厚的波浪状被毛

黄褐色斑纹

蓝隐石色

延伸至颈部、
胸部和腿部的
白毛

被毛浓密
的尾巴

希腊牧羊犬 Hellenic Shepherd Dog

肩高 60–75 厘米
体重 32–50 千克
寿命 12 年

多种颜色

又名希腊帕门尼克犬，其祖先可能是在许多世纪之前由土耳其移民带入希腊的牧羊犬。希腊牧羊犬坚强、勇敢，是天生的牧群保护神和引领者，具有工作犬的优秀品质，但过强的主导性格有可能是它成为家庭伴侣路上的绊脚石。其被毛有长、短两种类型。

平顶大头

三角形带黑边的垂耳

深棕色眼睛

宽胸

浓密的被毛，有少量黑貂色

浅黄褐色

长毛型

被毛浓密的尾巴

白色的足部和腿部

马雷马牧羊犬 Maremma Sheepdog

肩高 60–73 厘米
体重 30–45 千克
寿命 10 年以上

意大利中部平原的牧羊人长期使用马雷马牧羊犬看护羊群。这种犬英俊，加上有气势的站姿和漂亮厚实的白色被毛，很引人注意，但需要专业的管理。同许多被繁育用于户外工作的犬一样，这种牧羊犬不是理想家犬的选择。

面部有短绒毛

小耳朵，休息时平顺下垂

厚厚的波浪状被毛

浓密被毛，低位尾巴

黑色眼线

颈部厚领毛

白色

柯西奴犬 Cursinu

肩高 46–58 厘米
体重 不详
寿命 10 年以上

尽管柯西奴犬这个品种直到2003年才在法国被认可，但它们已经在科西嘉岛上生存了一百多年。这种犬充满活力、奔跑速度快且多才多艺，用于狩猎和放牧，虽然也能适应家庭生活，但还是作为工作犬最合适。

高位半竖耳

短而强壮的粗颈部

活跃时卷曲的长尾巴

宽而平的头骨

短到中等长度的被毛

浅黄褐色斑纹

兔足，长

罗马尼亚牧羊犬 Romanian Shepherd Dogs

喀尔巴阡牧羊犬

肩高 59 - 78 厘米	体重 35 - 70 千克	寿命 12 - 14 年	米白色 黑色	布科维纳牧羊犬毛色可能只有白色、米白色、黑色或烟灰色，身上可能带有色斑。

莫洛苏斯犬

罗马尼亚牧羊犬据说是古莫洛苏斯犬与当地家犬杂交产生的后代，是一种令人印象深刻的动物。古莫洛苏斯犬用于战争、狩猎（如图所示，公元前645年的浮雕）以及保卫财产及畜群。那些用于放牧的犬被亚里士多德（前384—前322）称为"有出众体形，能勇敢面对野生动物的攻击"的犬。这些特质对于现在用于保护牲畜的罗马尼亚牧羊犬来说是必不可少的。

这些警惕而勇敢的犬需要充分的空间和自由的奔跑，对陌生人可能会保持警惕。

在罗马尼亚喀尔巴阡山区，牧民依靠大型健壮的犬在各种天气条件下保护牧群。地区性繁育造就了几种不同类型的犬，主要的三种是：喀尔巴阡牧羊犬 (Carpatin)、布科维纳牧羊犬 (Bucovina) 和米利泰克牧羊犬 (Mioritic)。清瘦、长得像狼的喀尔巴阡牧羊犬来自罗马尼亚东部喀尔巴阡山脉—多瑙河低地区域；胖一些的"莫洛苏斯獒"布科维纳牧羊犬是在东北部山区繁育的；而被毛蓬松的米利泰克牧羊犬产自北部地区。所有品种都强壮勇敢，以保护牧群免受狼、熊和猞猁等野兽的袭击。

20世纪30年代，人们开始着手保护这三个品种。这些不同的罗马尼亚牧羊犬品种于21世纪初期被世界犬业联盟（FCI）初步承认。

罗马尼亚牧羊犬在本国之外很少为人所知。所有品种都更适应户外而非室内生活，因此它们都不是理想的伴侣犬。罗马尼亚牧羊犬有很强的看家护院的本能及强烈的领地意识，对陌生人有戒心，需要大量的体力活动以及早期社交能力培养和严格的训练。

狼灰色

焰斑延伸至吻部

黑色鼻子

白色带有奶油色斑纹和灰色斑纹

尾巴被毛浓密

颈部有略长的领毛

被毛比其他罗马尼亚业牧羊犬长

粗硬而略呈波浪状的被毛

前肢后侧有羽状毛

足上有白色斑纹

喀尔巴阡牧羊犬

米利泰克牧羊犬

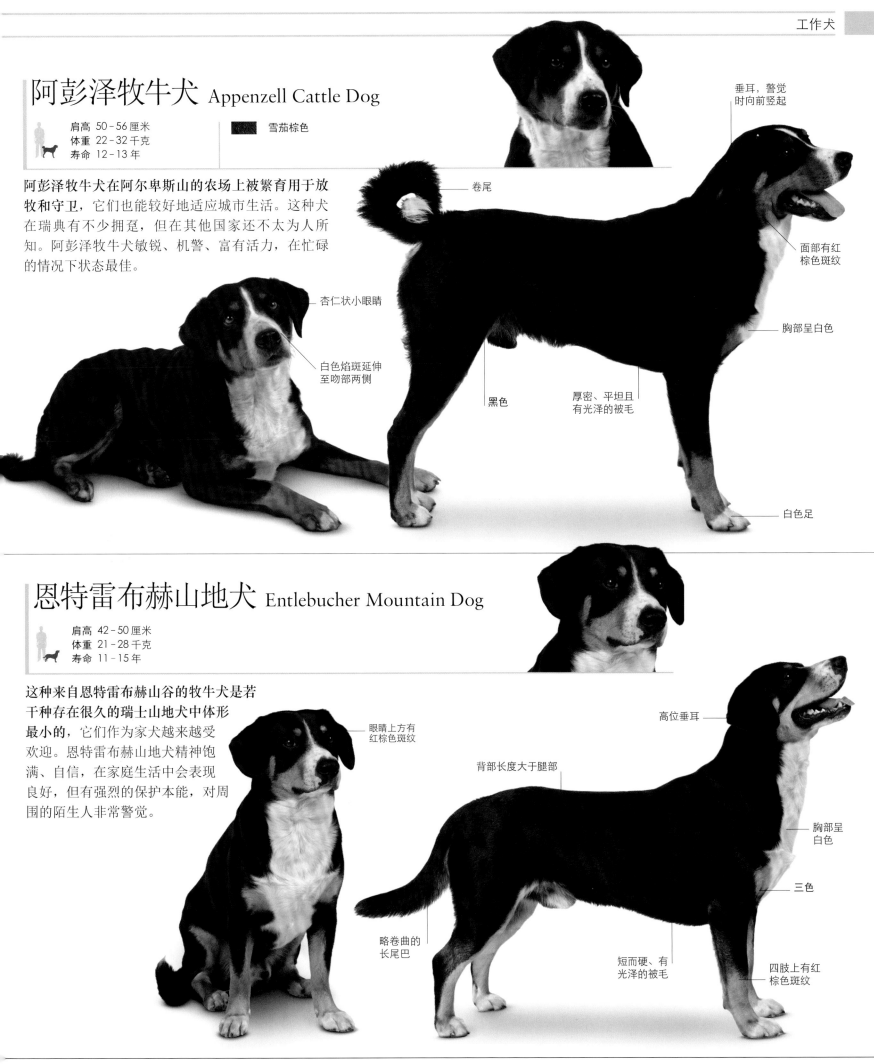

阿彭泽牧牛犬 Appenzell Cattle Dog

肩高 50-56厘米
体重 22-32千克
寿命 12-13年

雪茄棕色

阿彭泽牧牛犬在阿尔卑斯山的农场上被繁育用于放牧和守卫，它们也能较好地适应城市生活。这种犬在瑞典有不少拥趸，但在其他国家还不太为人所知。阿彭泽牧牛犬敏锐、机警、富有活力，在忙碌的情况下状态最佳。

垂耳，警觉时向前竖起

卷尾

面部有红棕色斑纹

杏仁状小眼睛

胸部呈白色

白色焰斑延伸至吻部两侧

黑色

厚密、平坦且有光泽的被毛

白色足

恩特雷布赫山地犬 Entlebucher Mountain Dog

肩高 42-50厘米
体重 21-28千克
寿命 11-15年

这种来自恩特雷布赫山谷的牧牛犬是若干种存在很久的瑞士山地犬中体形最小的，它们作为家犬越来越受欢迎。恩特雷布赫山地犬精神饱满、自信，在家庭生活中会表现良好，但有强烈的保护本能，对周围的陌生人非常警觉。

眼睛上方有红棕色斑纹

高位垂耳

背部长度大于腿部

胸部呈白色

三色

略卷曲的长尾巴

短而硬、有光泽的被毛

四肢上有红棕色斑纹

伯尔尼兹山地犬 Bernese Mountain Dog

肩高	体重	寿命
58-70厘米	32-54千克	10年以下

一种有漂亮斑纹的全能品种，有吸引人的个性和能享受家居生活的友善本性。

这种可爱的犬的名字来自瑞士的伯尔尼，在那里传统上作为多用途的农场犬使用；也用于拉车运货，如将牛奶和奶酪运到集市上去。在19世纪，随着其他品种的犬进口到瑞士，伯尔尼兹山地犬的数量开始减少。一名叫弗兰茨·斯哥登利的人最早试图恢复这个品种，他走遍整个瑞士来寻找这种犬，后来，瑞士的阿尔伯特·汉姆教授也开展工作来保护和推广这个品种。1907年，相关协会成立，这个品种于20世纪在世界范围内流行起来。

伯尔尼兹山地犬在外表和性格上都很吸引人，已成为受欢迎的家犬。该犬成长较慢，幼犬期比其他品种长。尽管体形大而强壮，但它们并没有特别强的支配意识。它们喜欢人类的陪伴，需要长时间和人在一起，而不是待在窝里或院子里。伯尔尼兹山地犬对孩子热情而友善。该犬近年来作为"治疗犬"在老年人、病童及需要特殊照顾的人群中很受欢迎。同时它们仍用于农场及搜救工作。

醒目的三色被毛需要充分梳理来保持丝滑质地。被毛很厚，因此不适合天气较热的地区。

货车犬

从前，没钱买马的人会用犬来拉货车，由此诞生了伯尔尼兹山地犬等品种。在夏天，这种犬将牛奶及奶酪从奶牛生活的山上运送到山谷里，因此它们在当地也被称为奶酪犬。在不用作役畜动物时，伯尔尼兹山地犬被用来控制家畜和守护财产。

幼犬

三色

三角形垂耳

头部有白色焰斑

宽头，额段明显

被毛浓密的墨黑色长尾巴

光滑而略呈波浪状的长被毛

宽而深的胸部，带白色斑纹

红棕色斑纹延伸至足部

大瑞士山地犬 Greater Swiss Mountain Dog

肩高 60-72厘米
体重 36-59千克
寿命 8-11年

这种高大强壮、引人注目的犬在瑞士阿尔卑斯山区被繁育，过去曾用于拉运乳制品、放牛以及看护工作。20世纪初，这种犬几乎消失，在那些犬类爱好者的保护和繁育下才免遭灭绝的噩运，但数量仍然很少。作为一种真正的工作犬，讨喜的性格使其成为那些能为犬提供活动空间的养犬者的友善伙伴。

强壮而肌肉
发达的身体

眼睛上方有
黄褐色斑点

被毛图案
左右对称

黑色带有黄
褐色斑纹和
白色斑纹

宽而平
的头部

白色瑞士山地犬 Greater Swiss Mountain Dog

肩高 53-66厘米
体重 25-40千克
寿命 8-11年

纯白牧羊犬在20世纪70年代首次从北美洲被引入瑞士。繁育了20年后，于1991年在瑞士被确立为一个品种。这种犬温顺、聪明，既适合作为工作犬又是好伴侣。有中长毛型和长毛型两种被毛类型。

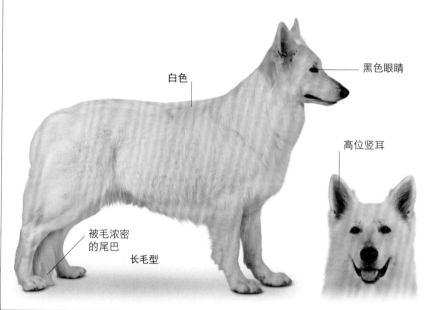

白色

黑色眼睛

高位竖耳

被毛浓密
的尾巴

长毛型

安那托利亚牧羊犬 Anatolian Shepherd Dog

肩高 71-81厘米
体重 41-64千克
寿命 12-15年

任何颜色

这种耐寒而强壮的品种作为牲畜看护犬历史悠久，在土耳其现仍被用于工作犬。安那托利亚牧羊犬勇敢且有独立性，需要一个既严厉又有爱心的主人。如作伴侣犬喂养，需进行早期社交训练。

尾端卷曲
的长尾巴

喉部垂肉

顺头部有
浅皱纹勾

浅黄褐色

黑色面部

坎高犬 Kangal Dog

肩高 70-80厘米
体重 40-65千克
寿命 12-15年

浅棕色
浅灰色
只有足部和胸部有白色斑纹。

坎高犬是土耳其国犬，这种獒犬型山地犬在土耳其中部被繁育，用于保护畜群免受狼、豺和熊的袭击。对所属家庭有强烈的保护欲。个性独立，需要有经验的主人来喂养，并需要大量的体力活动。

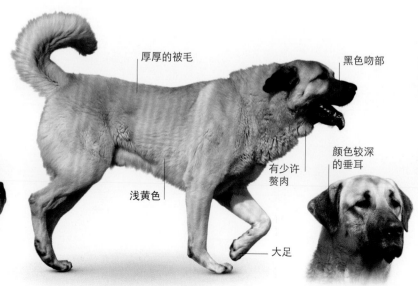

厚厚的被毛

黑色吻部

有少许
赘肉

浅黄色

颜色较深
的垂耳

大足

阿克巴士犬 Akbash

肩高 69–79 厘米
体重 34–59 千克
寿命 10–11 年

阿克巴士犬是为保护牧群而繁育的一个强壮的土耳其犬种，可能已有几千年的历史了。它们在北美牧场上用于守卫牲畜和财产，最适合作为工作犬，需要有经验的主人来驯养才能控制好它们。有中长毛型和长毛型两种被毛。

厚密的羽状毛尾巴 | 白色 | 粗硬的防水被毛 | 面部被毛较短 | 饼干色 | 四肢后侧有羽状毛 | 长毛型

中亚牧羊犬 Central Asian Shepherd Dog

肩高 65–78 厘米
体重 40–79 千克
寿命 12–14 年

多种颜色

中亚地区，包括哈萨克斯坦、土库曼斯坦、塔吉克斯坦、乌兹别克斯坦和吉尔吉斯斯坦这些地方的牧民，用这种类型的犬保护畜群已有数百年的历史。曾在苏联进行选择性繁育，这一少见的犬种需在早期进行社交训练。该犬有两种被毛类型：短毛型和长毛型。

浓密的被毛 | 白色被毛带柠檬色斑纹 | 额段适中 | 强健的肩部 | 典型的獒犬体形 | 短毛型 | 大圆足

高加索牧羊犬 Caucasian Shepherd Dog

肩高 67–75 厘米
体重 45–70 千克
寿命 10–11 年

多种颜色

这种牧羊犬是多种大型犬杂交而成的，曾用于在高加索地区看护畜群。20世纪20年代，苏联开始对其进行选择性繁育，后来在德国继续繁育。这是一种优秀的看门犬，需要精心管教可以能成为棒棒的伴侣犬。

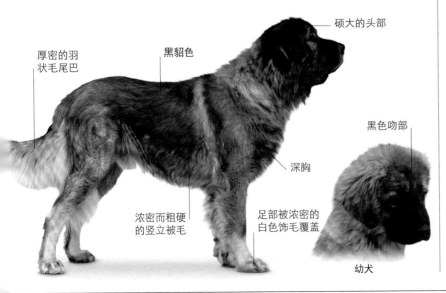

厚密的羽状毛尾巴 | 黑貂色 | 硕大的头部 | 黑色吻部 | 深胸 | 浓密而粗硬的竖立被毛 | 足部被浓密的白色饰毛覆盖 | 幼犬

兰伯格犬 Leonberger

肩高 72–80 厘米
体重 45–77 千克
寿命 10年以上

沙色
红色
可能带有白色斑纹。

这种犬以巴伐利亚小镇莱兰伯格而命名，是19世纪中期通过圣伯纳犬（见76页）和纽芬兰犬（见79页）繁育而来的。在第二次世界大战之后，兰伯格犬几乎消失，但该品种目前已恢复，其出众的外表和友善的天性广受人们的喜爱。

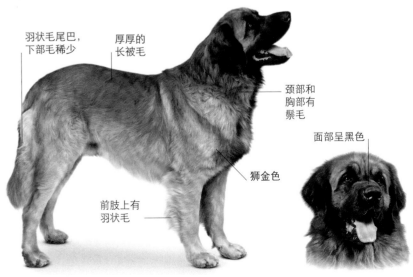

羽状毛尾巴，下部毛稀少 | 厚厚的长被毛 | 颈部和胸部有鬃毛 | 面部呈黑色 | 狮金色 | 前肢上有羽状毛

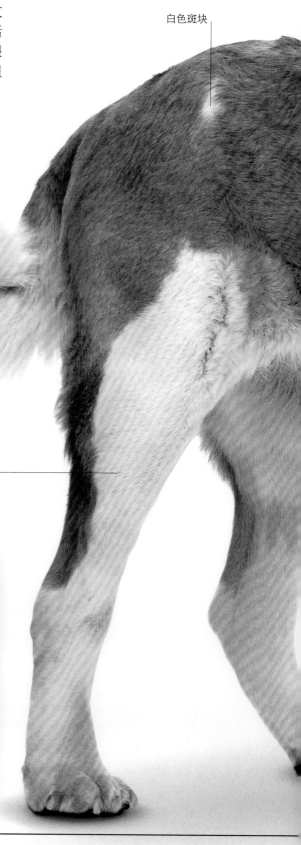

圣伯纳犬 St. Bernard

肩高 70-75厘米	体重 59-81千克	寿命 8-10年	斑纹

这种友善的大犬天性快乐，但其巨大的体形让许多宠物爱好者望而却步。

这个品种起源于18世纪，是由瑞士阿尔卑斯山区的圣伯纳修道院里的修道士繁育的。修道士将那些在瑞士山谷里存在了几个世纪的不同品种的獒犬进行杂交繁育用作看门犬和伴侣犬。其独特的救援本领可追溯到18世纪晚期。它们能嗅到埋在雪中的人的气息，并能感知到即将发生的雪崩。修道士们派这些犬去寻找迷路的旅行者。通常一只犬会趴在伤者旁边为其保暖，另一只则返回修道院报信。不过，有一个著名的救援犬形象——脖子上挂着一桶药用白兰地的圣伯纳犬是虚构的。

在1816—1818年的严冬，许多犬在救援过程中丧命，圣伯纳犬的数量急剧下降。19世纪30年代，有些犬与纽芬兰犬（见79页）进行了杂交，但杂交品种所拥有的长毛容易沾染冰雪，使其不适合从事救援工作。这些杂交产生的犬被赠予了收养者，修道士们重新开始繁育短毛品种。在19世纪，这一品种在瑞士以外的地方也流行起来，特别是在英格兰，圣伯纳犬与英国獒犬杂交产生了一种更大更重的犬。

圣伯纳犬温和、热情，对孩子尤其友好。由于其体形巨大，需要尽可能大的生活空间和大量的食物，因此很少作为家犬喂养。该犬有两种被毛类型：光滑绒毛型和粗糙硬毛型。

白色斑块

被毛浓密的白色尾巴

四肢上标志性的白色斑纹

山地救援犬巴利

最有名的圣伯纳救援犬是一只名叫巴利的雄犬，它于1800—1814年在世，归圣伯纳修道院所有。据说巴利先后营救了40余人，包括一个在冰洞里发现的小男孩。它把男孩舔醒后，将他拉回了修道院。从那以后，修道院总会给那里的一只犬取名为"巴利"以纪念它。巴黎的犬墓园为巴利（右图）立了一块纪念碑。

犬墓园
法国巴黎塞纳河畔
阿涅勒

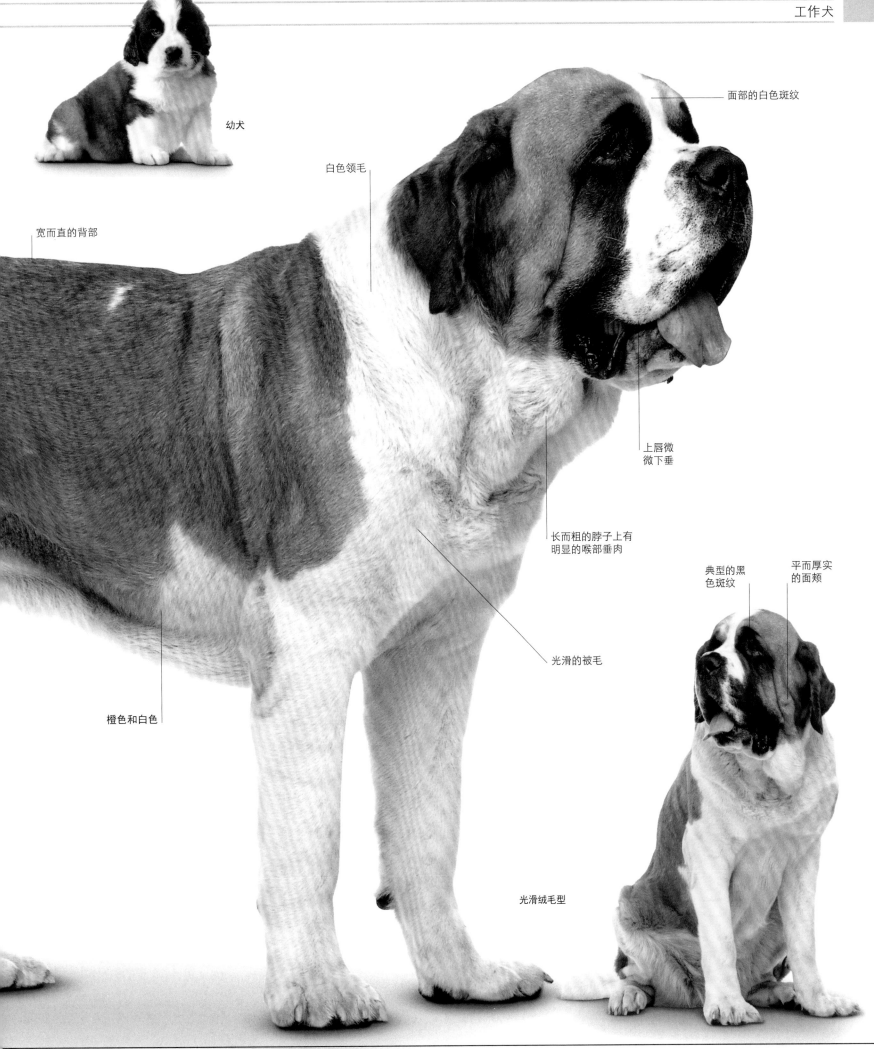

幼犬

面部的白色斑纹

白色领毛

宽而直的背部

上唇微微下垂

长而粗的脖子上有明显的喉部垂肉

典型的黑色斑纹

平而厚实的面颊

光滑的被毛

橙色和白色

光滑绒毛型

泰托拉牧羊犬 Tatra Shepherd Dog

肩高 60-70厘米
体重 36-59千克
寿命 10-12年

这种体形巨大而英俊的犬在波兰塔特拉山区仍用于保护和放牧畜群，它们放牧与看护家园都非常尽职尽责。该犬通常对认识的人友好，若想把这种犬作为伴侣犬喂养，必须有一个对其潜在攻击性有防备的有经验的主人。

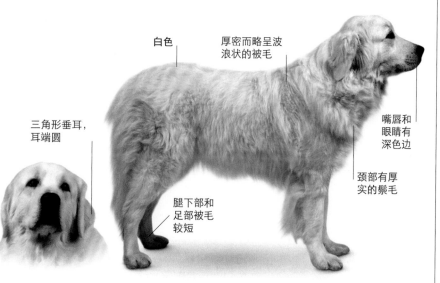

白色

厚密而略呈波浪状的被毛

三角形垂耳，耳端圆

嘴唇和眼睛有深色边

颈部有厚实的鬃毛

腿下部和足部被毛较短

比利牛斯獒犬 Pyrenean Mastiff

肩高 72-81厘米
体重 54-70千克
寿命 10年

比利牛斯獒犬是产于西班牙的犬，最早用于看护山上的牲畜。该犬体形大而勇猛，敢于攻击熊或狼，现常用作看门犬。它们聪明又安静，合理训练后能成为优秀的伴侣犬。

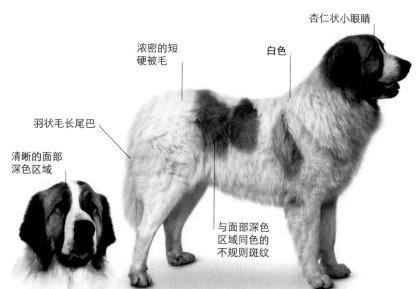

杏仁状小眼睛

浓密的短硬被毛

白色

羽状毛长尾巴

清晰的面部深色区域

与面部深色区域同色的不规则斑纹

比利牛斯山地犬 Pyrenean Mountain Dog

肩高 65-70厘米
体重 40-50千克
寿命 9-11年

纯白色

这种犬是最伟岸的犬种之一，来自法国的比利牛斯山区，传统上作为畜群看护犬使用。比利牛斯山地犬现已融入现代家庭生活，性情平静、稳重，是可靠的家庭宠物，与孩子相处融洽。尽管身大力足，但并不需要过多的体力活动，但需要大量时间为其梳理被毛。

带黑色眼线的深琥珀色眼睛

白色带有黄褐色斑纹

臀部的黄褐色斑纹

头部有黄褐色斑块和黑阴影色被毛

羽状毛尾巴

浓密的波浪状被毛

后肢有双狼趾，被毛覆盖

颈部和肩部的厚鬃毛

纽芬兰犬 Newfoundland

肩高 66-71 厘米
体重 50-69 千克
寿命 9-11 年

■ 深棕色

虽然纽芬兰犬的名字与加拿大同名省份相关，但其真正起源地尚未确定。历史上曾被渔民用来帮助收网，今天，这种犬有时被用于海上救援。该品种保护天性强，对儿童温柔有加。硕大的体形使其不适合在空间小的家庭作宠物。

大头

黑色

浓密、粗硬略呈油性的被毛

被毛浓密的尾巴

前肢上有羽状毛

大足

兰西尔犬 Landseer

肩高 66-71 厘米
体重 50-69 千克
寿命 9-11 年

这种犬是纽芬兰犬（上图）的变色品种，在某些国家被视为不同的品种。兰西尔犬以维多利亚时代中期英国画家埃德温·兰西尔爵士的名字命名，因为他经常画这种犬。除了双色被毛外，兰西尔犬与纯色的纽芬兰犬特征相同，平和友好而又独立可靠。

头部黑色，额段发育良好

强壮的颈部

特有的黑色鞍状背部被毛

白色被毛上有黑色斑纹

四肢前侧有短绒毛，后侧有羽状毛

藏獒 Tibetan Mastiff

肩高	体重	寿命	板岩灰色	黑色和板岩灰色犬可能带有
61-66 厘米	39-127 千克	10 年以上	金色 黑色	黄褐色斑纹。

作为小型獒犬的一种，这种性格独立的犬非常忠诚，但需要较多时间进行训练和社交培养。

藏獒是世界上最古老的犬种之一，传统上被喜马拉雅地区的游牧民用作放牧犬以及保护村庄和寺庙。这些犬常在夜间自由游荡来守卫村庄，或当牧民将畜群赶往高处的草原时留下来看家。

这些犬的祖先被匈奴王阿提拉和成吉思汗的军队带到西方，为当今一些巨型獒犬品种奠定了基础。自18世纪开始，少量的藏獒被出口到西方国家，但20世纪70年代以后该品种才开始在英国出名。藏獒在中国也很受欢迎，被视为健康和繁荣的使者。

在原产地，藏獒仍然保留着体大凶悍的特点。但在西方，选择性的繁育和训练极大地降低了其攻击倾向。藏獒有强烈的保护本能，特别是对小孩。尽管其性格相对独立而且不太热情，但仍是一种不错的家犬。这个品种需要一定的时间来达到完全成熟，并需要完整持续的训练。

雌性藏獒一年发情一次，而不是一般犬通常的两次。被毛需要经常梳理，不适合炎热、潮湿的气候，因不掉毛，从而减少了对过敏人士的风险。

世界上最昂贵的犬

藏獒在其本土以外仍然少见，在中国，这个古老的品种在某种程度上已成为地位的象征。2011年，一只名为轰动 (Big Splash) 的小藏獒以1000万元人民币的价格被出售给了中国的煤炭大亨，因此成为世界上最昂贵的犬。"轰动"之所以价高，不仅因为它拥有完美的体形，而且它有红色的被毛——红色在中国是一种吉祥的颜色。

幼犬

被毛浓密的尾巴卷曲到背上

黑色伴有黄褐色斑纹

有力的下颌

被毛在颈部和肩部形成鬃毛

四肢上有典型的黄褐色斑纹

浓密直被毛

短毛垂耳

胸部有白色星状斑点

趾间有羽状毛

藏狮 Tibetan Kyi Apso

肩高 56-71厘米	任何颜色
体重 31-38千克	
寿命 7-10年	

藏狮在中国西藏以外的地方很少见，即使在其原产地都不多见。这种犬通常作为畜群和家庭的看护犬。藏狮有着独特的跳跃步态，动作灵敏，爆发速度快。

低位吊坠耳

厚密而卷曲的被毛

尾巴高高卷起

强健的后肢

长须面部

黑色和黄褐色

颈部相对身体较宽

斯洛伐克楚维卡犬 Slovakian Chuvach

肩高 59-70厘米	
体重 31-44千克	
寿命 11-13年	

斯洛伐克楚维卡犬最初是斯洛伐克阿尔卑斯山区的一种看护犬，现已成功繁育为家犬。这种体大而力足的品种保留了其作为牧场和牲畜看护犬时所具有的非凡警惕性。对这种犬需要有策略的训练才能达到最佳效果。

略呈波浪状的被毛

高位垂耳

浓密羽状毛的低位尾巴

宽前额

白色

面部的短绒毛

匈牙利库维斯犬 Hungarian Kuvasz

肩高 66-75厘米	
体重 32-52千克	
寿命 10-12年	

匈牙利库维斯犬可能是匈牙利犬中最古老也最知名的犬，曾用作牧羊犬。这个品种天生的保护本能会导致其具有攻击性，必须经过严格的训练才可成为家犬。

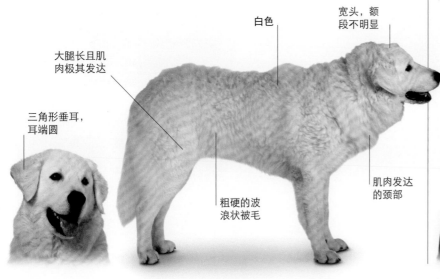

白色

宽头，额段不明显

大腿长且肌肉极其发达

三角形垂耳，耳端圆

粗硬的波浪状被毛

肌肉发达的颈部

霍夫瓦尔特犬 Hovawart

肩高 58-70厘米	金发色
体重 28-45千克	
寿命 10-14年	

霍夫瓦尔特犬作为伴侣犬虽不出名，但正日渐受人欢迎，其祖先13世纪时曾被用作农场犬。该犬的现代品种20世纪上半叶在德国繁育成功。这种犬非常顽强，在任何天气条件下都乐于户外活动，是友好而忠诚的家犬。霍夫瓦尔特犬不难训练，但在其他犬面前要小心管理。

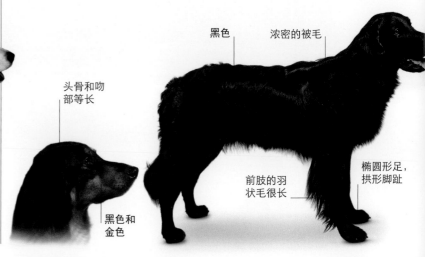

黑色

浓密的被毛

头骨和吻部等长

前肢的羽状毛很长

椭圆形足，拱形脚趾

黑色和金色

罗威纳犬 Rottweiler

肩高	体重	寿命
58-69 厘米	38-59 千克	10-11 年

健壮的大型看护犬，如果由有经验的主人进行社会化训练，会成为很好的伴侣犬。

罗威纳犬的祖先是那些被罗马军队用于在长途跋涉过程中牧牛的犬。 有些放牛人和他们的犬在德国南部定居下来，这些犬在那里与当地的牧牛犬进行杂交。罗威纳犬集中在德国南部的牲畜交易小镇罗特威尔，在那里它们被用于放牧和驱赶牛群、猎熊并为屠夫拉车。到19世纪，这些工种都消失了，罗威纳犬的数量也相应减少甚至几近灭绝。到20世纪初期，这个品种得以复苏，特别是作为警犬，其看护和搏斗的本能得以利用。今天，罗威纳犬在军队和警界中被广泛用于看护和搜救工作。

罗威纳犬在人们心目中已形成了危险凶恶的看护犬形象，并成为一种恐怖的象征。然而，尽管该品种力量超群，走起路来大摇大摆让人印象深刻，而且容易唤起其保护性反应，但它们并非天生脾气暴躁。经过对其潜在侵略性有了解的专业人士的严格认真训练，这种犬可成为安静、守令的好伙伴。罗威纳犬有着与其庞大身躯不相称的灵活性，其健硕的体格表明它们喜欢充分活跃的运动。

安全尽在掌控

罗威纳犬热衷取悦主人的特点使其成为一种易于训练和让人有成就感的犬。这种品质再加上优秀的体形和力量，使其成为理想的执法和安全工作犬。这种犬反应敏捷并善于听令，有足够的力量来以警犬的身份制服那些惯犯。第一次世界大战期间，罗威纳犬在德国被军队和警察广泛使用，并于20世纪30年代被引入英国和美国。它们现在在很多国家是警犬的首选。

宽头，额段明显

小垂耳

头部有清晰的黄褐色斑纹

顺滑而有光泽的短被毛

深吻部，上唇紧致

胸部有黄褐色斑纹

黑色和黄褐色

胸部宽且深

四肢上有黄褐色斑纹

沙皮犬 Shar Pei

肩高	体重	寿命	多种颜色
46-51 厘米	18-25 千克	10 年以上	

在沙皮犬的怒颜之下隐藏着它们友善的本性。

这个土生土长的中国品种起源不详，但这种类型的犬早在汉朝（公元前202—公元220）的陶器上就有所刻画，与其相关的文字描述可追溯到13世纪。沙皮犬的传统工作包括放牧、看护牲畜、狩猎和斗犬。其布满皱褶的皮肤和刚硬的被毛让其他犬很难抓住它们（"沙皮"的大概意思是"像沙纸一样的皮"，指其被毛的粗糙质地）。

到20世纪，尽管在中国香港和中国台湾仍有人在繁育这种犬，但其数量在中国大陆却急剧减少，几近灭绝。20世纪70年代，这个品种在美国开始流行，至少有一段

时间，拥有一只沙皮犬成为一种时尚，毕竟物以稀为贵。人们开始通过繁育来增加其面部的皱褶，产生了中国人所说的"肉嘴"型（与传统面部相对平滑的"骨嘴"型相比）。但过度松弛、遍布皱纹的面部皮肤造成了睑内翻（一种由眼睑向内侧翻转造成的疼痛状态），因此这种繁育方式现已基本停止。

沙皮犬和蔼可亲的天性和小巧的体形使其非常适于城镇或乡村住宅。这种犬有独特的外貌，包括仅出现在成年犬头部和肩部的专属皱褶、蓝舌、三角形小耳朵和扁鼻子，有些中国人管这种鼻子叫"蝴蝶酥鼻"。该犬被毛长短不一，包括非常短而粗硬的"马皮被毛"，和稍长而较光滑的"刷状被毛"。

尾巴高而卷曲

幼犬

满足实际需要

现在的沙皮犬除了有垂耳和更为松弛的皱皮外，它们与汉朝（公元前202—公元220）的犬类文物之间有着惊人的相似性。据说这些特征是当沙皮犬作为斗犬使用时形成的。小垂耳减少了受伤的概率，而松弛的皮肤能防止被对方紧紧抓住，便于沙皮犬控制和保护自己。

东汉时期的陶器雕像

额头上的皱纹给人以
"皱眉"的不悦印象

小、耳位高的"纽扣"耳

"肉嘴"型的
典型上唇

肩部和颈部
的皮肤褶皱

背部在肩隆（肩
部最高点）后略
下陷

短绒马皮
状被毛

壮实的方
形身体

宽宽的吻
部与下垂
的上唇

浅黄褐色

坐下时背部
和后肢的松
弛皮肤皱起

法国狼犬 Beauceron

肩高 63-70厘米
体重 29-39千克
寿命 10-15年

灰色、黑色和黄褐色

胸部可能有白色胸毛。

法国狼犬是一种来自法国中部博斯平原地区的放牧犬和护卫犬，是优秀的工作犬，在适宜的环境中也是温柔的家庭伴侣。这种体大而强壮的犬对其他犬可能不够容忍，需要进行早期训练以减少可能出现的潜在问题。

臀部略朝下倾斜
垂耳
粗短的被毛
吻部有黄褐色斑纹
宽头
黑色和黄褐色
后足有双狼趾
四肢下部呈黄褐色

马略卡牧羊犬 Majorca Shepherd Dog

肩高 62-73厘米
体重 35-40千克
寿命 11-13年

马略卡牧羊犬在世界范围内都不多见，是马略卡地区的骄傲，在那里曾广泛用作牧羊犬，后成为受欢迎的表演犬。尽管这种犬乐于听令，但却有强烈的放牧本能，在陌生人和其他犬面前会表现出充满保护本能和戒备的一面。

黑色
短被毛
间距宽的小眼睛
小足，拱形脚趾
锥形尾巴

台湾犬 Taiwan Dog

肩高 43-52厘米
体重 12-18千克
寿命 10年以上

多种颜色

台湾犬以前称为台湾山地犬，即使在中国台湾也是少见的品种。据说该犬是那些在台湾用于狩猎的半野生犬的后代。该犬是聪明的家犬，但其狩猎本能需要加以控制。

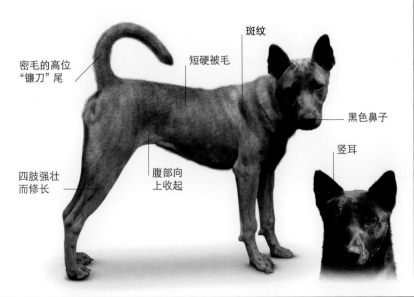

斑纹
短硬被毛
密毛的高位"镰刀"尾
黑色鼻子
竖耳
四肢强壮而修长
腹部向上收起

马洛卡獒犬 Mallorca Mastiff

肩高 52-58厘米
体重 30-38千克
寿命 10-12年

黑色

马洛卡獒犬又称卡德伯犬，有参与斗犬和激惹斗牛的历史背景。这种犬是一种力量型犬种，有典型的獒犬体形和警惕的天性。主人耐心、严格的管理可使其社交表现良好，但这种犬还是更适合作为看护犬而非家犬。

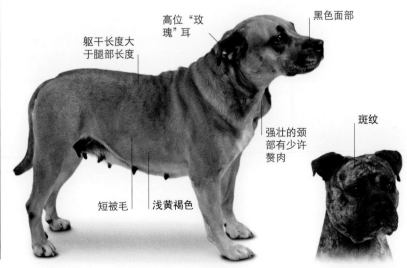

高位"玫瑰"耳
黑色面部
躯干长度大于腿部长度
斑纹
强壮的颈部有少许赘肉
短被毛
浅黄褐色

加纳利杜高犬 Dogo Canario

肩高 56-66厘米	斑纹
体重 40-65千克	
寿命 9-11年	可能带有白色斑纹。

加纳利杜高犬是19世纪初期在加纳利群岛以斗犬为目的进行繁育的，据说其祖先包括马士提夫獒犬（见93页）。加纳利杜高犬较难进行训练和社交培养，只有了解和能控制其支配欲的主人才能驾驭它。对这种犬进行早期社交培训至关重要。

尾巴延伸至跗关节
短被毛
垂耳
吻部颜色更深
突出的赘肉
方形头，下颌有力
躯干肌肉发达
浅黄褐色
猫足，大而圆

阿根廷杜高犬 Dogo Argentinoo

肩高 60-68厘米	
体重 36-45千克	
寿命 10-12年	

阿根廷杜高犬于20世纪20年代诞生在阿根廷的科尔多瓦，是当地一名想要用犬捕猎大型猎物的医生繁育的。他用马士提夫獒犬和斗牛犬（见95页）进行繁育后产生了这种新型犬。阿根廷杜高犬脾气和善，但有时保护欲过强。

白色
躯干长度大于腿部长度
独特的略凹陷的吻部
短被毛
颈部强健，喉部皮肤折叠
圆足

巴西獒犬 Fila Brasileiro

肩高 60-75厘米	任何纯色
体重 40千克以上	
寿命 9-11年	

巴西獒犬被繁育用来保护大宗产业和牲畜，它们不畏惧任何入侵者。这种犬体形大但比例完美，散发着自信而执着的气场。巴西獒犬在家人面前和气安分，但仍可能令犬主感觉难以驾驭其狩猎和保护的欲望本能。

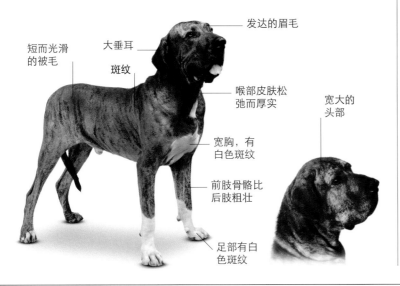

发达的眉毛
大垂耳
斑纹
短而光滑的被毛
喉部皮肤松弛而厚实
宽大的头部
宽胸，有白色斑纹
前肢骨骼比后肢粗壮
足部有白色斑纹

乌拉圭西马伦犬 Uruguayan Cimarron

肩高 55-61厘米	浅黄褐色
体重 33-45千克	
寿命 10-13年	浅黄褐色被毛可能带有黑色斑纹。

这种犬的祖先由西班牙和葡萄牙殖民者带入乌拉圭并与当地品种进行杂交。乌拉圭西马伦犬由塞罗拉尔戈边远地区的牧民繁育，用来看护和放牧。与其他工作犬一样，乌拉圭西马伦犬需要有经验的主人。

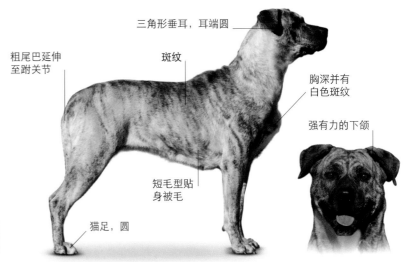

三角形垂耳，耳端圆
粗尾巴延伸至跗关节
斑纹
胸深并有白色斑纹
强有力的下颌
短毛型贴身被毛
猫足，圆

阿拉帕哈蓝血斗牛犬 Alapaha Blue Blood Bulldog

肩高 46-61 厘米	白色
体重 25-41 千克	
寿命 12-15 年	可能带有任何颜色的斑块。

斗牛犬曾被普遍用于看护美国佐治亚州南部的种植园。到19世纪初期，这种犬几乎灭绝，但之后200多年的努力使其再生并繁育出了阿拉帕哈蓝血斗牛犬。但这种犬目前仍较少见，在美国之外不太为人所知。阿拉帕哈蓝血斗牛犬强壮而无畏，有强烈的保护欲望，而且易于训练成为举止良好、富有爱心的伴侣犬。这种犬在户外精力旺盛，运动量充分时最为开心。

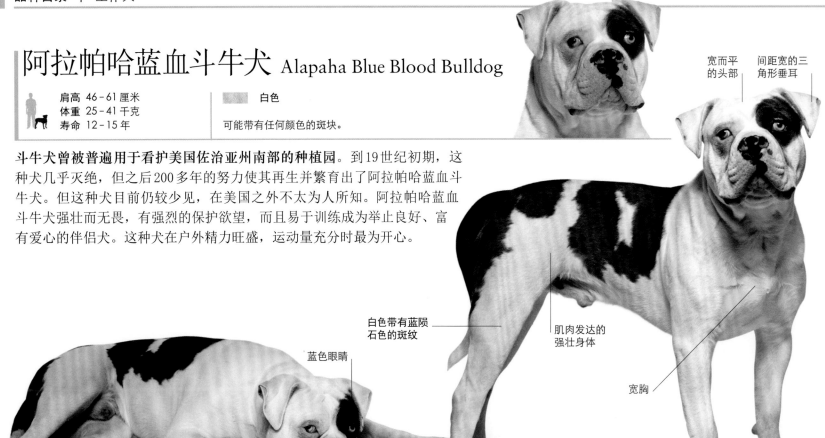

宽而平的头部

间距宽的三角形垂耳

白色带有蓝陨石色的斑纹

蓝色眼睛

肌肉发达的强壮身体

宽胸

猫足

吻部短，额段明显

上唇松弛

南非獒犬 Boerboel

肩高 55-66 厘米	多种颜色
体重 75-90 千克	
寿命 12-15 年	面部颜色可能较深。

南非獒犬是由17世纪来到南非开普敦地区定居的人们引入的大型獒犬繁育而成的。南非獒犬对家人和朋友热情，是一种体形巨大、强壮有力的护卫犬。有经验的主人和早期社交训练非常重要。

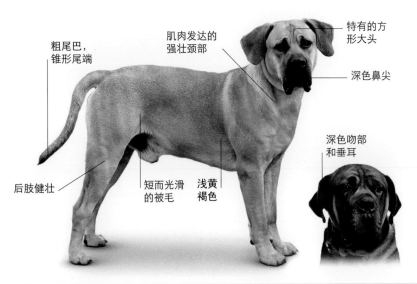

粗尾巴，锥形尾端

肌肉发达的强壮颈部

特有的方形大头

深色鼻尖

深色吻部和垂耳

后肢健壮

短而光滑的被毛

浅黄褐色

西班牙獒犬 Spanish Mastiff

肩高 72-80 厘米	任何颜色
体重 52-100 千克	
寿命 10-11 年	

西班牙獒犬曾在西班牙被用于看护牲畜和家园，现在仍从事其传统工作。它们在其本土作为伴侣犬也很受欢迎，对家庭成员友好、忠诚，对陌生人和其他犬有攻击性。

浅黄褐色

杏仁状眼睛

喉部双垂肉

被毛浓密的长尾巴

部分被毛带有黑貂色

垂耳

猫足，大

亚速尔群岛牧牛犬 St. Miguel Cattle Dog

肩高 48－60 厘米	灰色斑纹
体重 20－35 千克	
寿命 15 年左右	

也称亚速尔牧牛犬，这种健壮的牧牛犬和护卫犬最初源自圣米格尔的亚速尔群岛。这种犬对信赖的主人表现得安静而听话，但有陌生人或儿童时需谨慎看管。

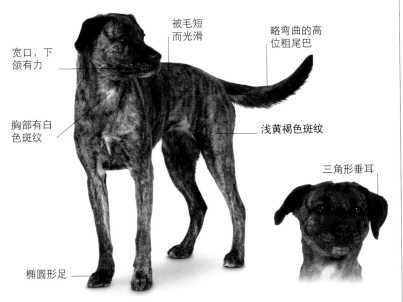

宽口，下颌有力

被毛短而光滑

略弯曲的高位粗尾巴

胸部有白色斑纹

浅黄褐色斑纹

三角形垂耳

椭圆形足

意大利卡斯罗犬 Italian Corso Dog

肩高 60－68 厘米	灰色	可能带有白色斑纹。
体重 40－50 千克	鹿红色	
寿命 10－11 千克	斑纹	

意大利卡斯罗犬是罗马格斗犬的后代，现在主要用于护卫和跟踪。和其他许多獒犬相比，该犬体态更为优雅，同时也是强壮和体力充沛的品种，需要有经验和有责任心的主人将其训练为优秀的家犬。

黑色

短而有光泽的被毛

典型的獒犬形头

松弛下垂的上唇

健壮的身体

黑色吻部

浅黄褐色

幼犬

波尔多獒犬 Dogue De Bordeaux

肩高 58－68 厘米	
体重 45－50 千克	
寿命 10－12 年	

这种古老的法国犬种曾用于狩猎和斗犬。波尔多獒犬的本能使其成为一种天生的看护犬，但它们缺乏攻击性，因此与其他类型的獒犬相比更易于训练和培养社交能力。但若想让这种健壮有力的犬能适应家庭生活，则需要有经验的主人进行管教。

头上有皱纹沟

棕色鼻子

休息时低垂的粗尾巴

从喉部到胸部有赘肉

颈部健壮，皮肤松弛

柔软的短绒被毛

浅黄褐色

肌肉异常发达的四肢

拳师犬 Boxer

肩高	体重	寿命	
53-63厘米	25-32千克	10-14年	金色
			黑色斑纹

白色斑纹不超过被毛的1/3。

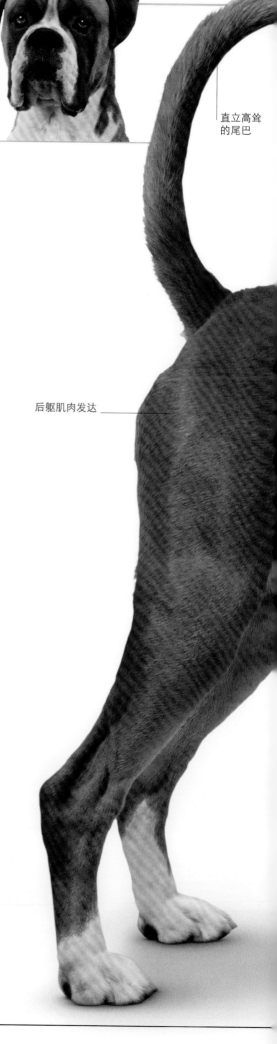

直立高耸
的尾巴

后躯肌肉发达

这种聪明、忠诚、精力旺盛、喜爱玩乐的犬是那些充满活力，并且喜欢户外生活的主人的理想选择。

对于拳师犬的主人来说，一朝养拳师，终生为其主。这个德国犬种独特的魅力之大，以至于很少有人在拥有这种犬之后再去选择其他的犬种。现代拳师犬在19世纪被繁育，其祖先包括大丹犬（见96页）和斗牛犬（见95页）等类型的獒犬。该犬强壮敏捷，最初被繁育用于斗犬和斗牛，也用于干农活、运输及拖拽野猪等大型猎物。因其具备良好的耐力和勇气，拳师犬现在也从事警用和军用搜救和看护等工作。

拳师犬的历史加之其高傲、健壮的仪态和向前突出的下颌，都赋予其威猛的形象。这种犬当然是看家护院的好手，同时也是理想的伴侣犬。拳师犬忠诚、深情，喜欢吸引主人的注意力，爱热闹，有耐心，是孩子们的朋友。这种活力无限的犬适合身体健康、精力充沛的主人，它们高亢的兴奋情绪和顽皮的天性会一直保持到成年晚期。几乎任何有趣的事情都会使拳师犬快乐，对它们来说，最好每天能拥有2小时的散步时间和充分的户外活动空间。由于精力无穷、充满好奇心，喂养它们的家庭最好有一个大花园，可以供其在里面自在游荡、探寻趣味角落。

这种非常聪明的犬不太容易训练，但若能施以平静而持续的命令并确立主人的领导权，则会很服从。若能进行早期社交训练，拳师犬可与家里的其他宠物友好相处，但遛犬时要注意，如遇到鸟或其他小动物，该犬可能会展示其狩猎的本能而到处追逐。

幼犬

因何得名?

关于拳师犬名字的来历有几种不同的说法，最吸引人也最可信的一种说法是源于这种景象：当拳师犬彼此相遇时会以后肢站立，用前肢互相推搡。目睹了此景的一个英国人说，这让他想起了职业拳击赛，因此给这些犬取名拳师犬。在历史上，它们曾被用作斗犬，这更像是其得名的原因。

高位垂耳，圆耳端

额段独特

拱形颈部

短而宽的吻部

身体侧面轮廓成方形

浅黄褐色

白色胸部

光滑的被毛

面部表情丰富，深棕色眼睛，前额有皱纹

突出的下颌长于上颌

腹部向上收起

足部和腿下部呈白色

那不勒斯獒犬 Neapolitan Mastiff

肩高	体重	寿命	多种颜色
60-75厘米	50-70千克	最多10年	

鲁伯·海格的巨型宠物

在《哈利·波特与魔法师》的故事里，牙牙是半巨人鲁伯·海格（霍格沃茨魔法学校看护人）的宠物。鲁伯·海格外表丑陋，但心地善良。他热衷领养危险的宠物，以爱心面对凶残。牙牙与其主人一样，长相可怕但性格友善，叫声一点都不吓人。尽管在书中它被称为"猎猪犬"，但在电影中却由那不勒斯獒犬来扮演，那不勒斯獒犬的体形和外表非常符合牙牙的形象。下图是牙牙在巴黎北站举行的《哈利·波特与混血王子》首映式的红毯上。

这一重量级的犬是有责任心的主人的忠诚伴侣，需要大量的活动空间。

这种气势十足的犬种，其祖先是在古罗马竞技场和战争时代罗马军队中使用的莫洛苏斯犬。它们跟随部队穿越欧洲各地，产生了不同类型的獒犬。在那不勒斯周围地带，这些犬由一些专门繁育獒犬的繁育者繁育，作为护卫犬存留下来。尽管备受赞誉，但其数量却不断减少，直到20世纪40年代，它们主要通过一些犬类爱好者而为人所知，包括作家皮耶罗·斯卡齐亚尼，他拥有自己的繁育犬舍。这种犬现在被誉为意大利国獒。

这种犬外表令人生畏：体形壮硕、头部宽大、表情严峻。尽管那不勒斯獒犬是大块头，但当主人或财产受到威胁时，能快速做出反应。那不勒斯獒犬现在被意大利武装和警察部队所使用，也用于看护农场和乡村庄园。

那不勒斯獒犬对家人表现出安静、友好和忠诚的一面，但需要在自信且有能力的主人的帮助下，它们的社交才会更顺利。由于体形的原因，这种犬需要较大的生活空间，养育成本较高。

头大，皮肤松弛

宽头上间距宽的垂耳

深色吻部，上唇下垂

喉部垂肉中等长度

灰色

尾根粗，尾端呈锥形

被毛短硬

趾尖有白色斑点

马士提夫獒犬 Mastiff

肩高	体重	寿命		杏色
70-77厘米	79-86千克	10年以下		斑纹

躯干、胸部和足部可能有白色区域。

这种聪明的看护犬强壮有气势，并且安静而深情，需要主人充足的陪伴。

马士提夫獒犬是最古老的英国犬种之一，是又一个从莫洛苏斯犬繁育而来的品种，后者可能是在罗马占领时期被带入英国的。在随后的几个世纪里，它们是威廉·莎士比亚《亨利五世》中提及的"战争之犬"：一只马士提夫獒犬在1415年的阿金库尔战役中与法国士兵搏斗来保护其受伤的主人皮尔斯·李爵士。马士提夫一类的犬也曾在中世纪的英国用于看护家园和保护牲畜免受狼的袭击，还用于斗犬、逗引牛和逗引熊。当这些运动被禁后，这种犬也随之衰减。纯种马士提夫獒犬最早出现在19世纪的大型乡村庄园里，

但到第二次世界大战结束时，这种犬在英国的数量急剧下降。后来通过从美国进口该犬使这个品种得以复兴，其数量逐渐回升。

尽管拥有血腥的历史，但马士提夫獒犬性情平和，和蔼可亲，喜爱陪伴，特别喜欢与人做伴。对于该犬种的安置、喂养和运动来说，庞大的体形可能是最大的麻烦。这种犬聪明易训，但需要有经验和体力较佳的主人对其施以严格的约束，以确保其护卫本能不会失控。

马士提夫獒犬动作分析

以前的马士提夫獒犬的身材略瘦，肩高比现在的高10厘米左右。19世纪后期由埃德沃德·迈布里奇拍摄的这一系列的先驱性照片是他对动物运动进行深入研究的一部分。这组照片让人们观察到像马士提夫獒犬这类不算精力过于旺盛的犬种是如何运动的。进而与迈布里奇拍摄的运动型犬种如灵猩（见126页）进行比较。

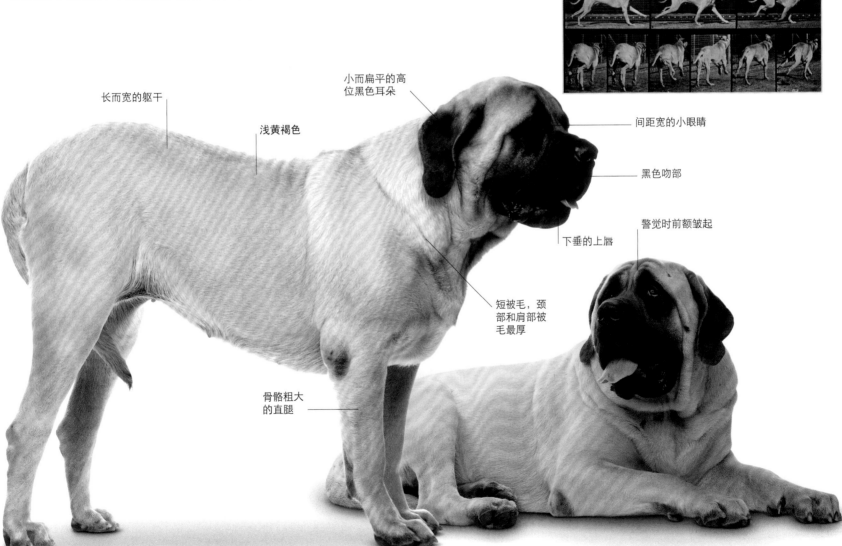

长而宽的躯干

浅黄褐色

小而扁平的高位黑色耳朵

间距宽的小眼睛

黑色吻部

警觉时前额皱起

下垂的上唇

短被毛，颈部和肩部被毛最厚

骨骼粗大的直腿

斗牛獒犬 Bullmastiff

肩高 61-69 厘米
体重 41-59 千克
寿命 10 年以下

红色
斑纹

斗牛獒犬是古英国马士提夫獒犬和斗牛犬（见95页）的杂交品种，是猎场看守人的护卫犬。这个犬种比其他獒犬更可靠，是聪明、忠诚的家犬。斗牛獒犬结实的方形躯体内蕴藏着活泼的性情和无穷的能量。

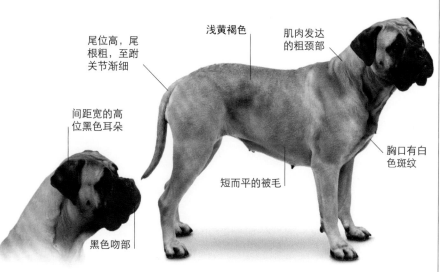

尾位高，尾根粗，至跗关节渐细

浅黄褐色

肌肉发达的粗颈部

间距宽的高位黑色耳朵

胸口有白色斑纹

短而平的被毛

黑色吻部

布罗荷马獒犬 Broholmer

肩高 70-75 厘米
体重 40-70 千克
寿命 6-11 年

黑色

布罗荷马獒犬历史上先是用作狩猎犬，后来当作农场护卫犬，如今只在家中喂养。该品种到20世纪中期几乎消失，但后来由犬类爱好者们进行了复苏和"重建"，在丹麦本土以外很少见。

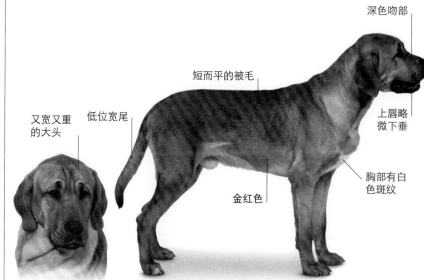

深色吻部

短而平的被毛

上唇略微下垂

又宽又重的大头

低位宽尾

金红色

胸部有白色斑纹

土佐犬 Tosa

肩高 55-60 厘米
体重 37-90 千克
寿命 10 年以上

浅黄褐色
黑色
斑纹

土佐犬源自日本格斗犬和西方犬种，如斗牛犬（见95页）、马士提夫獒犬（见93页）和大丹犬（见96页）等逐步杂交繁育成的。土佐犬体形大而强壮，有潜在的格斗本能，只能由专业人员喂养。

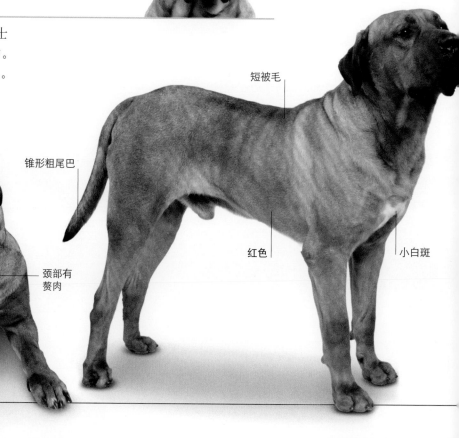

短被毛

锥形粗尾巴

颈部有赘肉

红色

小白斑

斗牛犬 Bulldog

肩高	体重	寿命	多种颜色
38-40 厘米	23-25 千克	10 年以下	

个性鲜明的斗牛犬，在英国已成为勇气、决心和坚忍精神的象征。

斗牛犬是传统的英国品种，是小型马士提夫獒犬的后代。这种犬的名字源于其最初的用途：逗引牛。在逗引牛的过程中，犬从下方攻击牛并咬住牛的鼻子或喉咙。宽宽的头部和突出的下巴赋予其惊人的咬力，而上翻的鼻子，能让它在撕咬时不必松口就可以持续呼吸。

用犬逗引牛于1835年在英国被禁止，但从19世纪中期开始，这些犬开始出现在赛环上。繁育者开始繁育一些外表更夸张的犬，同时减弱其攻击的本性，因此，现代品种的斗牛犬与其凶悍的祖先有很大的不同。

斗牛犬现在被认为是温厚可爱的伴侣犬。它们倔强，保护意识强，尽管很少由此形成攻击性，但还是需要有策略的调教。其矮胖而肌肉健硕的身体、布满皱纹的头部以及朝上翻的鼻子，使这种犬虽不漂亮，但颇具特色。尽管走起路来步履蹒跚，但斗牛犬还是需要大量的运动，以防止其过于肥胖。

英国斗牛犬

斗牛犬已成为传统英国的代表。由詹姆斯·吉尔雷等漫画家们捧红的18世纪的虚构人物约翰牛 (Jone Bull)，在漫画中与一只斗牛犬站在一起。人和犬都代表了朴素而诚实的英国人，热爱美食，不惜一战。顽强的"斗牛犬精神"与第一次世界大战和第二次世界大战（下图为第一次世界大战时的明信片）相关联，也许与温斯顿·丘吉尔首相和他在1940年号召参战国保卫自己免受敌人侵略的讲话关系密切。

光滑的被毛

白色和浅黄褐色

健壮的斜肩

独特的上翻鼻子

下垂的厚嘴唇

被毛有浅黄褐色斑纹

高位"玫瑰"耳

突出的下颌比上颌长

宽而深的圆胸

后肢比前肢长

间距较宽的短粗前肢

大丹犬 Great Dane

 肩高
71-76厘米

体重
46-54千克

寿命
10年以下

蓝色
黑色
斑纹

体形庞大但性情温和，是惹人喜爱的家庭伴侣犬，易于喂养但需要足够的活动空间。

借用希腊之神的名字，大丹犬有时也被称为"犬中的阿波罗"，其优雅高贵的姿态和高挑的身材给人留下非常深刻的印象。事实上，在古埃及和古希腊的艺术品中可发现与大丹犬类似的犬。其现代品种首先出现在18世纪的德国，而不是由其名字易联想到的丹麦。大丹犬在德国被繁育用于猎熊和野猪。最初的德国"猎猪犬"是獒犬与爱尔兰猎狼犬的混合品种，又与灵猩进行杂交后产生了一种高大、灵活、步幅长的犬，其速度和力量足以猎获大型猎物。

大丹犬是个头儿最高的犬种之一，保持着世界最高犬的吉尼斯世界纪录。直到2012年，纪录保持者是一只叫宙斯的犬，它从地面到肩隆（肩部的最高点）的高度是1.12米，等于一匹小马驹的高度。

尽管外表气宇轩昂，其实性格随和的大丹犬是一个"温顺的巨人"，通常对人和其他动物很友好。它们需要人们花时间来陪伴，喂养费用较高，但也是回报高的家犬。只要有足够的空间自由走动，有个能舒服躺着的地方，它们就乐意待在家里。大丹犬也是有效的护卫犬。它们需要大量的体力活动，但幼犬不应跑动太多，因其快速生长的骨骼承受不了太多压力。

英雄史酷比

卡通犬史酷比是由美国汉娜-巴贝拉公司拍摄的一部长篇电视连续剧中的主角。它的创造者艺术家高本严的创作灵感源自一个他认识的养大丹犬的女人。在听了她对这种理想纯种犬的描述后，高本严对其进行了艺术加工，创造了一个反应迟钝、脸瘦长、胆小如鼠的角色。尽管几乎任何东西都可能吓到它，但史酷比和其倒霉的人类朋友沙吉（下图）却屡屡营救他们的朋友，打败恶棍，屡战屡胜！

幼犬

拱形长颈，没有赘皮

修长身材

头部和耳朵有黑斑

三角形垂耳

吻部宽

腹部略向上收起

哈利青

浅黄褐色

笔直的前肢

猫足

97

齐心协力

一队西伯利亚雪橇犬毫不费力地拉着雪橇在厚厚的积雪上行进。在有经验的主人的驾驭下,这些强壮而不知疲倦的犬能很好地通力合作。

狐狸犬

一队拉着雪橇在冰雪荒原上行进的西伯利亚雪橇犬通常被认为是狐狸犬的典型代表。事实上，狐狸犬有着不同的用途，包括放牧、狩猎和守卫。一些小型狐狸犬只作为宠物喂养。狐狸犬有明显的狼的特征，包括头部形状、典型的狼毛色和警觉的神情。

许多现代狐狸犬源自几个世纪前的北极地区，还有一些来自亚洲东部，如松狮犬（见112页）和秋田犬（见111页）。其更久远的历史尚不为人所知。有一个理论认为，所有狐狸犬都起源于亚洲，有些随着部落的迁移进入非洲，另一些则跨越白令海峡到了北美洲。

有些品种，如格陵兰犬（见100页）和西伯利亚雪橇犬（见101页）以被19—20世纪初期的极地探险者用于拉雪橇而闻名。这些坚忍而顽强的犬在极度恶劣的天气条件下工作，经常食不果腹，当探险家们的口粮耗尽时，甚至把它们吃掉也不鲜见。这些雪橇狐狸犬也曾被北美洲的猎人和皮毛贩子大量利用。而今天，它们主要用于耐力竞赛，或服务于想体验驾驭雪橇快感的游客们。另一些狐狸犬被繁育用于猎狼、熊等大型猎物以及放牧驯鹿。产自日本的秋田犬，以前用作斗犬和猎熊犬，现在常用作护卫犬。还有一些是非工作型的小型狐狸犬，如博美犬（见118页）等由大型犬选择性繁育改良成小体形的狐狸犬，以及新繁育出的阿拉斯加克利凯犬（见104页），一种微型雪橇犬。

狐狸犬，不论体形大小，都具有在极冷环境下繁衍后代的特征。它们通常拥有厚厚的双层被毛，被毛的长度和密度因犬种不同而各异。其他防止热量丧失的特征包括小而尖、毛茸茸的耳朵和覆盖饰毛的足部。许多狐狸犬种的一个明显特征是那条特有的向上卷曲到背部的"狐狸"尾。

作为家犬，大多数狐狸犬喜爱家庭生活，但并不容易训练。如果没有足够的活动和乐趣，它们会借助吠叫或挖洞等破坏性行为来发泄。

格陵兰犬 Greenland Dog

	肩高 51-68厘米	体重 27-48千克	寿命 10年以上	任何颜色

这种友善的犬具有强大的力量和耐力，热爱户外活动，但需要主人的有力控制。

格陵兰犬是极地探险使用的经典雪橇犬，早在欧洲和美国的探险家发现其价值之前，北极地区的原住民就已经在长期使用它们了。这种犬是在5000年前被迁徙的西伯利亚人带到格陵兰岛的。

这些犬需要足够的耐候性，能经受气候的考验，在低至-56℃的条件下辛勤工作，经过训练后可拉动重达450千克的雪橇。猎人们还培养他们的犬捕猎海豹和海象，甚至北极熊。格陵兰犬以团队的形式工作，但具有半独立性：拉雪橇的时候，它们分别被拴在不同的拉绳上，这样每只犬就可以选择自己喜爱的行走位置。

格陵兰犬既强壮又固执，而且具有很强的主导意识（这种意识主要针对其他犬而非人），因此需要养犬人耐心地进行训练和喂养。养犬人需要对其进行体力和脑力方面的训练，让犬保持忙碌的状态，不过只有在专业人员的训练下格陵兰犬才可呈现最佳状态。拥有合格主人的格陵兰犬会成为开朗、外向且深情的伴侣犬。

极地探险者

格陵兰犬在远征北极和南极的过程中起到了至关重要的作用。探险家罗伯特·皮尔里（1856—1920）和罗纳德·阿蒙森（1872—1928）就使用了雪橇犬并采用北极原住民的训犬方法。阿蒙森（下图）在1911年尝试征服南极时带上了格陵兰犬，有11只犬幸存下来陪伴他到达了极点。格陵兰犬曾被用于在南极基地工作，直到1992年作为一种非本土物种被禁止带入南极。

被毛浓密的尾巴松散地卷曲到背上

黑色和浅黄褐色

宽间距小竖耳

面部有浅色斑纹

紧凑而健壮的身体

被毛在臀部呈长马裤状

骨骼粗壮的结实四肢

防雨雪的耐候性双层厚被毛

大足，趾间有厚厚的饰毛

西伯利亚雪橇犬 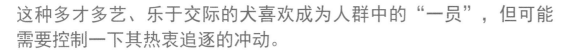 Siberian Husky

肩高 51-60 厘米	体重 16-27 千克	寿命 10 年以上	任何颜色

这种多才多艺、乐于交际的犬喜欢成为人群中的"一员",但可能需要控制一下其热衷追逐的冲动。

西伯利亚雪橇犬作为西伯利亚东北部楚科奇人的雪橇犬有悠久的历史,这种犬具有极强的耐力和工作欲。厚厚的双层被毛使其能耐受极寒天气;夜间,它们还会用毛茸茸的尾巴为面部保暖。

1908年,西伯利亚雪橇犬被引入阿拉斯加用于犬拉雪橇比赛,特别是全程657千米的"全阿拉斯加犬拉雪橇大赛"。1930年,苏联停止了西伯利亚雪橇犬的出口,而在同一年,美国养犬协会承认了这个品种。西伯利亚雪橇犬在极地探险以及第二次世界大战期间的美国陆军北极地区搜救分队中证明了

自己的地位。如今该犬种在拉雪橇等运动赛事中仍很受欢迎。

西伯利亚雪橇犬是温和而可爱的伙伴,但它们需要充分的活动。独立思考、喜爱拖拽物品的本能意味着它们需要被悉心引导训练。西伯利亚雪橇犬天性喜爱群居,需要与人和其他犬在一起。它们容易把小动物视为自然界的猎物,因此,犬主们需要及早培养它们与其他宠物交往的能力。被毛每周需要梳理一到两次。

英雄雪橇犬巴尔托

巴尔托生于1919年,最初被繁育用于在阿拉斯加参加犬拉雪橇比赛。1925年,人们急需雪橇犬接力队帮忙将白喉疫苗从安克雷奇运送到诺姆以防止疫情爆发。巴尔托引领着最后一队雪橇犬,顶着猛烈的暴风雪,跨过冰冻的河流完成了最后一站的传递,将疫苗安全送达。雪橇队受到了媒体英雄般的欢迎。纽约中央公园竖起了巴尔托的雕像。好莱坞还据此拍摄了一部电影。

纽约的巴尔托雕像

狐狸形头

拱形颈部

狼灰色

臀部略倾斜

大腿肌肉发达

中等长度的厚被毛

高位三角形竖耳

被毛浓密的长尾巴

阿拉斯加雪橇犬 Alaskan Malamute

肩高	体重	寿命	多种颜色
58-71 厘米	38-56 千克	12-15 年	所有犬的腹部均呈白色。

这种能很好地适应家庭生活的大型雪橇犬，需要足够的空间和运动量。

阿拉斯加雪橇犬外表酷似狼，以美洲本土民族马拉缪特(Mahlemut)命名。曾经雪橇是唯一的运输工具，马拉缪特人将这种犬繁育用于在雪地上拖拉重物和长途跋涉。今天，这种犬在北美洲边远地区仍被用于运输货物，当然也少不了参加拉雪橇比赛。这种犬也用于极地探险，它们具有惊人的耐力、力量和坚忍的意志，方向感和嗅觉高度发达。

阿拉斯加雪橇犬尽管强悍，但却非常友好，至少对人来说是如此，所以不宜当作护卫犬。它们喜欢孩子，但其体形过于庞大且生猛，不应让其与小孩子独处。阿拉斯加雪橇犬，特别是雄犬，对陌生的犬不够容忍，如果没有进行系统的社交训练，可能会迅速发起攻击。这种犬追逐猎物的本能很强，若看到认为是猎物的小动物，常会飞速追击。犬主应该谨慎选择何时何地来让其自由活动。阿拉斯加雪橇犬学习技能很快，意志坚定，因此需要尽早对其进行严格的管理和训练，以养成正确的习惯。

只要每天有2小时以上的活动时间和一个可以活动的花园，阿拉斯加雪橇犬便会适应驯养生活。当其被单独留在无人监管的家中，精力无处释放感到乏味时，易出现破坏性行为。尽管它们厚厚的被毛在春天会脱毛，但天气炎热时如运动过量也会导致中暑，因此需要给予其阴凉的空间。如果有同伴的话，耐寒的阿拉斯加雪橇犬也会乐于在户外睡眠。

物有所值

在1896—1899年克朗代克河流域淘金热时期，探矿人会付高达1500美元的巨资让一队雪橇犬将他们的设备从史凯威和道森市等供应地运送到金矿。每位淘金者需要携带足够一年用的物资，包括近500千克重的食品。冬天，一队雪橇犬拉着半吨重的装备行进在气温零度以下的林海雪原上。夏天，作为交通工具，它们可运送20多千克的货物行进超过30千米。

幼犬

毛茸茸的尾巴卷曲到背上

狼灰色

三角形竖耳，耳端圆，内侧有绒毛

两眼间有浅沟

黑色鼻子

颈部周围被毛更为厚实

肌肉强健的大腿

厚厚的外层粗被毛下面是呈油性、柔软的内层长被毛

身体下部为白色

103

阿拉斯加克利凯犬 Alaskan Klee Kai

肩高	体重	寿命	任何颜色
玩具型：可达33厘米	玩具型：可达4千克	10年以上	
迷你型：33-38厘米	迷你型：4-7千克		
标准型：38-44厘米	标准型：7-10千克		

新品种

这种伴侣犬是由阿拉斯加的琳达·斯柏林和她的家人繁育的。他们用阿拉斯加雪橇犬和西伯利亚雪橇犬及一些小型犬繁育产生了小型雪橇犬，并命名为"克利凯"，此名来自因纽特语，意为"小犬"。尽管阿拉斯加克利凯犬仍较少见，但该犬已被几个养犬协会承认，在美国和其他几个国家有若干繁育组织。

这种充满活力和好奇心的迷你雪橇犬与主人在一起时表现得沉着而自信，但对陌生人充满警惕。

这种西伯利亚雪橇犬（见101页）的迷你版是在20世纪70年代作为家犬被繁育的。阿拉斯加克利凯犬有三种体形：玩具型、迷你型和标准型。有两种被毛类型：标准型（短毛）和丰满型（毛略长略厚）。

阿拉斯加克利凯犬喜欢有人陪伴以及被当作家庭中的一员对待。不过，与它的大型雪橇犬亲戚不同，该犬对陌生人较为冷淡。因此，需要细心地训练并进行早期社交培养。家里的孩子要学会温柔地对待它们，否则它们会暴露出坏脾气。这种犬非常聪明，充满好奇心，喜欢参与服从性及敏捷性方面的比赛，有些阿拉斯加克利凯犬会被训练作为医疗犬。

阿拉斯加克利凯犬更易融入一个中等以上规模的家庭，且与大型亲戚相同，它们精力充沛，需要大量活动来保持身心健康，包括每天的长距离散步。另外，该犬非常喜欢发声，尤其是与家庭成员"对话"时（这一特点也使得阿拉斯加克利凯犬成为不错的看门犬）。这种犬每年换毛两次，丰满型需定期梳理。

额段明显

三角形竖耳

中等长度的浓密被毛

被毛浓密的刷状尾巴

吻部尖端渐窄

特有的面部斑纹

这只犬的双眼颜色不同

狼灰色

黑色和白色

迷你型标准型被毛

标准型标准型被毛

身体下部颜色较浅

加拿大爱斯基摩犬 Canadian Eskimo Dog

肩高 50-70 厘米
体重 18-40 千克
寿命 10 年以上

任何颜色

可能有各种斑纹。

加拿大爱斯基摩犬也叫因纽特犬，是世界上最古老的雪橇犬之一，为在最严酷的条件下生存而繁育。这种犬天性喜爱群体生活，热爱奔跑，喜欢有人或犬陪伴，需严格训练并为其提供充分乐趣。

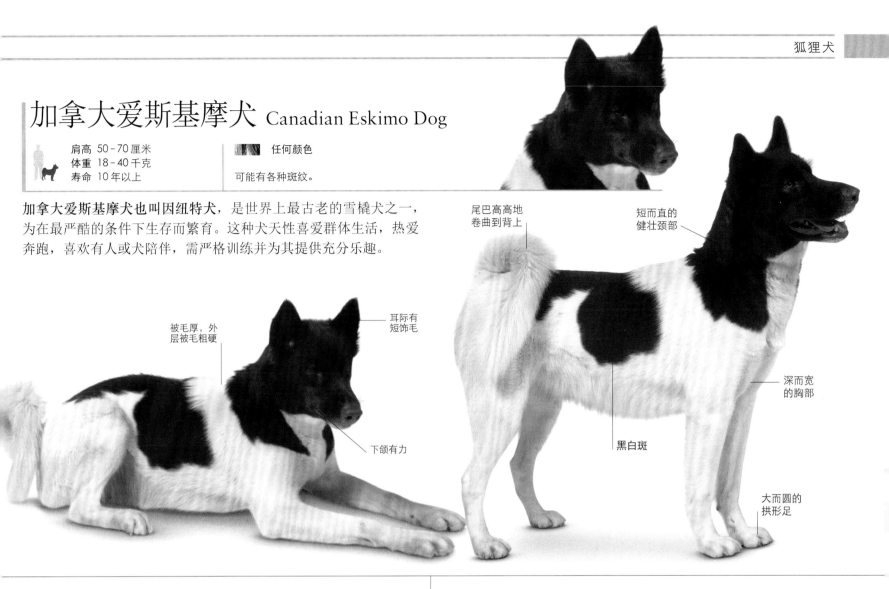

被毛厚，外层被毛粗硬

耳际有短饰毛

下颌有力

尾巴高高地卷曲到背上

短而直的健壮颈部

深而宽的胸部

黑白斑

大而圆的拱形足

奇努克犬 Chinook

肩高 55-66 厘米
体重 25-32 千克
寿命 10-15 年

奇努克犬是20世纪初期在美国被繁育的雪橇犬，是獒犬、格陵兰犬（见100页）和牧羊犬多次杂交的产物。该犬好动，但温和、讨人喜欢，是优秀的家犬。

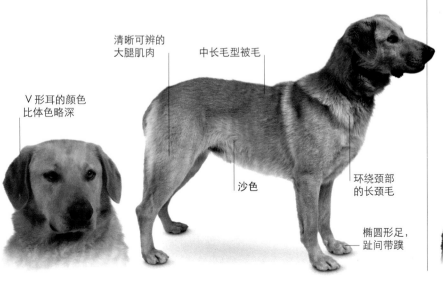

V 形耳的颜色比体色略深

清晰可辨的大腿肌肉

中长毛型被毛

沙色

环绕颈部的长颈毛

椭圆形足，趾间带蹼

卡累利阿熊犬 Karelian Bear Dog

肩高 52-57 厘米
体重 20-23 千克
寿命 10-12 年

这种勇猛无畏的猎犬被繁育于芬兰，用于狩猎大型猎物，特别是熊和驼鹿。卡累利阿熊犬有强烈的格斗本能，一般对人无攻击性，但与其他犬相处时会有威胁性。该犬不太容易适应家庭生活。

外层被毛直而粗硬

颈部被毛更厚

清晰的白色斑纹

黑色和白色

腹部略向上收起

萨摩耶犬 Samoyed

肩高	体重	寿命
46-56厘米	16-30千克	12年以上

这种引人注目的犬有一身养护要求很高的被毛，开朗的性格使其成为优秀的家庭宠物。

被毛浓密的长尾巴卷曲到背上并垂向身体一侧

这种美丽的犬是由西伯利亚游牧民族萨莫耶德人繁育的，被用于放牧、看护驯鹿和拉雪橇。该犬既是合格的户外工作犬，也是优秀的家犬，喜欢在牧民的帐篷中占据一席之地，喜欢与人为伴。这些犬于19世纪被带到英国，大约在10年后首次出现在美国。萨摩耶犬出现在许多有关19世纪末和20世纪初极地探险的神话和虚幻故事中，它们看起来确实很像极地探险全盛时期南极雪橇队中的一员。

现代萨摩耶犬保持了随和并容易相处的习性，这种习性使其成为当年游牧家庭中重要的一员。在其有特点的"微笑"表情之下有着热爱主人的天性和渴望与人为友的愿望。不过，萨摩耶犬保留了很强的看门犬本能。虽然不具有攻击性，但它们会对着任何引起它们怀疑的东西吠叫。

萨摩耶犬渴望陪伴，喜欢忙个不停。聪明活泼的萨摩耶犬在无聊或寂寞时会调皮捣蛋，比如刨洞或从围栏上的缺口逃跑。精心的管理会令其表现良好，但训练时需要主人有耐心和毅力。

萨摩耶犬华丽的被毛需要通过每日梳理来保养。内层被毛会产生季节性大量脱毛，但除非遇上极暖天气，一般脱毛都是一年一次。

幼犬

游牧民族的好伙伴

萨摩耶犬过去在西伯利亚人的生活中发挥了重要作用，现在在一些偏远地区仍然如此（见右图）。牧民们依靠他们的犬来看护驯鹿和营地。这些工作犬也是他们家庭中的一部分。萨摩耶犬能自由进入"Choom"（家居帐篷），与人共享家里的食品，陪伴儿童睡觉让他们取暖。萨莫耶德人尊重他们的犬，同时他们也得到了相应的回报——犬也很温柔，与人意气相投。

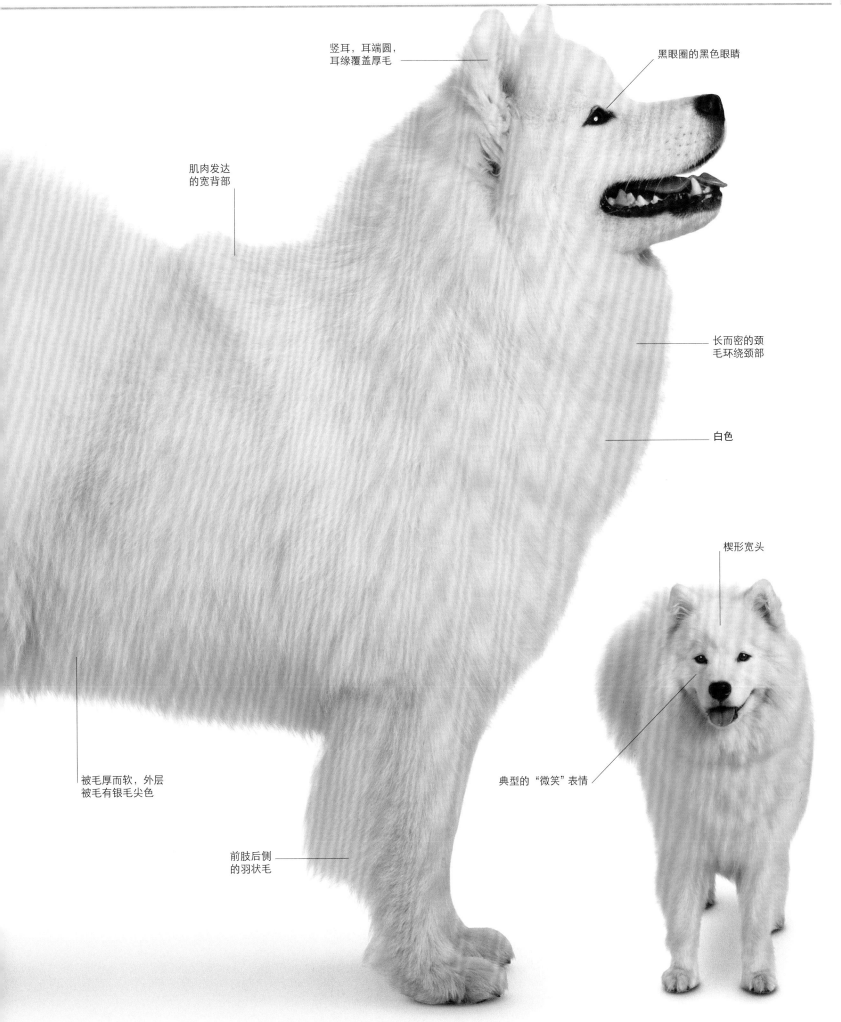

竖耳，耳端圆，
耳缘覆盖厚毛

黑眼圈的黑色眼睛

肌肉发达
的宽背部

长而密的颈
毛环绕颈部

白色

楔形宽头

被毛厚而软，外层
被毛有银毛尖色

典型的"微笑"表情

前肢后侧
的羽状毛

西西伯利亚莱卡犬 West Siberian Laika

肩高 51－62 厘米	多种颜色
体重 18－22 千克	
寿命 10－12 年	

这种英俊的犬在西伯利亚的森林地区被繁育用于狩猎，在其本土很受欢迎。该犬强壮、自信，喜欢追逐猎物。尽管西西伯利亚莱卡犬性情稳定，但狩猎的本性使其作为家犬对大多数家庭而言不太适宜。

尾巴紧紧地卷曲到背上

颈部和肩部的被毛形成较长的领毛

高耸保持直立的耳朵

沙色

黑貂色

前肢上部长而健壮

足趾间有饰毛

东西伯利亚莱卡犬 East Siberian Laika

肩高 53－64 厘米	白色
体重 18－23 千克	卡拉米斯色
寿命 10－12 年	花斑色

这种俄罗斯猎犬在本土声名远扬，在斯堪的纳维亚半岛也颇受欢迎。东西伯利亚莱卡犬作为工作犬，性格坚强，活跃且自信。尽管该犬有强烈的跟踪大猎物的本能，但易控制、性情稳定且对人友善。

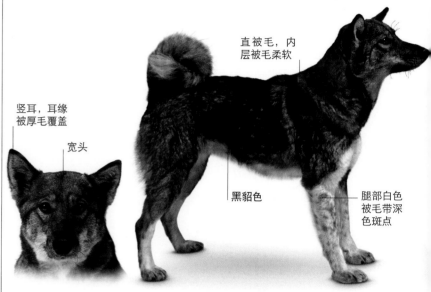

直被毛，内层被毛柔软

竖耳，耳缘被厚毛覆盖

宽头

黑貂色

腿部白色被毛带深色斑点

欧式俄国莱卡犬 Russian-European Laika

肩高 48－58 厘米	白色
体重 20－23 千克	黑色
寿命 10－12 年	

这种莱卡犬20世纪40年代早期才被认可为独立品种。欧式俄国莱卡犬四肢纤细但健壮，主要在俄罗斯北部森林用于狩猎。该犬是可靠的工作犬，在传统用途上表现出色，但不太容易融入家庭生活。

黑色鼻子

尾巴卷曲到背上

后肢上的被毛呈马裤状

狭长的三角形头

黑色

修长而健壮的四肢

质地粗硬的被毛上有白色斑纹

芬兰狐狸犬 Finnish Spitz

肩高 39－50 厘米	
体重 14－16 千克	
寿命 12－15 年	

该犬是芬兰的国犬，被繁育用于捕猎小动物，在斯堪的纳维亚半岛用于体育竞赛。芬兰狐狸犬凭借其别致的狐狸般的外表、华丽的被毛和热情好动的习性，成为极具吸引力的家庭宠物。这种犬有不停吠叫的习性，应在早期训练加以控制。

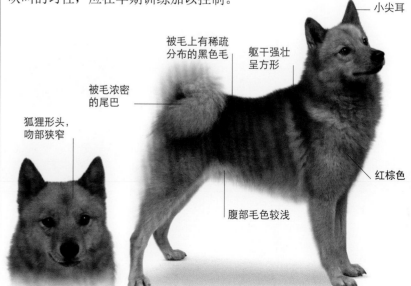

小尖耳

被毛上有稀疏分布的黑色毛

躯干强壮呈方形

被毛浓密的尾巴

狐狸形头，吻部狭窄

红棕色

腹部毛色较浅

芬兰拉普猎犬 Finnish Lapphund

肩高	44-49 厘米
体重	15-24 千克
寿命	12-15 年

 任何颜色

芬兰拉普猎犬是拉普兰地区的萨米人用驯鹿放牧犬和护卫犬繁育而来的，在芬兰和其他地区越来越受欢迎。这种犬热爱并忠于主人，是很棒的工作犬，也是很好的家庭宠物犬和看门犬。

布满长毛的尾巴

黑色

被毛长而密

竖耳

黄褐色斑纹

厚鬃毛，雄犬尤为明显

前肢后侧有羽状毛

拱状的椭圆形足

芬兰驯鹿犬 Lapponian Herder

肩高	46-51 厘米
体重	可达30千克
寿命	11-12 年

这种犬最初是通过芬兰拉普猎犬（见左）、德国牧羊犬（见42页）和柯利牧羊犬繁育而来，在20世纪60年代作为一个独立品种被认可。芬兰驯鹿犬，又称拉品坡考亚犬，至今仍用于放牧驯鹿，有时也用作家犬，是安静、友善的品种。

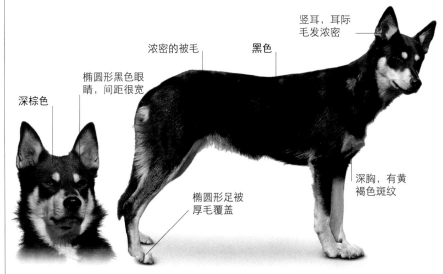

竖耳，耳际毛发浓密

浓密的被毛

黑色

深棕色

椭圆形黑色眼睛，间距很宽

椭圆形足被厚毛覆盖

深胸，有黄褐色斑纹

瑞典拉普猎犬 Swedish Lapphund

肩高	40-51 厘米
体重	19-21 千克
寿命	9-15 年

 棕色　　黑色和棕色

胸部、足部和尾端可能带有白色斑点。

瑞典拉普猎犬和芬兰拉普猎犬（见上）除颜色外完全相似，曾被游牧民族萨米人用于放牧驯鹿。这个品种在瑞典作为家犬很受欢迎，但在其他地方并不多见。该犬喜欢有人陪伴，如果长时间独处会吠叫。

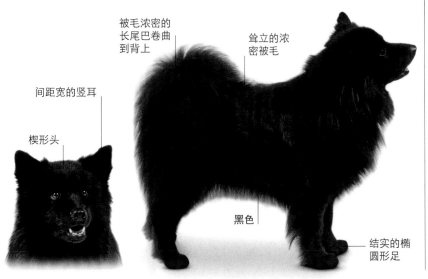

被毛浓密的长尾巴卷曲到背上

耸立的浓密被毛

间距宽的竖耳

楔形头

黑色

结实的椭圆形足

瑞典猎鹿犬 Swedish Elkhound

肩高	52-65 厘米
体重	可达30千克
寿命	12-13 年

这种高大挺拔的犬在瑞典北部森林地区繁育，也叫杰姆桑德犬（Jamthund），曾被用于狩猎驼鹿、熊和猞猁。这种犬是瑞典国犬，在瑞典军队颇受欢迎。瑞典猎鹿犬对家人友善，但与其他犬和宠物相处时要小心管理。

浓密的外层被毛

灰色

高位竖耳，耳际有厚毛

狼形头

奶油色内层被毛

独特的浅色斑纹

健壮的椭圆形足

挪威猎鹿犬 Norwegian Elkhound

肩高 49－52 厘米
体重 20－23 千克
寿命 12－15 年

挪威猎鹿犬在斯堪的纳维亚半岛已有几百年的历史，曾用于追踪猎物，它们身体强壮，能拉雪橇，并且耐受阴冷潮湿的气候，喜欢待在户外。该品种具有很强的狩猎本能，需要耐心的训练。

额段明显
短而结实的身体
高扬着的卷曲尾巴
颈部厚领毛
灰色
部分外层被毛毛尖呈黑色
黑色吻部

黑色挪威猎鹿犬

Black Norwegian Elkhound

肩高 43－49 厘米
体重 18－27 千克
寿命 12－15 年

这个品种是挪威猎鹿犬（见左）的小型稀有变种。最早繁育用于追踪猎物，它们本领全面，可作为雪橇犬、放牧犬、看门犬和伴侣犬使用。喜欢吠叫，但训练后可听令而止。

宽耳根尖耳
纯黑色
短粗尾巴卷曲到背上
头顶宽
尖端渐窄的吻部
防水御寒的耐候性被毛

北海道犬 Hokkaido Dog

肩高 46－52 厘米
体重 20－30 千克
寿命 11－13 年

　　多种颜色

这种犬的别名叫阿伊努犬，是由迁移的阿伊努人带到日本北海道岛地区的。北海道犬体形中等，却勇敢坚强，能与熊对峙。经过精心训练和社交培训后，可成为合格的伴侣犬和护卫犬。

黑色三角形小眼睛
硬而直的被毛

粗尾巴卷曲到背上
健壮的直背
颈部肌肉发达
芝麻色

秋田犬 Akita

肩高	体重	寿命	任何颜色
美国秋田犬：61-71厘米 日本秋田犬：58-70厘米	美国秋田犬：29-52千克 日本秋田犬：34-45千克	10-12年	

这种强壮的犬脾气多变，需要经验丰富的主人对其进行管理，才能避免任性行为。

这种犬体大力强，是日本本州岛地形崎岖的秋田县的猎犬后代，用于狩猎大型猎物，如鹿、熊和野猪。日本秋田犬最早于19世纪繁育用于斗犬和狩猎。该犬是日本的"国宝"，是好运的象征。

第一只秋田犬由海伦·凯勒于1937年带到美国。第二次世界大战结束后，美国军人带回了更多的秋田犬，为今天美国秋田犬的繁育奠定了基础。美国秋田犬被许多国家认可为一个不同于日本秋田犬的品种，其体形较大，也更威武。

秋田犬健壮英俊，它们安静、忠诚，乐于保护家人，对儿童尤其友善。不过，这种犬喜欢支配其他犬，需要有经验的主人对其进行早期训练，以防止任性等坏习性的形成。

忠犬八公

八公生于1923年，是一只秋田犬。当它的主人上野教授每天去工作时，八公都会陪他到东京涩谷站，然后整天在那里等他并陪他走回家。1925年，上野教授在工作时去世。八公一直在那里等着他，一等便是十几年。它因忠诚而成为国家英雄。它去世的时候，日本全国哀悼了一天。人们在涩谷站给它建了一座雕像（见下图），每年都会举行仪式来纪念它。

被毛浓密的粗尾巴卷曲到背上

浅黄褐色

有黑色覆毛

黑色面部

宽而深的胸部

浅鹿红色

三角形竖耳

白色斑纹

健壮的臀部

竖立而粗硬的外层被毛

胸部白斑延伸至足部

美国秋田犬

日本秋田犬

松狮犬 Chow Chow

肩高	体重	寿命
46-56厘米	21-32千克	8-12年

奶油色
浅黄褐色
蓝色
黑色
所有颜色可深浅不一，但不会有斑点。

这种漂亮的犬有玩具熊般的被毛，忠于主人，但对陌生人冷漠。

这种犬在中国至少已有2000年的历史。公元前150年左右的一幅浅浮雕刻中展示了猎人与那些类似松狮犬的犬在一起的景象。这些犬最初用于狩猎鸟类、看护牲畜及在冬季拉雪橇。此外，某些犬还被喂养以提供皮毛和肉食。它们深受皇帝和贵族的喜爱，在公元8世纪，一位唐朝皇帝在他的犬舍里养了5000只这种犬。

幼犬

18世纪末，几只松狮犬初次来到西方。它们在英格兰被称为周周（Chow Chow），意指来自东亚的珍奇物品。这个品种的中文名字叫松狮犬，意为"毛发蓬松的狮子犬"。19世纪末，大量松狮犬被进口到英国，当维多利亚女王拥有了松狮犬之后，这种犬的流行便势不可挡。1890年松狮犬在美国出现，但直到20世纪20年代才开始流行起来。

松狮犬现在一般被作为宠物喂养。该犬天性冷漠，但对家人忠诚，对陌生人会较为警惕，性格独立、固执，需严格训练和进行早期社交训练。这种犬只需要中等强度的活动，每天散步一次益于保持好的精神。松狮犬的独特之处在于其拥有的厚被毛和狮子样的环状领毛，还有好像皱着眉闷闷不乐的面容以及蓝黑色的舌头。这种犬有厚而直立被毛的粗毛型和短而厚密被毛的光滑短毛型。

治疗犬的先驱

现在，多种不同类型的犬被用作"治疗犬"来安抚受困扰或精神压抑的人。第一只被用于辅助治疗的犬是一只名叫乔菲的松狮犬，它在精神分析之父西格蒙德·弗洛伊德那里工作（见下图，1935年拍摄于奥地利）。在治疗过程中，弗洛伊德会与乔菲一起待在房间里，通过它来获取客户心理状态的线索。乔菲会靠近安静或抑郁的人，但碰到精神状态紧张的人时便会离开。弗洛伊德指出，乔菲可安抚病人使其镇静，特别是儿童。

浓密的被毛直立生长

额段突出

蓝黑色舌头

红色

四肢后侧毛色较浅

粗毛型

小而厚的圆形耳朵

独特的愁眉不展的郁闷表情

小而圆的足

四国犬 Shikoku

肩高 46-52 厘米
体重 16-26 千克
寿命 10-12 年

芝麻色和黑芝麻色

四国犬曾在日本边远山区用于狩猎野猪，基本上未进行杂交改良。因此，其血统很纯正。四国犬身体柔韧灵活，喜欢追逐其他动物，训练这种犬有一定的挑战性，但它们对喜欢和信任的人会表现得很亲密。

典型的"狐狸"尾

坚挺的竖耳

红芝麻色

目光敏锐的黑色眼睛

有力的后肢

肌肉发达的粗颈

深胸

韩国金多犬 Korean Jindo

肩高 46-53 厘米
体重 9-23 千克
寿命 12-15 年

白色
红色
黑色和黄褐色

这个品种以其产地韩国金多岛命名，在韩国颇受欢迎，其他地区很少见。韩国金多犬用于狩猎大小不等的猎物，其强烈追逐其他动物的本能可能难以控制。

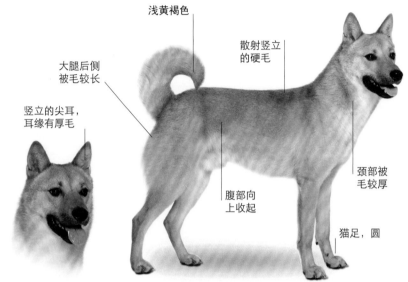

浅黄褐色

散射竖立的硬毛

大腿后侧被毛较长

竖立的尖耳，耳缘有厚毛

腹部向上收起

颈部被毛较厚

猫足，圆

日本柴犬 Japanese Shiba Inu

肩高 37-40 厘米
体重 7-11 千克
寿命 12-15 年

白色
黑色和黄褐色

红色犬可能有黑色覆毛层（红芝麻色）。

日本柴犬是日本体形最小的猎犬，可谓"国宝"，在本土已有几百年的历史了。日本柴犬胆大、活泼，是一种可爱的家犬，但如果没有对其进行早期社交培养，会不太好管理。在户外需要对其狩猎本能进行控制。

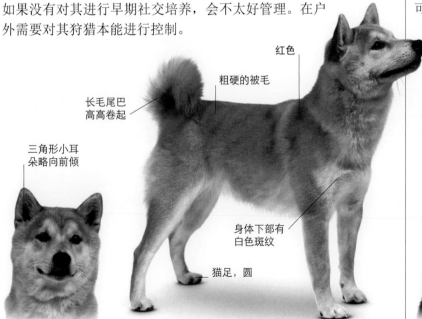

红色

粗硬的被毛

长毛尾巴高高卷起

三角形小耳朵略向前倾

身体下部有白色斑纹

猫足，圆

甲斐犬 Kai

肩高 48-53 厘米
体重 11-25 千克
寿命 12-15 年

各种深浅度的红色斑纹

甲斐犬是最古老、血统最纯正的日本犬种之一，1934年被授予"日本国宝"称谓。这是一种活跃、运动能力强的猎犬，习惯结队奔跑，可较好地融入家庭，但不适合新手喂养。

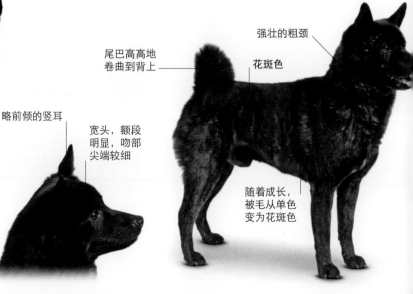

强壮的粗颈

尾巴高高地卷曲到背上

花斑色

略前倾的竖耳

宽头，额段明显，吻部尖端较细

随着成长，被毛从单色变为花斑色

纪州犬 Kishu

肩高 46-52厘米
体重 13-27千克
寿命 11-13年

纪州犬现在少而珍贵，可能几百年前在日本的九州山区被繁育用于狩猎大型猎物。这种犬是"国宝"级的犬，安静、忠诚，由于其具有强烈的追逐本能，有时会难以控制。

前倾的竖耳

短而肌肉发达的直背

有部分较长的黑色被毛

卷曲到背上的粗尾巴覆有流苏状饰毛

白色

粗硬而短直的被毛

红色

足部和腿下部有白色斑纹

日本狐狸犬 Japanese Spitz

肩高 30-37厘米
体重 5-10千克
寿命 12年以上

日本狐狸犬尽管看上去像迷你型的萨摩耶犬（见106页），但无证据表明这两种犬有相同的血缘。这种犬产于日本，伶俐而精力充沛，在世界范围内广受欢迎。该犬有持续吠叫的习性，但可通过训练来加以控制。

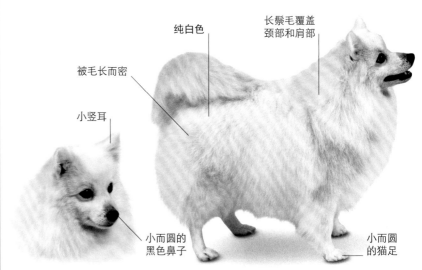

纯白色

长鬃毛覆盖颈部和肩部

被毛长而密

小竖耳

小而圆的黑色鼻子

小而圆的猫足

欧亚大陆犬 Eurasier

肩高 48-60厘米
体重 18-32千克
寿命 12年以上

 任何颜色
被毛不会通体白色、赤褐色或带白色斑纹

欧亚大陆犬在现代仍是稀有的品种，20世纪60年代在德国用松狮犬（见112页）、德国绒毛狼犬（见117页）以及萨摩耶犬（见106页）杂交繁育而成。该犬稳重、平和且警觉，是很好的伴侣犬，容易融入家庭生活。

外层被毛粗硬

健壮的直背

浅黄褐色

三角形竖耳

黑色面部

有黑色被毛

长领毛

意大利狐狸犬 Italian Volpino

肩高 25-30厘米
体重 4-5千克
寿命 可达16年

 红色

一个多世纪以来，这种引人注目的小型犬在意大利深受喜爱，贵族们把它们当宠物奢华地豢养，而农民们则把它们当看门犬使用。意大利狐狸犬见到陌生人容易吠叫，会提醒其他大型护卫犬潜在的危险。该犬活泼又爱嬉戏，几乎适合所有类型的家庭。

卷曲的长毛尾巴

长而密的被毛

吻部短

白色

圆眼睛

臀部丰富的羽状毛

颈部厚被毛呈领状

德国绒毛犬 German Spitz

肩高	体重	寿命	多种颜色
小型：23-29厘米 标准型：30-38厘米 大型：42-50厘米	小型：8-10千克 标准型：11-12千克 大型：17-18千克	14-15年	

大型（格罗斯）
德国绒毛犬

一种欢快、好动的犬，有良好的看护本能，学习速度快，适合任何家庭。

德国绒毛犬有三种体形，其中，克莱恩（小型）和密特尔（标准型）均已被英国养犬协会（KC）认可，而格罗斯（大型）则被世界犬业联盟（FCI）认可。它们都是昔日被北极游牧部落用于放牧的犬的后代。

传统上，德国绒毛犬被用于狩猎、放牧牲畜以及看门守户。它们厚厚的内层被毛和坚韧的外层被毛可在湿冷气候条件下起保护作用。19世纪，这些犬作为伴侣犬和展览犬越来越受欢迎。其中一些出口到美国，从而产生了美国爱斯基摩犬（见121页）。所有类型的德国绒毛犬均相对少见。

德国绒毛犬喜欢被人重视，由于它们具有独立的个性，在没有强力控制的情况下会有些任性，因此需要注意对其进行严格训练。如果得到孩子们的尊重，这些犬会与儿童相处融洽。一旦它们在家庭中的地位确立起来，欢快而深情的特点会使其成为各年龄段主人的理想伴侣犬。厚厚的被毛需要每天梳理以防缠结。

年代与智慧？

在一则19世纪的德国寓言中（见下图），一只狐狸犬机智地战胜了一只试图偷它骨头的巴哥犬。狐狸犬是否真比巴哥犬聪明，我们不得而知，但它们被认为是最古老的犬种之一。1750年，德国自然学家布丰伯爵基于他对德国绒毛犬的认识，提出狐狸犬是所有家犬祖先的观点。尽管现代遗传学有证据支持布丰的某些狐狸犬起源很早的观点，但没有证据证明任何一个犬种是其他所有犬的祖先，而哪种犬更聪明也一直处于争论中。

尾巴卷曲到背上

紧凑的方形躯干

面部短绒毛

中等宽度的头部

狼灰-黑貂色

颈部和肩部周围有厚厚的褶边毛

浓密的双层被毛，外层被毛长

腿后侧的长羽状毛

橙色和黑貂色

标准型（密特尔）

小型（克莱恩）

西帕基犬 Schipperke

- 肩高 25-33 厘米
- 体重 6-8 千克
- 寿命 12 年以上

多种颜色

这种犬有时也被称为比利时驳船犬，曾用于为佛兰德河船夫看守驳船和减轻鼠患。作为家犬，西帕基犬并未丧失其看护本能，它们对陌生人很警惕。这是一种活泼可爱并招人喜欢的犬，不失为令人愉快的伙伴。

狐狸样楔形头

三角形小耳朵

黑色

天生短尾

大腿后侧裙裤状长被毛

颈部和肩部周围有独特的鬃毛和披肩状被毛

浓密的被毛

粗壮的身体

荷兰狮毛犬 Keeshond

- 肩高 43-46 厘米
- 体重 15-20 千克
- 寿命 12-15 年

荷兰狮毛犬在18世纪被荷兰的船夫和农民用作看门犬。 这种聪明、外向的犬没有攻击性，和蔼可亲的天性使其成为一种深受人们喜爱的伴侣犬。荷兰狮毛犬乐于学习，能与人以及其他宠物融洽相处。

灰色、黑色和奶油色

大腿后侧密实的被毛呈马裤状

眼睛周围独特的眼镜状斑纹

长而厚实的领状颈毛

德国绒毛狼犬 German Wolfspitz

- 肩高 43-55 厘米
- 体重 27-32 千克
- 寿命 12-15 年

德国绒毛狼犬是已知最古老的欧洲犬种之一。 它们是荷兰狮毛犬（见左）的祖先，但在有些国家不认可它们为不同品种。该犬渴望成为家庭一员，很好训练。德国绒毛狼犬对陌生人非常警惕，喜欢吠叫，但不具有攻击性。

多毛的尾巴

短而直的背部

长长的外层被毛

灰色、黑色和奶油色

三角形小竖耳

颈部和肩部有厚厚的鬃毛

博美犬 Pomeranian

肩高	体重	寿命	任何纯色
22-28厘米	2-3千克	12-15年	不应有黑色或白色底纹。

这种深情的小型犬尽管体形小，但却很勇敢并充满保护欲，是优秀的家庭宠物犬。

体形最小的德国绒毛犬（见116页），在一些国家又称"侏儒狐狸犬"（兹沃格狐狸犬或耐恩狐狸犬）。博美犬的名字来源于波美拉尼亚地区（Pomeranian），现波兰北部、德国东北部，其祖先在那里被作为牧羊犬繁育。

最初来自波美拉尼亚的犬比现在的大很多，可重达14千克，通常为白色。这些狐狸犬于18世纪60年代开始从欧洲进口到英国。无论来自哪里，这种类型的犬一般都被称为"博美犬"。

19世纪末，人们对博美犬进行选择性繁育，使其体形小到玩具大小，其中的部分原因是因为维多利亚女王喜欢体形小些的犬。人们将不同颜色的小型狐狸犬从德国和意大利进口后进行繁育（去掉了博美犬精力过旺的倾向）。1891年和1900年，相关养犬俱乐部分别在英国和美国成立。20世纪这个犬种

的主要特征：体形小、奢华的"马勃菌"状被毛以及开朗的性格被进一步强化。

聪明活泼的博美犬是一种有感染力的宠物犬。该犬喜欢有人陪伴，对主人忠诚。但需要对其进行严格而细心的训练以防其变得主导性过强。这种犬有与其体形不相称的快速运动的能力，要好好看管。厚厚的被毛不难维护，但要确保每隔几天梳理一次。

幼犬

后肢被毛较长

王室的恩惠

当乔治三世的妻子夏洛特王后在1761年来到英国时，有几只白色的狐狸犬陪伴着她。这些犬比现在的博美犬要大很多，但在当时仍是那些德国臣子青睐的伙伴。这些犬在英国也很快流行起来，并出现在庚斯博罗（Gainsborough）的几幅画作中，比如这幅《清晨漫步》（见右图）。1888年，当维多利亚女王在意大利得到了几只小博美犬后，这个品种越发流行起来。

威廉·哈利特先生和夫人（《清晨漫步》），由托马斯·庚斯博罗绘于1785年。

卷曲到背上的厚密羽状毛尾巴

小竖耳

橙色

略呈椭圆形带黑边的黑色眼睛

颈部、肩部和胸部有大量的褶边毛

带绒毛的狐狸形脸

柔软蓬松的被毛

四肢下部被毛较短

冰岛牧羊犬 Icelandic Sheepdog

肩高 42－46 厘米	灰色	黑色
体重 9－14 千克	巧克力－棕色	
寿命 12－15 年	黄褐色和灰色的犬可能有黑色面部。	

又称弗里亚犬，这种身体健壮的犬由早期移民带入冰岛。该犬具有在崎岖地形和浅水中敏捷行动的能力，加之喜欢吠叫使其成为完美的放牧犬。作为宠物，它们需要大量的活动。有长毛型和短毛型两种被毛类型。

典型的"狐狸"尾巴卷曲到背上

黑唇

长毛型

黄褐色有白色斑纹

厚而防水的被毛

小而健壮的躯体

竖耳，耳端略圆

面部有白色斑纹

挪威伦德猎犬 Norwegian Lundehund

肩高 32－38 厘米	白色	黑色和灰色被毛有白色斑纹；
体重 6－7 千克	灰色	白色被毛有深色斑纹。
寿命 12 年	黑色	

又称挪威海雀犬，身体柔韧、灵活，可将头向后倾斜过肩部，并可把前肢撇成八字形。曾用于狩猎海雀，这些特点以及每只足上都有一个多出的足趾使其能够到达不易触及的鸟巢。作为宠物，它们需要大量的训练和运动。

红棕色

部分被毛有黑色毛尖

黑唇

被毛浓密，脱毛量大

双狼趾

每足六趾

北欧绒毛犬 Nordic Spitz

肩高 42-45 厘米
体重 8-15 千克
寿命 15-20 年

这种身材小巧的狐狸犬是瑞典的国犬。该犬在当地的名字叫诺伯特尼斯贝克犬 (Norbottenspets)，意为"来自波斯尼亚的狐狸犬"。过去曾被用于捕猎松鼠，近来从事猎禽。北欧绒毛犬有明亮的眼睛和毛茸茸的尾巴，它们不难训练，但需要经常运动。

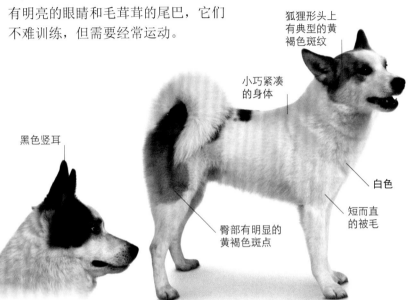

狐狸形头上有典型的黄褐色斑纹

小巧紧凑的身体

黑色竖耳

白色

臀部有明显的黄褐色斑点

短而直的被毛

挪威布哈德犬 Norwegian Buhund

肩高 41-46 厘米
体重 12-18 千克
寿命 12-15 年

红色
红色、小麦色和狼灰 - 黑貂色被毛可能有黑色面部、黑色耳朵及黑色尾端。

这种中等体形、行动敏捷的农场犬，曾被用于保护牲畜免受熊和狼的袭击。今天，足够的运动和不断训练，使这个品种茁壮成长。该犬喜欢吠叫，每年两次大量脱毛，对特别讲究家居整洁的人来说可能不是理想的家犬。

额段明显

长长的外层被毛厚而粗硬，内层被毛柔软呈羊绒状

尾巴紧紧卷曲到背上

三角形竖耳

黑色

小麦色

身体下部体色较浅

美国爱斯基摩犬 American Eskimo Dog

肩高 迷你型：23-30 厘米；玩具型：30-38 厘米；标准型：38-48 厘米
体重 迷你型：3-5 千克；玩具型：5-9 千克；标准型：9-18 千克
寿命 12-13 年

美国爱斯基摩犬有些名不副实，它们不是真正的爱斯基摩犬种，而是在德国繁育，大约在19世纪由德国移民带到美国的。美国爱斯基摩犬曾在马戏团表演杂耍，它们学习技巧快，喜欢取悦于人。该犬有三种类型：迷你型、玩具型和标准型。

三角形竖耳，耳端略钝

宽间距的眼睛，黑色眼线

乌黑的唇部

迷你型

白色

长针毛形成外层被毛

玩具型

颈部、胸部布满浓密的领毛

蝴蝶犬 Papillon

肩高	体重	寿命	
20-28厘米	2-5千克	14年	▨ 白色 ▨ 黑色和白色

白色被毛上可能带有除赤褐色以外的任何颜色的斑纹。

这种犬娇俏、欢快，但绝对不纤弱，是一种既聪明又活泼的伴侣犬。

蝴蝶犬因其看上去酷似蝴蝶翅膀并覆有流苏状饰毛的直立耳朵（Papillon法语意为"蝴蝶"）**而得名。**这种犬源自"侏儒猎犬"，在文艺复兴后的欧洲宫廷中很受欢迎。该犬常出现在描绘贵族和为贵族所绘制的画作中，如提香于1538年创作的《乌尔比诺的维纳斯》（*Venus of Urbino*）。在17世纪的法国，类似的犬被进口并饲养在路易十四的皇宫里。到18世纪，它们得到庞巴度夫人和玛丽·安托瓦内特的特别宠爱。

最初的蝴蝶犬耳朵下垂，现在仍然存在，人们称之为法连尼犬（法语意为"飞蛾"）。到了19世纪末，竖耳的现代蝴蝶犬开始出现，也是目前更为常见的类型。这两种蝴蝶犬的耳朵上都有长长的丝状流苏样毛发。在英国和美国，蝴蝶犬和法连尼犬被认为是一个品种，因为这两种类型的犬可在同一窝里诞生。世界犬业联盟（FCI）将这两种类型均命名为大陆玩具猎犬。

今天，蝴蝶犬多作为宠物和展览犬。这些活泼而聪明的犬喜欢人的陪伴，热爱玩乐和运动。有些犬容易怕生，因此需要让它们尽早接触其他犬和陌生人。长而细腻的丝状被毛需每天梳理以防打结。

长长的羽状毛尾巴垂落在背部

蝴蝶翅膀状耳朵覆有流苏状饰毛

头部浑圆，两耳下垂

三色

蝴蝶犬

白色被毛上有黑色斑纹

法连尼犬

额段明显

丰满柔软的被毛

平背

圆头部，吻部细尖

法国宫廷玩赏犬

在过去，玩赏犬属于奢侈品，只有富人才养得起。跟蝴蝶犬相似的小型猎犬开始出现在1500年前后的人物肖像画中。它们在欧洲大陆持续流行，到18世纪，蝴蝶犬已成为法国宫廷的座上宾（如让·巴蒂斯特·格勒兹1774年创作的肖像画《鲍桑夫人》中所示，见下图）。玛丽·安托瓦内特把它们当作闺房犬，据说，1793年，她带着她的犬提斯柏一起上了断头台。

深胸

三色

兔足，长

速度快
灵猩在赛道上的最高速度可达 72 千米 / 时左右。它们是现有生物中奔跑速度最快的动物之一。

视觉猎犬

犬以速度为生。视觉猎犬，有时也叫锐目猎犬，是主要运用其敏锐的视力来锁定和跟踪猎物的猎犬。视觉猎犬具有细长的流线型身体，但却健壮有力，追踪猎物时速度很快，转向极其灵活。许多这种类型的犬昔日被繁育用于狩猎特定猎物。

有考古证据表明，那些身体瘦削且四肢细长的犬跟随人类狩猎已有几千年的历史了，但现代视觉猎犬的早期繁育史并不完全为人所知。传统的视觉猎犬有可能是包括㹴犬在内的多种犬经过多代杂交后产生的，如灵猩（见126页）和惠比特犬（见128页）。

大部分视觉猎犬很容易识别。选择性繁育强化了一些犬旨在提升速度的特征：强壮而灵活的背部和可充分伸展产生最大速度的运动体形；步幅长、有弹性的四肢和可产生爆发力的强壮后肢。另一个特征是细长的头部，或没有明显额段，或根本就没有额段，

如苏俄猎狼犬（见132页）。繁育用于狩猎和抓获小猎物的视觉猎犬在全速跑动时头部呈典型的低垂姿态。视觉猎犬的另一个共同特点是其深厚的胸部，可容纳大而强健的心脏并使肺活量增加；这组犬的被毛通常短或细而光滑；只有阿富汗猎犬（见136页）被毛很长。

视觉猎犬优雅而高贵的气质使其成为富贵人士所钟爱的猎犬。古埃及法老们就拥有灵猩，或至少是那些与其现代品种非常相似的赛犬。萨路基猎犬（见131页）被酋长们用于在沙漠中狩猎羚羊已有几个世纪的历史，现

在偶尔还在用。沙俄时期，与众不同的苏俄猎狼犬是贵族甚至是皇室的首选，它们被有目的地繁育用于追逐和猎杀狼。

今大，视觉猎犬被用于竞速和追踪，也常被当成宠物喂养。视觉猎犬虽然有时显得冷漠，但一般没有攻击性，可成为有吸引力的家犬，不过在户外时要小心管理，活动时最好用牵犬绳拉着。其追逐小动物的本能很强，常使服从性训练变得徒劳。该犬一旦认定了所追逐的是猎物，就很难阻止。

灵猠 Greyhound

肩高	体重	寿命	任何颜色
69-76厘米	27-30千克	11-12年	

这种犬具有惊人的速度，是温顺而文雅的家庭宠物，喜欢短时间的具有爆发力的运动。

灵猠是在英国繁育的，其最早的祖先曾被认为是公元前4000年前后的埃及墓葬品中所描绘的那些身材修长的猎犬。但DNA证据表明，除外表外，这个品种与放牧犬的关系更近。另一个可能的祖先是一种名叫赫塔哥斯的古凯尔特猎犬，用于狩猎和追踪野兔。

大型敏捷的视觉猎犬在1000年的英国已为人所知。最初，它们常被用于狩猎，但在中世纪时期，只有贵族才养得起这种犬。18世纪，追踪猎兔活动在上层社会流行起来，掀开了灵猠历史上的第一页。

灵猠瞬间爆发速度可达72千米/时，这种时尚而强劲的犬为奔跑而生。尽管它们仍被用于追猎野兔，但更多见于赛犬比赛。有些灵猠被繁育用于犬展，体形要比赛犬大。退役的灵猠赛犬作为宠物很受欢迎。它们温柔、易于喂养，只需要中等的运动量，但它们细长的骨架和薄薄的被毛需要注意防寒。

米克米勒

英国第一只伟大的灵猠赛犬是一位牧师所拥有的一只爱尔兰犬——米克米勒。它生于1926年，小时候体弱多病，后来却在爱尔兰夺得了15项赛事的桂冠。它继而加冕了1929年伦敦白城德比大战，打破了525码（约480米）竞速的世界纪录。1929—1931年，米克米勒（右图）赢得了一系列重大比赛，成为公众眼里的明星。到退役时，它获得了2万英镑的配种费，并出演了一部电影。它于1939年去世。

米克米勒在泰晤士河畔的沃尔顿训练时接受按摩

头部狭长

肌肉发达略呈拱形的长脖子

斑纹

短而光滑的被毛

深厚胸部容纳强有力的力肺和心脏

低位长尾巴锥形尾端

精致的小"玫瑰"耳

长而直的前肢

意大利灵猩 Italian Greyhound

肩高	体重	寿命	多种颜色
32-38厘米	4-5千克	14年	但不可能有黑色、带黄褐色斑纹的蓝色和斑纹色。

这种皮肤像缎面一样光滑的迷你灵猩喜欢安逸的环境，但与体形大小相同的犬相比需要更多的运动。

这种迷你灵猩源自地中海沿岸国家——小型灵猩型犬在2000年前的土耳其和希腊艺术作品中有描述，在庞贝古城熔岩流废墟中也发现过类似的犬。到文艺复兴时期，迷你灵猩成为意大利宫廷中颇受欢迎的宠物。它们在17世纪被带到英格兰，在那里和其他欧洲皇家宫廷中，这种犬深受喜爱。

意大利灵猩每天都需要体力和脑力活动。它们体形虽小，但奔跑速度很快，瞬时加速可达64千米/时。该犬聪明并充满活力，有很强的追逐本能。意大利灵猩贵族化的历史也意味着它们喜欢被宠爱。这种犬通常对其所在的家庭很忠诚，需要与人进行大量的互动，否则可能会变得无聊和任性。这种犬纤弱的身体实际比看上去要强壮得多，不过还是会被调皮的孩子或其他体形较大的犬伤到。

这种犬被毛短、皮肤薄，对冷湿气候敏感，因此在寒冷的天气出门时需穿件外套。

大眼睛

像缎子一样柔软的短被毛

浅鹿红色

修长而优雅的拱形颈部

柔软、细嫩的皮肤

精致的吻部

靠后的"玫瑰"耳

长而平的窄头

四肢骨骼很细

低位细长尾巴

成年犬和幼犬

惠比特犬 Whippet

肩高	体重	寿命	任何颜色
44-51厘米	11-18千克	12-15年	

这种犬是极速奔跑者，性格平静、温顺，热爱家人，但仍不失为一种敏锐的猎犬。

惠比特犬是同体重中奔跑速度最快的驯化动物，其速度可达56千米/时。该犬的加速能力惊人，并能在高速奔跑中灵活地扭转身体。这种优雅的小型犬是于19世纪在英格兰北部由灵猩（见126页）和多种㹴犬进行杂交繁育而来的。惠比特犬最初被繁育用于狩猎兔子和其他小型动物，后来很快成为受人喜爱又买得起的赛犬。只要有几百米长的场地就能举行惠比特犬比赛，这成为昔日工厂和矿业城镇工人们定期举行的赛事。今天，该犬仍用于竞速赛、追逐赛及敏捷性比赛，但大多数还是作为宠物喂养。

惠比特犬安静、温顺且深情，在家中表现良好，对孩子们很温顺。该犬性格敏感，需要有技巧的管理，很容易因被粗鲁对待和严格的命令而产生沮丧心理。由于皮肤细嫩、被毛细短，天冷时需穿上保暖衣物。这种犬的被毛几乎没有异味，即使变得潮湿也没有犬类特有的气味。个别幼犬出生时有长被毛，但这一品种未被正式认可。

惠比特犬精力充沛，需要有规律的运动，在安全区域内可让其自由跑动。一般情况下对其他犬友好，但该犬有强烈的狩猎本能，如有机会，会追逐猫和其他小动物。

惠比特犬如果和家猫一起长大，会容忍或选择无视猫咪，但不能单独与兔子或豚鼠等其他宠物放在一起。这个品种对陌生人警觉，是不错的看门犬，对主人有着坚定不移的忠诚。

穷人的赛马

在19世纪英格兰的工业区，惠比特犬参与的追逐布制诱饵的"布片追逐赛"非常流行。工人家庭对他们的惠比特赛犬倍感骄傲，也很看重赢得比赛的犬所获得的收入。这种犬因此被称为"穷人的赛马"。犬主对他们的犬异常照顾，让犬分享家里的食物，甚至和孩子们同睡。

1961年英国卡拉德利·希斯惠比特犬俱乐部

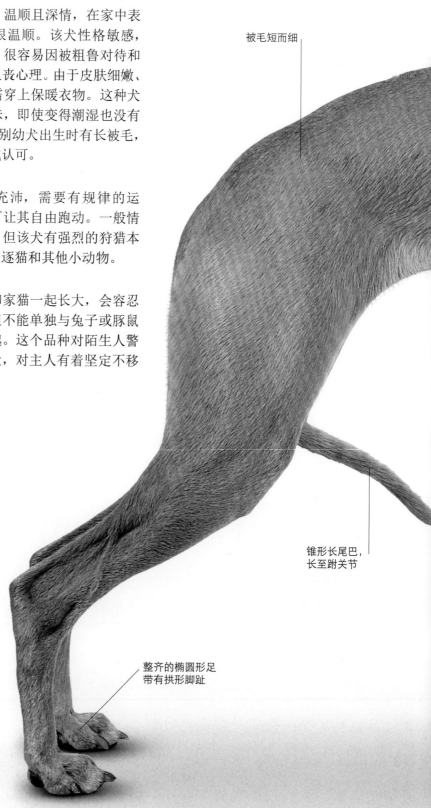

被毛短而细

锥形长尾巴，长至跗关节

整齐的椭圆形足带有拱形脚趾

斑纹和白色

"玫瑰"耳

深色吻部

强健而优雅
的外形轮廓

银－浅黄褐色

表情丰富的
椭圆形眼睛

腹部向上收起

强壮的臀部

深胸

瑞木颇灵猩 Rampur Greyhound

肩高 56-75 厘米	
体重 27-30 千克	任何颜色
寿命 8-10 年	

瑞木颇灵猩现在较少见，曾是昔日印度王子们最喜爱的狩猎伴侣。这种强壮的犬通常被用于狩猎胡狼和鹿，也能捕获野猪。这种犬的起源尚不清楚，可能是通过将英国灵猩和印度本土具有力量和韧性的品种进行杂交而获得的。

瘦长的锥形尾巴

黑色和黄褐色

平头骨，窄而长的尖鼻子

腹部向上收起

四肢下部有黄褐色斑纹

健壮的拱形足，奔跑时抓地牢稳

匈牙利灵猩 Hungarian Greyhound

肩高 62-70 厘米	
体重 25-40 千克	任何颜色
寿命 12-14 年	

这种犬曾用于狩猎野兔和狐狸，可能是在1000多年前跟随马扎尔人进入匈牙利的。匈牙利灵猩的奔跑速度没有灵猩（见126页）快，但却更坚韧，耐力也更强。它们每天都需要出去跑一跑，是保护意识很强的忠诚伙伴。

大"玫瑰"耳，警觉时直立

斑纹花纹

白色

背部直而结实

吻部狭长，头部呈楔形

短被毛密而光滑

尾巴长至跗关节

波兰灵猩 Polish Greyhound

肩高 68-80 厘米	
体重 65-85 千克	所有颜色
寿命 12-15 年	

波兰灵猩可能是灵猩（见126页）**和苏俄猎狼犬**（见132页）**的混合品种**，比其他视觉猎犬更结实强壮。该犬被繁育用于狩猎鸹（一种像鹤一样大的鸟类）和狼，是一种受欢迎的场地赛犬。这种犬需要严格训练、充足锻炼和定期梳理。

黑貂色

头部有白色焰斑

长尾，尾根壮实

肌肉发达的长颈

胸部有白色斑纹

黑色和黄褐色

白色尾端

萨路基猎犬 Saluki

肩高	体重	寿命	多种颜色
58-71 厘米	16-29 千克	12 年	

这种身材修长、被毛光滑、聪明过人的瞪羚猎手是忠诚和勇敢的家庭伴侣。

萨路基猎犬是现存最古老的犬种之一，用于狩猎已有几千年的历史了。从公元前 7000—前 6000 年苏美尔帝国（现伊拉克）的壁雕及古埃及陵墓的壁画上均能发现它们的身影；还有与法老们葬在一起的它们的木乃伊。中国唐朝（618—907）也有类似的犬，它们最早是被十字军在 12 世纪带到欧洲的。

萨路基猎犬因动作迅捷在中东备受推崇，其长距离的奔跑速度比灵猩（见 126 页）更快。尽管传统上穆斯林认为犬是不洁之物，但萨路基猎犬却是个例外，可与穆斯林在帐篷里同住。萨路基猎犬不会被买卖，但可作为荣誉的象征彼此馈赠。

萨路基猎犬性情温和，对主人亲近，但对陌生人会较为冷漠。该犬非常聪明，如果不想让其无聊任性的话，需给予足够的脑力和体力方面的挑战。应适当控制其强烈的追逐本能。该犬有光滑绒毛型和羽状饰毛型两种被毛类型。

有价值的猎犬

有关萨路基猎犬的早期绘画作品（如下图所示的 19 世纪 40 年代早期的画作）中展示了该犬有被毛充分羽化的四肢和尾巴。但它们的耳朵却没有现代羽状饰毛型犬所具有的典型的长羽状毛。贝都因人通常因该犬狩猎的能力而非外表而给予其奖励。萨路基猎犬通常被用于狩猎速度快的猎物，如瞪羚（因此又被称为"瞪羚猎犬"）、狐狸和野兔。

吊坠耳上有长长的丝状毛发

修长而柔软的颈部

光滑而柔软的丝质被毛

细长的头部

奶油色

黑色和黄褐色

窄而深的胸部

金色

羽状饰毛型

前肢后侧有少许羽状毛

苏俄猎狼犬 Borzoi

肩高 68-74 厘米	体重 27-48 千克	寿命 11-13 年	多种颜色

文化偶像

强壮而富有魅力的苏俄猎狼犬在文学和电影界赢得了地位。托尔斯泰的史诗小说《战争与和平》里就有对苏俄猎狼犬集体猎狼的详细描述。在弗朗西斯·斯科特·菲茨杰拉德的《美丽与诅咒》中，女孩把男主人公与"俄罗斯猎狼犬"相比，使他因此而心满意足，因为这些犬通常是跟公主和公爵一起拍照的。苏俄猎狼犬是装饰艺术中最受欢迎的主题，并在多部电影中出现，也是影视明星们的优雅伴侣。

爱德华七世的夫人亚历山德拉与她的宠物苏俄猎狼犬在一起

这种高贵的俄罗斯猎犬集速度、优雅和追逐欲于一身，同时还带有些许冷淡。

这种高大而优雅的犬是中亚视觉猎犬的后代， 由商人带到西方，曾被称为俄罗斯猎狼犬，被俄罗斯沙皇和贵族用于猎狼。最初人们把它们与灵猩（见126页）杂交来提高速度，与俄罗斯本地的犬杂交来获取力量和耐寒能力。贵族们狩猎时可带多至百只犬，让它们三只一组来集体猎狼；一只攻击狼的后肢，其余两只则撕咬狼的脖子。

1917年俄罗斯革命后，许多这种"贵族化"的犬被杀掉，不过在20世纪40年代，一名叫康斯坦丁·埃斯蒙特的士兵说服了苏联政府把苏俄猎狼犬保留了下来，以供猎人们做皮草生意。在俄罗斯，苏俄猎狼犬依然主要用于狩猎，但在其他国家它们被繁育用作展览犬和伴侣犬已有多年。

今天，苏俄猎狼犬可以在普通家庭里快乐地生活，不过需要充分距离的行走和奔跑，同时要注意通过训练来控制其强烈的追逐本能。还需要定期梳理和洗浴以使其长波浪状的被毛处于最佳状态。

丝质长被毛

窄而优雅的头部，额段不明显

颈部布满褶边毛

头部短绒被毛

面部呈黑色

白色带红色斑纹

四肢前侧毛短

低位长毛尾巴

兔足，趾垫厚

猎鹿犬 Deerhound

肩高 71-76 厘米
体重 37-46 千克
寿命 10-11 年

浅鹿红色或沙红色
黑色斑纹

这种爱尔兰猎狼犬（见134页）的粗毛品种昔日是苏格兰贵族猎鹿时的特有之物，现在的猎鹿犬要么出现在家里舒适的客厅中，要么蜷卧在奢华老派的壁炉旁。只要每天能有足够的运动量和自由活动的院落，该犬乐于在家里慵懒地陪伴主人。

小"玫瑰"耳

蓝灰色

吻部尖

强壮的长颈

头部和胸部的被毛更为柔软

丝质被毛，浅色上须和下须

粗硬而厚实的深色被毛

低垂的粗尾根长尾巴

白色足趾

西班牙灵猩 Spanish Greyhound

肩高 58-72 厘米
体重 20-30 千克
寿命 12 年

任何颜色

西班牙灵猩据说是公元前500年左右随凯尔特人来到伊比利亚半岛的犬种的后裔，奔跑速度很快。这个品种最初只为皇室豢养，在追逐和竞速方面颇受欢迎。西班牙灵猩作为家犬较易训练，但需要较高的运动量。有两种被毛类型：绒毛型和刚毛型。

额段很浅

直而长的背部

头部窄长

杏仁状眼睛

沙色

紧凑而肌肉发达的身体

黑色

绒毛型

胸部白斑

长尾巴，尾端细

刚毛型

爱尔兰猎狼犬 Irish Wolfhound

	肩高 71-86厘米	体重 48-68千克	寿命 8-10年		多种颜色

这种温和的大型犬忠诚、端庄、温顺，是世界上最高的犬种，需要充足的空间来放松和跑动。

这种犬因猎狼的传统而得名。 这一类型的犬在爱尔兰已有几千年的历史，爱尔兰酋长和国王们将它们用于战争，也用于猎狼和驼鹿。爱尔兰法律和文学作品中均有提及"大猎犬"，或库林猎犬，它们也为罗马人所知。

有几个世纪的时间，这些犬只被皇室和贵族所拥有，并作为礼品赠予外国政要。由于赠送数量过多，于1652年被禁止出口，以使爱尔兰境内狼的数量得到控制。不过，自从1786年最后一只狼被杀掉后，爱尔兰猎狼犬失去了用武之地，从而变得很少见。在19世纪70年代，英国陆军军官乔治·A.格雷厄姆上尉，启动了一个旨在恢复这种犬的计划，让它们与猎鹿犬（见133页）和大丹犬（见96页）等品种杂交。1902年，一只爱尔兰猎狼犬被送给爱尔兰卫队，至今这种犬仍被当成军队的吉祥物。

尽管爱尔兰猎狼犬外表气宇轩昂——这种身高、体重的犬用后肢站立时可超过1.8米——但却拥有平静、温和的天性。该犬常作为伴侣犬来喂养，需要也喜欢人的陪伴。不过，最适合的主人是那些能够负担得起高额犬粮账单，并拥有足够的室内和户外空间来喂养这种大型犬的人。粗硬的被毛需要定期刷洗和梳理。

格勒特

在威尔士人的传说中，格勒特是卢埃林大王子最喜欢的猎犬。一日，卢埃林去狩猎，把格勒特留在了家里，当他回家时惊恐地发现他年幼的儿子不见了，而格勒特嘴上则沾满了血。卢埃林确信是格勒特杀死了幼子，就用剑将犬刺死。就在此时，他听到了婴儿的哭声，发现儿子躺在一只明显是被格勒特咬死的狼的身上。卢埃林悔恨不已，将格勒特埋葬并竖立了一块纪念碑以怀念它。今天，一尊格勒特的雕塑（下图）矗立在它位于威尔士贝德格勒特的墓旁。

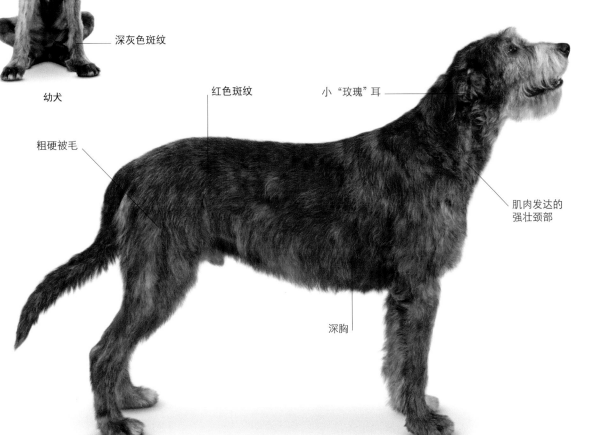

幼犬

深灰色斑纹

粗硬被毛

红色斑纹

小"玫瑰"耳

深胸

肌肉发达的强壮颈部

椭圆形黑色眼睛

颌下及眼睛上部的被毛尤其硬而长

足部和胸部有白色斑纹

阿富汗猎犬 Afghan Hound

肩高 63-74厘米	体重 21-29千克	寿命 12-14年	任何颜色

这个品种可谓是犬中的超模，迷人孤傲，养护成本高，是深情的宠物犬。

世界上首只克隆犬

2005年，韩国首尔国立大学宣布第一只克隆犬"史纳比"诞生，震惊了世界。史纳比是通过将一只成年阿富汗猎犬的耳细胞DNA注入雌性的卵细胞中繁育而成的。共有123只雌犬受孕，生出了三只幼犬，史纳比是唯一存活下来的，其遗传信息与提供DNA的雄犬完全一致。2008年，史纳比自己也成了父亲，两只雌性克隆犬为它生了10只幼犬。

史纳比（右）坐在用于克隆它的犬的旁边

阿富汗猎犬的确切起源尚不明确，不过据说其祖先是通过商贸通道被带到阿富汗的。当地人用该犬狩猎野兔、鹿、野猪，以及狼和雪豹。这些犬因其独特的敏捷性和耐力而适于这些工作，并逐渐适应了在崎岖的山路上快速奔跑、急速转弯及跃过山坡。柔滑的长被毛可帮助御寒，大爪子有良好的抓地力，且不易受伤。阿富汗猎犬有多种类型，来自沙漠地区的身体较轻，被毛较细腻，而来自山区的则被毛较厚实。

直到19世纪末，阿富汗猎犬才被阿富汗以外的人所知，当时它们被英国士兵带到了英格兰。20世纪30年代，知名喜剧演员马克思兄弟的泽波把这个品种引入美国，由此在名人中流行起来。

今天，阿富汗猎犬作为展览犬颇为引人注目，该犬也是可爱而又偶尔任性的宠物。在"诱饵追猎"（追逐人工诱饵）和服从性比赛中也表现出色。这种犬需要大量运动，包括自由活动的机会。阿富汗猎犬美丽的长被毛需要大量的时间来定期梳理。

长长的吻部和头部

近三角形的黑色眼睛略向上挑起

覆盖着柔软而光滑长被毛的吊坠耳

金色

红色

耳端毛发颜色较深

少毛的环状卷尾，运动时立起

除了短而封闭的鞍状背部外，被毛长而丝滑，质地良好

足部健壮，覆有厚厚的长毛

北非猎犬 Sloughi

肩高 61-72 厘米
体重 20-27 千克
寿命 12 年

北非猎犬在非洲北部已有很长的历史，它们是优秀的猎犬，直到最近才为欧洲和美国所了解。这种犬安静、可爱，喜欢与人为伴过家庭生活。北非猎犬有强烈的追逐小动物的欲望，因此需要尽早让它们学会和其他宠物相处。

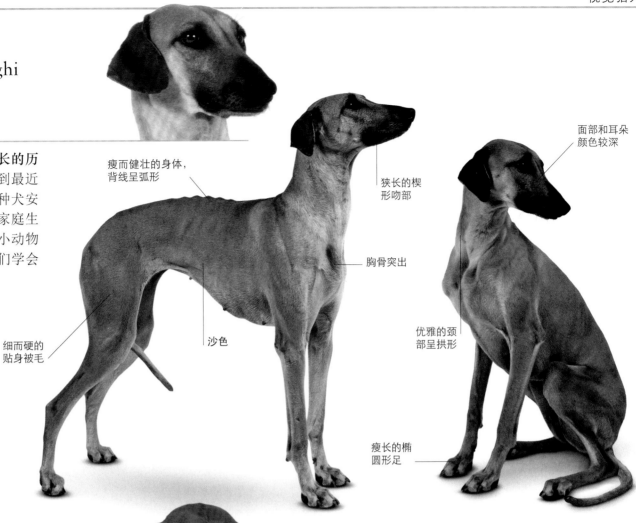

瘦而健壮的身体，背线呈弧形

狭长的楔形吻部

面部和耳朵颜色较深

胸骨突出

细而硬的贴身被毛

沙色

优雅的颈部呈拱形

瘦长的椭圆形足

阿札瓦克犬 Azawakh

肩高 60-74 厘米
体重 15-25 千克
寿命 12-13 年

这种长腿猎犬来自南撒哈拉沙漠地区。阿札瓦克犬被游牧部落用于狩猎、看护，也是一种伴侣犬。该犬皮肤非常细腻。只要认真管教，每日外出散步，阿札瓦克犬会是不错的家犬。

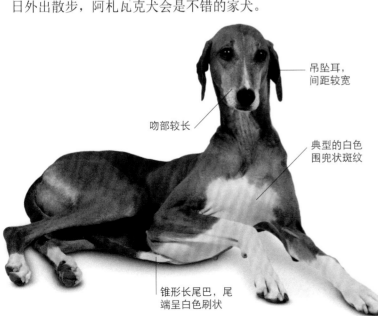

吊坠耳，间距较宽

吻部较长

典型的白色围兜状斑纹

锥形长尾巴，尾端呈白色刷状

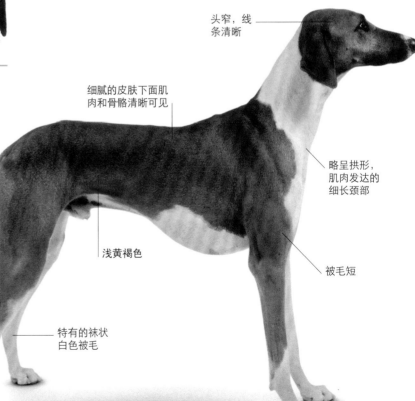

头窄，线条清晰

细腻的皮肤下面肌肉和骨骼清晰可见

略呈拱形，肌肉发达的细长颈部

浅黄褐色

被毛短

特有的袜状白色被毛

群体围猎
使用成群的猎犬追猎狐狸曾是英国乡村令人熟悉的画面。现在则演化为追猎赛——比赛中猎犬追逐有人造气味的诱饵。

嗅觉猎犬

敏锐的嗅觉是犬类必不可少的特质。嗅觉猎犬拥有最灵敏的鼻子，它们循着气味来追踪猎物，而不像视觉猎犬（见124—125页）依赖眼睛来狩猎。这些犬通常集体狩猎，具有天生捕捉气味的能力，哪怕气味已挥发数天，它们仍会追踪到底。

人们认可具有靠气味狩猎这种特殊能力的犬种的具体时间尚不可考。现代嗅觉猎犬的起源可追溯到那些古代獒犬，它们由商人从今天叙利亚所在的地区带入欧洲。到了中世纪，带着成群的嗅觉猎犬进行狩猎是一项广为流行的运动，猎物包括狐狸、野兔、鹿和野猪。群猎在17世纪随着英国殖民者带着他们的猎狐犬的到来而进入北美洲。

嗅觉猎犬体形大小各异，但通常都有布满气味传感器的发达的吻部，有能帮助探测气味的松弛、湿润的嘴唇以及长长的吊坠耳。繁育这种犬的重点在于力量而非速度，故而这类犬都很强壮，特别是前部躯干。今天所知的这些嗅觉猎犬品种，不仅是根据其所跟踪猎物的大小，也根据它们所在狩猎的地区来进行选择性繁育。例如英国猎狐犬（见158页），就相对轻巧而敏捷，以适应跟随骑马的主人在开阔地带狩猎。比格犬（见152页）外形总体与其他嗅觉猎犬相似，但要小很多，主要用于狩猎野兔，有时在浓密的灌木丛捕猎，猎人则徒步跟随。有些短腿犬被繁育用于跟踪或挖掘地下猎物。小型嗅觉猎犬中最有名的是腊肠犬，即达克斯猎犬（见170页），这种敏捷的小型犬擅长出入狭窄的角落。奥达猎犬（见142页）在河流和小溪中狩猎，有时要游很长时间，它们有防水被毛，趾间的蹼比其他大多数犬都要发达。

随着英国立法禁止使用猎犬捕猎，英国猎狐犬、猎兔犬（见154页）等英国品种猎犬的前途尚未可知。群猎犬尽管合群且对其他犬也很友好，但却很难成为理想的家庭宠物。它们需要活动空间，爱吠叫，喜爱追踪气味路径，因此难于训练。

汝拉布鲁诺猎犬 Bruno Jura Houn

肩高 45-57 厘米
体重 16-20 千克
寿命 10-11 年

作为在瑞士汝拉山区繁育的两种相似犬种中的一个，也可能是源自更古老、更重量级的法国四大劳佛杭犬（见173页）中的一种。该犬主要用于狩猎野兔，其嗅觉发达、力量强大，在陡峭地区狩猎行动敏捷。这个品种精力充沛，讨厌被束缚在室内。

健壮的吻部

浅棕色眼睛

厚厚的短被毛

略向上弯曲的锥形尾巴

大而长的低位耳朵，位置靠后

黄褐色带有黑色披毯状被毛

半球形头比汝拉圣休伯特猎犬（见下）小

圆足，趾甲硬，足底肉垫结实

汝拉圣休伯特猎犬 St. Hubert Jura Hound

肩高 45-58 厘米
体重 15-20 千克
寿命 10-11 年

汝拉圣休伯特猎犬与汝拉布鲁诺猎犬（见上）有共同的历史，二者十分相似，不同之处在于其体形较大，被毛也较为光滑。汝拉圣休伯特猎犬嗅觉敏锐，追踪气味时会大声吠叫。该犬有出色的耐力来狩猎野兔、狐狸和鹿。

宽而大的半球形头

大型吊坠耳

后背阔直、肌肉发达

松弛的上唇盖住下唇

黄褐色带有黑色披毯状被毛

光滑的短被毛

眼睛从深褐色到棕色，色度范围广泛

前肢直而健壮

寻血猎犬 Bloodhound

肩高	体重	寿命	
58-69 厘米	36-50 千克	10-12 年	黑色和黄褐色 赤褐色和黄褐色

体形虽大，但性格温柔，容易相处，吼叫声低沉，有强烈的狩猎欲望。

寻血猎犬可谓是终极嗅觉猎犬，这种犬14世纪就有书面记载，但其历史可能更为古老。这些犬过去用于猎鹿、野猪以及跟踪人。在苏格兰，作为"警犬"被用于追踪英格兰与苏格兰边境上的抢劫者和偷牛贼。17世纪，著名科学家罗伯特·玻意耳爵士提到过一只"寻血猎犬"跟踪一名男子超过10千米，经过了两个繁华的小镇，一直到他的藏身之地。

在19世纪，法国繁育者通过进口寻血猎犬来复兴古老的圣休伯特猎犬。19世纪后期，人们开始在美国繁育纯种的寻血猎犬，美国人用它们追捕罪犯和寻找失踪人员，寻血猎犬所提供的证据可被法庭所接受。

寻血猎犬的追踪本能异常强烈，以至于对它们来说，听令训练变得相对困难，因为这种犬很容易被周围的气味所干扰。尽管如此，这种和善的犬对于那些有足够空间的人来说仍是优秀的家庭伴侣。

超级警犬

寻血猎犬传统上在英国被用于猎鹿，是出色的追踪犬，如下图17世纪的版画作品所描绘的。随着鹿数量的下降，尽管一些犬还被用在大庄园内防备偷猎者，但寻血猎犬还是变得有些过剩。早期的北美洲移民也用寻血猎犬来追踪人。在1977年，两只14个月大的寻血猎犬桑迪和小红曾追踪到枪杀人权领袖马丁·路德·金的逃犯詹姆斯·厄尔·雷。

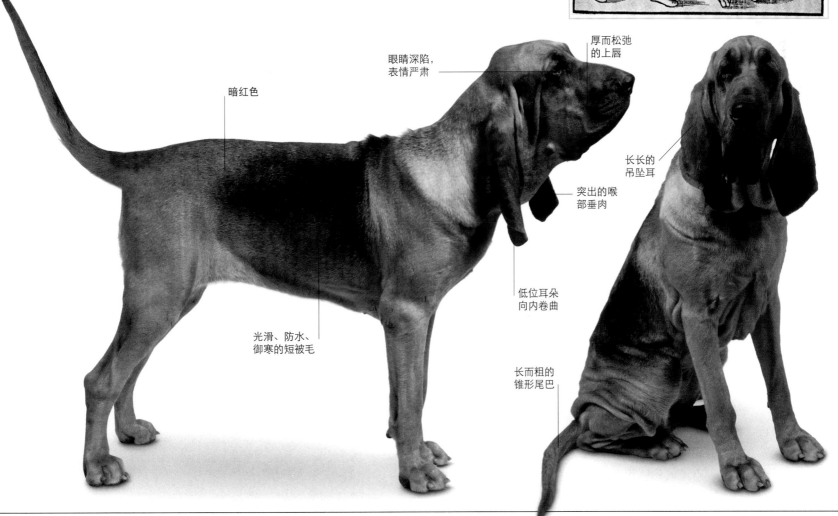

暗红色

眼睛深陷，表情严肃

厚而松弛的上唇

长长的吊坠耳

突出的喉部垂肉

低位耳朵向内卷曲

光滑、防水、御寒的短被毛

长而粗的锥形尾巴

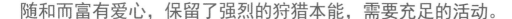

奥达猎犬 Otterhound

肩高	体重	寿命	
61-69 厘米	30-52 千克	10-12 年	▬ 任何猎犬的颜色

随和而富有爱心，保留了强烈的狩猎本能，需要充足的活动。

奥达猎犬又称猎水獭犬，这种被毛粗硬的猎犬曾被用于捕猎水獭。尽管其准确的起源还不清楚，但类似用于群体狩猎的犬种大约在18世纪的英国就已为人所知，而有关群猎犬追猎水獭的记录可远远追溯到12世纪。当水獭成为受保护的物种后，捕猎水獭的活动在英国于1978年被禁止，奥达猎犬数量随之急剧下降。该犬现在是稀有品种，每年在养犬协会注册的幼犬不超过60只。其他一些国家，如美国、加拿大和新西兰，也有少量奥达猎犬。

奥达猎犬是一种强壮而富有活力的犬，如果给予充分运动量，可适应家庭生活。它们聪明而和善，但跟其他许多群猎犬类似，训练较为困难。这种犬体大且吵闹，不建议小型家庭或有老人和孩子的家庭喂养，以防被其撞倒。奥达猎犬最适合那些喜欢户外活动和拥有大花园或有能供犬安全跑动场地的犬主。这种猎犬被繁育用于水中狩猎，它们喜欢游泳，若有机会，可以在溪水中嬉戏玩耍数小时。

奥达猎犬被毛浓密而粗硬，略呈油性，因此能够防水。定期梳理可有效防止长长的外层被毛打结；面部被毛较长，有时需要清洗。

濒危品种

奥达猎犬是英国最为濒危的犬种；2011年只有38只新犬注册。它们受关注度的下降与几个事件有关。20世纪20年代后期，这种犬的名声随着《水獭塔卡》的出版而受到了损害，书中描述了一只名叫"僵局"（Deadlock）的奥达猎犬，它是"英雄"水獭塔卡的敌人。随后在1978年，狩猎水獭被列为非法，不过这对养犬人造成的影响不是太大，只需转为狩猎水貂即可。但是最终，所有犬类的群体狩猎于21世纪初期被禁止。

高位尾巴长
至跗关节

尾巴下侧
被毛略长

被毛覆盖
的头部

黑色和
黄褐色

粗硬的防
水被毛

前缘收起的长
长的吊坠耳

深胸

大圆足，趾间有
发育完善的蹼

大格里芬犬 Grand Griffon Vendéen

			浅黄褐色		黑色和白色
肩高 60–68 厘米	体重 30–35 千克	寿命 12–13 年	黑色和黄褐色		三色

浅黄褐色犬可能有黑色外层被毛。

文员犬

"格里芬"这个名字来自法语词greffier，意为"文员"。大格里芬犬（以及其他格里芬犬）的祖先是那些白色刚毛猎犬。在15世纪最早繁育这个品种的人中有一名法国文员，出于这个原因，这种犬早期叫"文员犬"，后来其法语名字变短，直译过来就是"格里芬"。再往后，"格里芬"这个词被更广泛用于命名不同类型的粗毛猎犬。

这种身材匀称而热情的猎犬聪明、友善，最适合乡村生活。

格里芬犬共有四种，均产自法国西部的旺代地区。大格里芬犬，如其名字所提示的，是体形最大的一种，也是历史最长的。该犬的祖先包括15世纪被称为"文员犬"的格里芬布列塔尼犬（见149页）和现已灭绝的格里芬德布雷斯犬，以及来自意大利的粗毛猎犬。

该品种在历史上被用于狩猎大型猎物，如鹿和野猪，今天仍用于此。该犬参与群体狩猎或被人牵着，即使在深深的灌木丛中也可以进行追踪。由浓密的内层被毛和粗硬的外层被毛组成的双层被毛可以保护其在各种植被环境和气候条件下进行活动。

被毛颜色包括黑色、白色、黄褐色和浅黄褐色几种组合。有几种浅黄褐色带有黑色毛尖的被毛，传统上被称为野兔色、狼色、獾色或野猪色。

这种犬有美妙的声音和吸引人的个性，并有强烈的追踪本能。其思维独立，需进行认真训练和严格管教。另外，还需要大的活动空间和每天充足的运动量。

长长的羽状毛尾巴

白色和橙色

被绒毛覆盖的窄耳向内收起

粗硬而浓密的被毛

眉毛明显但不盖眼

吻部前方呈方形

格里芬·尼韦奈犬 Griffon Nivernais

肩高 53-62 厘米
体重 23-25 千克
寿命 12-15 年

最古老的法国运动犬种之一，具有英国猎狐犬（见158页）和奥达猎犬（见142页）的血统。格里芬·尼韦奈犬被用于追踪野猪，耐力超强。该犬也会单独行动，但通常是群体围猎。粗硬凌乱的被毛可保护其在植被密集的地带免受刺伤。

黑色眼睛，眼神活泼、深邃

高位尾巴

浓密、粗硬、杂乱的被毛

沙色覆有黑色外层被毛

黑色大鼻子

布里吉特格里芬犬 Briquet Griffon Vendéen

肩高 48-55 厘米
体重 16-24 千克
寿命 12

浅黄褐色带黑色覆毛
黑色和黄褐色
白色和黑色

黑色、黄褐色和白色

布里吉特意为"中等大小"——是对这种体形匀称的猎犬的恰当描述。该犬是从大格里芬犬（见144页）繁育而来的缩小版品种，长相英俊，追踪野猪和狍子时非常坚决。这种猎犬喜欢群猎，若在早期经过驯养，也能适应都市生活。

醒目的浓眉，但不盖眼

白色和橙色

棕色鼻子

长长的吊坠耳位于眼部水平线以下

浓密的长被毛

巴塞特猎犬 Basset Hound

肩高	体重	寿命	多种颜色
33-38 厘米	18-27 千克	10-13 年	任何被认可的猎犬毛色。

这种身体低陷、耳朵耷拉的犬极善于追踪，尽管它们有极强的狩猎本能，但仍不失为一种深情的宠物犬。

"巴塞特"这个品种的犬源自法国，其名字来自法语词bas，意为"低矮"，是对它们个儿矮、腿短体形的描述。这种犬在法国已有几个世纪的历史，最早关于"巴塞特"犬的书面描述出现在1585年。这些犬是徒步狩猎的猎人们的理想选择，因为它们一般以较慢的速度进行追踪。1789年法国大革命之后，巴塞特猎犬越来越为普通人所喜爱，通常用于狩猎兔子。

巴塞特猎犬第一次引起人们的极大关注是在1863年的巴黎犬展上。19世纪70年代，英国人开始进口这种犬，到19世纪末，巴塞特猎犬的第一个繁育标准在英国建立。

今天，有些巴塞特猎犬仍被用于狩猎和追踪，要么集体行动，要么单独作业。这个犬种很适合狩猎小猎物，如狐狸、野兔、负鼠和野鸡，也适合在狭小空间里工作。这种完美的嗅探犬有敏锐的嗅觉和强烈的追踪本能：一旦认准了一种气味，会坚持不懈地追踪下去，不受任何干扰。

大多数巴塞特猎犬被作为家犬喂养。该犬聪明、安静、忠诚、深情，但有些固执，训练时需要恩威并施。

暇步士犬

巴塞特猎犬以作为暇步士牌鞋子的标志而闻名。鞋和名字均来自20世纪50年代的美国。"Barking dogs（吠叫之犬）"在当时是形容脚很累的俚语，在现实生活中吠叫的犬有时会因得到被称为"hush puppies（暇步士）"的炸玉米球而安静下来，一名销售经理看到了这个名字作为舒适鞋子品牌的商机。外表给人以舒适感的巴塞特猎犬很快被选为鞋的标志。在20世纪80年代，一只叫杰森的犬出现在几个幽默的平面和电视广告中，使这个品牌的鞋子在全球名声大噪。

1965年的一则暇步士鞋的杂志广告

幼犬

三色

短被毛

宽而水平的背部

长而低的躯干，相对肩高而言，是所有犬中骨骼最重的

眼睛略深陷，目光柔和而忧伤

低位吊坠耳

深色鼻子，鼻孔宽大

四肢皮肤有皱褶

身体低矮，但能在各种地形中自如运动

除体形大小外与寻血猎犬一样！
巴塞特猎犬的短腿是由一种遗传病造成的，这种疾病也可造成肢体畸形，形成典型的弯状腿。因此该犬比体形更大的亲戚们速度要慢，但仍能有效地追踪气味，猎人只要徒步就很容易跟上它们。

大格里芬巴塞特犬 Grand Basset Griffon Vendéen

肩高 38-44 厘米
体重 18-20 千克
寿命 12 年

白色和橙色

这种巴塞特型格里芬犬最早在法国被繁育用于狩猎野兔。 现在则用于追踪从兔子到野猪等各种类型的猎物。这种短腿大格里芬巴塞特犬追踪猎物时勇敢而顽强，擅长在浓密的灌木丛等复杂的野外环境中工作。

白色带有黑灰色和橙色斑纹

长长的吊坠耳

鼻子突出，鼻孔大

被毛平而硬，内层被毛厚

小格里芬巴塞特犬 Petit Basset Griffon Vendéen

肩高 33-38 厘米
体重 11-19 千克
寿命 12-14 年

小格里芬巴塞特犬是法国格里芬犬中体形最小的， 是一种机警活跃、精力旺盛的猎犬，可长时间狩猎。这个品种腿短，体长是肩高的两倍，被毛厚实，适合在浓密而多刺的灌木丛中工作。小格里芬巴塞特犬精力充沛、好动，是那些喜欢户外活动的人的理想家犬。

内翻的吊坠耳

长眉毛和上下须

厚实、粗硬的被毛

白色、黑色和橙色

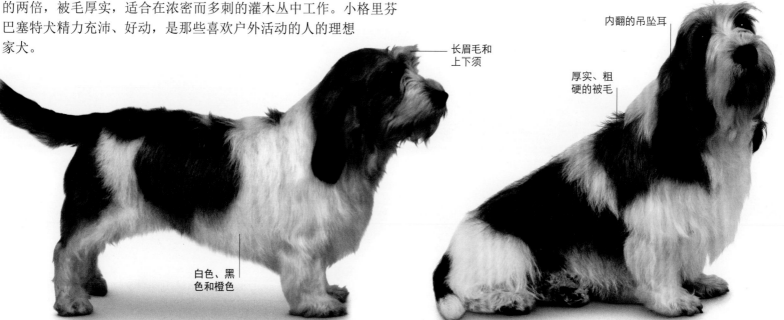

阿提桑诺曼底短腿犬

Basset Artesien Normand

肩高 30-36 厘米
体重 15-20 千克
寿命 13-15 年

黄褐色和白色

这种来自法国阿图瓦和诺曼底地区的身体低陷的长体形猎犬善于搜寻、追踪、撵出和追逐兔子和鹿，以单独或几只共同合作的方式狩猎。它们是一种优雅的猎犬，有着与其体形不相称的低沉叫声。该犬与许多猎犬一样，需要有经验的人对其进行训练。

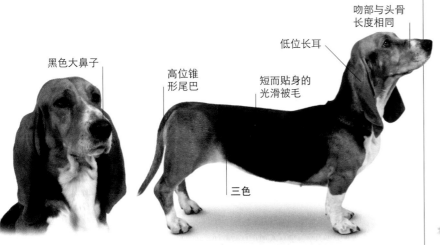

吻部与头骨长度相同

低位长耳

黑色大鼻子

高位锥形尾巴

短而贴身的光滑被毛

三色

布列塔尼短腿猎犬

Basset Fauve de Bretagne

肩高 32-38 厘米
体重 16-18 千克
寿命 12-14 年

这种多用途的、灵活的法国猎犬是从格里芬布列塔尼犬（见下）衍生而来的，二者具有相同的品质。该犬勇敢且具有发达的嗅觉，非常适合追踪、搜索和救援。被毛较硬，每周梳理一次即可。

耳朵上的被毛比体毛短且色深

略呈锥形的吻部，棕色鼻子

高耸的尾巴，中等长度

金黄色

格里芬布列塔尼犬

Griffon Fauve de Bretagne

肩高 47-56 厘米
体重 18-22 千克
寿命 12-13年

格里芬布列塔尼犬是法国最古老的猎犬之一，其祖先可追溯到16世纪初期，在布列塔尼繁育，用于防止狼的袭击。现在，它们是多能的猎犬和活泼的家犬。布列塔尼短腿猎犬（见上）是其短腿亲戚。

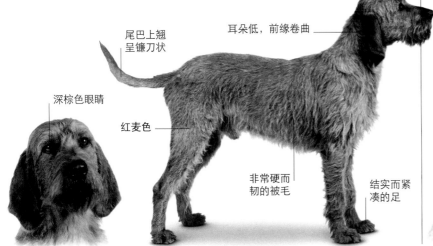

耳朵低，前缘卷曲

尾巴上翘呈镰刀状

深棕色眼睛

红麦色

非常硬而韧的被毛

结实而紧凑的足

伊斯特拉刚毛猎犬

Istrian Wire-haired Hound

肩高 46-58 厘米
体重 16-24 千克
寿命 12 年

伊斯特拉刚毛猎犬异常坚忍，热衷于狩猎，与伊斯特拉短毛猎犬（见150页）类似。由于其固执的性格，训练起来可能有些困难，因此不是理想的宠物。在其家乡克罗地亚伊斯特拉半岛被称为伊斯特拉猎犬。

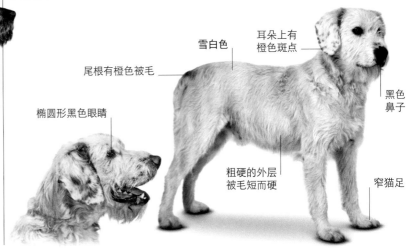

耳朵上有橙色斑点

雪白色

尾根有橙色被毛

椭圆形黑色眼睛

黑色鼻子

粗硬的外层被毛短而硬

窄猫足

伊斯特拉短毛猎犬
Istrian Smooth-coated Hound

肩高 44~56 厘米
体重 14~20 千克
寿命 12 年

这种英俊而健壮的犬被繁育用于在克罗地亚广阔的地域里追猎兔子和狐狸，它们拥有一身引人注目的雪白被毛。该犬在伊斯特拉半岛作为工作犬使用，在乡村家庭中也是让人满意的家犬。

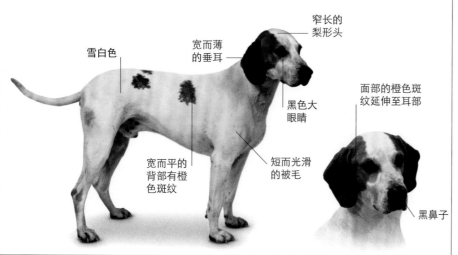

窄长的梨形头

宽而薄的垂耳

雪白色

黑色大眼睛

面部的橙色斑纹延伸至耳部

宽而平的背部有橙色斑纹

短而光滑的被毛

黑鼻子

斯提瑞恩粗毛山地猎犬
Styrian Coarse-haired Mountain Hound

肩高 45~53 厘米
体重 15~18 千克
寿命 12 年

红色

这种体形中等的犬经过在奥地利和斯洛文尼亚山区的狩猎训练，在地势险峻的地方也能动作敏捷自如。该犬是安静、和善的宠物。18世纪，自从繁育者开始将汉诺威嗅猎犬（见175页）和伊斯特拉刚毛猎犬（见149页）进行杂交后，它们也被称为佩廷根猎犬（Peintingen Hound）。

黑鼻子

浅黄褐色

宽背部

颜色较深的垂耳被绒毛覆盖

表情丰富的棕色眼睛

额段适中

粗硬的被毛

奥地利黑褐猎犬
Austrian Black and Tan Hound

肩高 48~56 厘米
体重 15~23 千克
寿命 12~14 年

奥地利黑褐猎犬有时也被称为布兰德布若卡犬（Brandlbracke），是凯尔特猎犬的后代。该犬可利用其对气味和方向的高度敏感性寻找兔子和追踪受伤的动物，在当地颇受欢迎。这种犬工作用心，气质沉稳。

锥形长尾巴，休息时垂下

躯干比腿长

垂耳

眼睛上方有黄褐色斑纹

短被毛

黑色和黄褐色

四肢下部有黄褐色斑纹

西班牙猎犬 Spanish Hound

肩高 48~57 厘米
体重 20~25 千克
寿命 11~13 年

西班牙猎犬的祖先可追溯到中世纪。这种犬也被称为西班牙萨布索犬（Sabueso Español），是一种专门繁育的猎兔犬，该犬可听从有经验的主人的命令，整日追踪猎物。这种犬肩高差异较大，雄犬比雌犬要大很多。

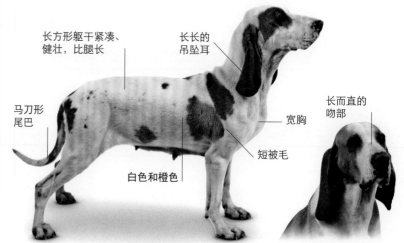

长方形躯干紧凑、健壮，比腿长

长长的吊坠耳

马刀形尾巴

宽胸

长而直的吻部

白色和橙色

短被毛

意大利赛古奥犬 Segugio Italiano

肩高	体重	寿命	■ 小麦色
48-59 厘米	18-28 千克	10-14 年	■ 黑色和黄褐色

文艺复兴之犬

意大利赛古奥犬拥有视觉猎犬的身材和嗅觉猎犬的头形，并融合了这两类犬的特点：速度、耐力及追踪技巧，这些特点体现在它独特的外表上。类似的犬在16—17世纪的欧洲绘画（见下图，1515—1520年佛兰德装饰画中的一个场景）和雕刻作品中都有描述，在那时狩猎野猪是件奢侈的事情，涉及骑马的贵族、穿制服的乐手和数以百计的犬。到文艺复兴末期，这种大规模的狩猎方式不再流行，人们对这些犬的需求也随之下降。

这种聪明、温顺的猎犬对于喜欢户外活动的人来说，是优秀的家庭伴侣。

这种类型的意大利猎犬据说在前罗马时代就已存在，由埃及猎犬繁衍而来。该犬种最初被繁育用于猎熊，现在则多被农民用于追踪兔子，并因其用途全面而深受欢迎。它们不仅速度快，而且耐力好，对猎物不会轻易放弃。此外，这种犬还有一种独特的狩猎技巧，能一直跟着兔子（这个品种的名字来自意大利语词汇seguire，意为"跟随"）并把它们驱赶到猎人面前，从而使猎人可单独狩猎。

意大利赛古奥犬平时温和、安静，但在狩猎时会发出兴奋、高音调的独特吠声。该犬主要作为工作犬喂养，若训练得当，对儿童和其他犬也很友善。该犬需要开阔的活动空间及每天大量的运动来消耗充沛的体力和精力。受过良好训练的意大利赛古奥犬在遇到兔子时会一跃而起。这种犬有刚毛型和短毛型两种被毛类型。

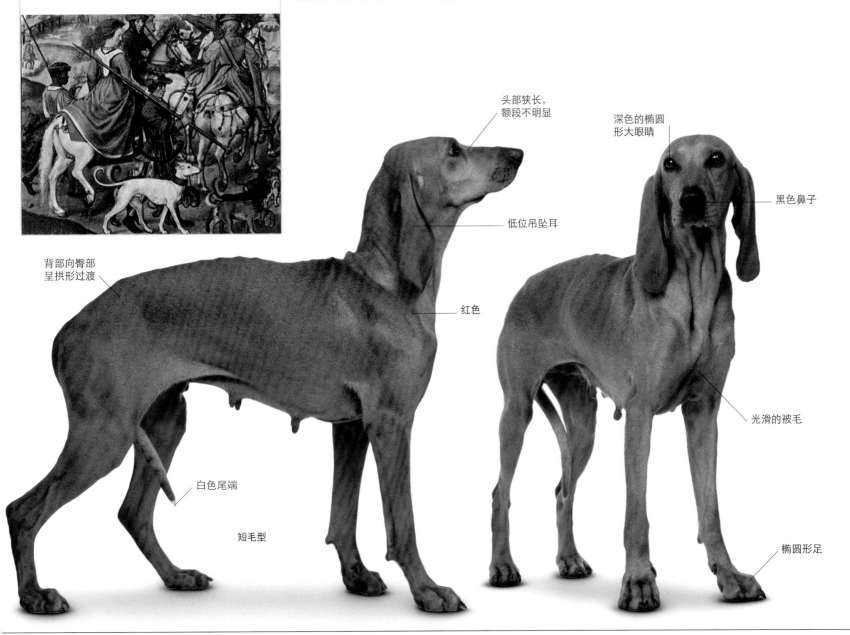

头部狭长，额段不明显

深色的椭圆形大眼睛

低位吊坠耳

黑色鼻子

背部向臀部呈拱形过渡

红色

白色尾端

光滑的被毛

短毛型

椭圆形足

比格犬 Beagle

肩高	体重	寿命	多种颜色
33-40厘米	9-11千克	13年	

最受欢迎的嗅觉猎犬之一，活跃而又随遇而安，具有强烈的追逐本能。

比格犬体格强健、身体紧凑、性情欢快，看上去更像是迷你版的英国猎狐犬（见158页）。比格犬的起源不详，但应有悠久的历史，可能是从其他英国嗅觉猎犬，如猎兔犬（见154页）繁育而来的。从16世纪开始，英国人开始繁育体形较小的比格型犬类，让它们成群作业来狩猎兔子，但直到19世纪70年代，现代比格犬的标准才得以确立。从那以后，这种犬从最初的猎犬到现在的伴侣犬，一直深受人们欢迎。这种多能的猎犬也被执法部门用于嗅探毒品、爆炸物和其他非法物品。

比格犬友好和宽厚的性格使其成为优秀的宠物犬，但它们需要足够的陪伴和运动量，不太能容忍长时间的孤单，否则会引发行为方面的问题。作为典型的嗅觉猎犬，比格犬非常活跃，对气味有强烈的追踪本能。若院子的栅栏没有围好或任其自由奔跑，比格犬能在转眼间消失得无影无踪，并在外游逛很长时间。该犬叫声响亮，可能会由于过于吵人而惹邻居不满，不过好在比格犬较易驯养，如果主人能恩威并施，它们便会表现出色。比格犬对那些年龄较大并知道怎么与犬相处的孩子很友好，但对其他小宠物来说则很危险。

在美国，基于肩隆骨的高度，被认可的比格犬体形有两种：一种是低于33厘米的，另一种是33-38厘米的。

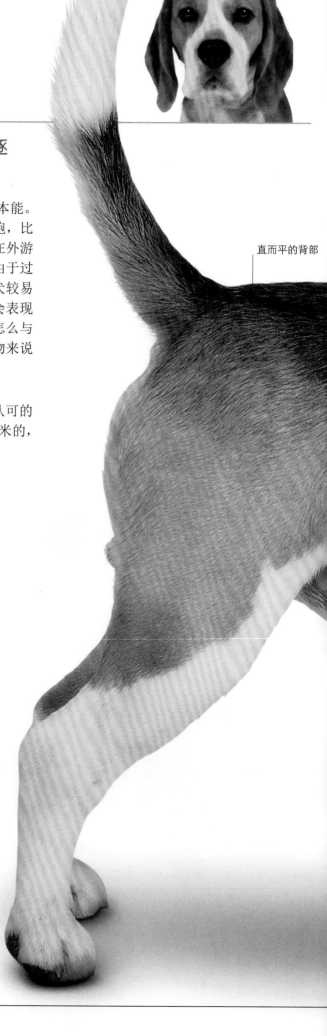

直而平的背部

幼犬

史努比——沉默的英雄

史努比犬是查尔斯·M.舒尔茨创作的长篇连环漫画《花生》中的卡通比格犬。漫画中的它往往坐在犬舍上面。书中的史努比用讽刺的眼光看世界，过着富足而梦幻的生活，有着迷人的魅力，包括第一次世界大战王牌飞行员的形象。1969年，舒尔茨把史努比刻画成一个飞往月球的航天员，而那些执行美国宇航局"阿波罗"10号月球探测任务的真正航天员所使用的登月舱则以这只著名比格犬的名字命名。

《花生》中的史努比

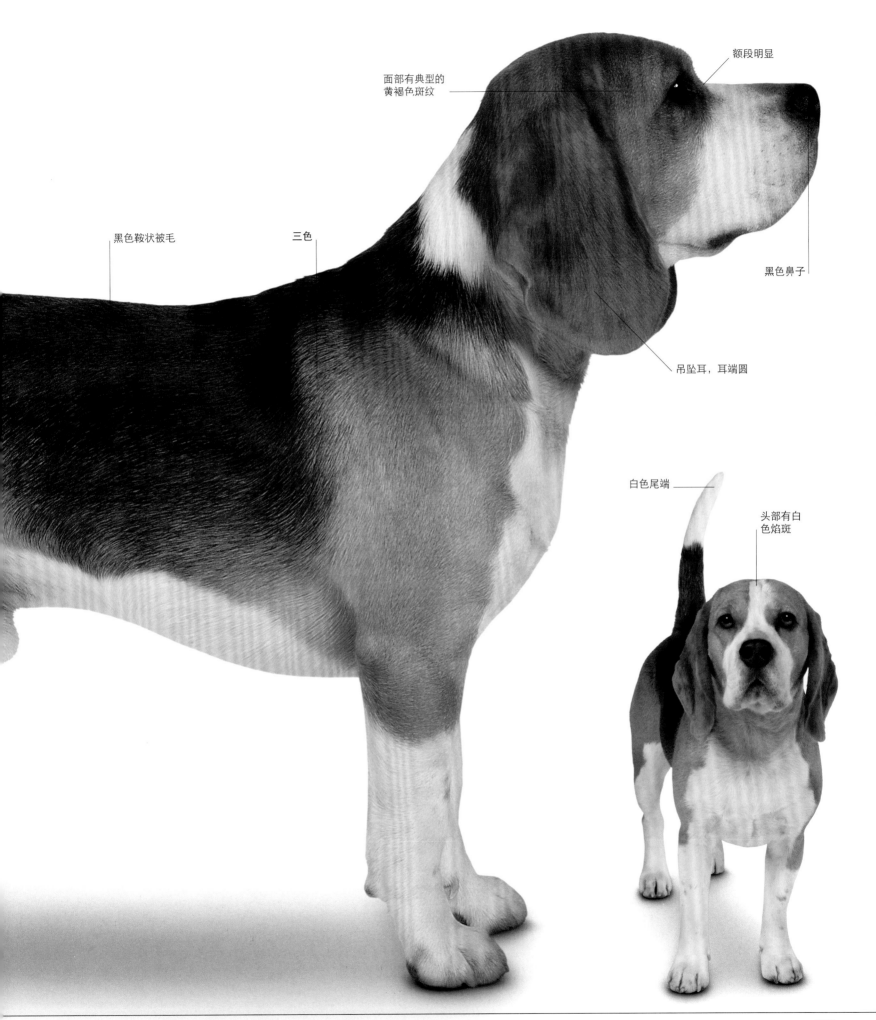

额段明显

面部有典型的
黄褐色斑纹

黑色鞍状被毛

三色

黑色鼻子

吊坠耳，耳端圆

白色尾端

头部有白
色焰斑

153

小猎兔犬 Beagle Harrier

肩高 46-50 厘米
体重 19-21 千克
寿命 12-13 年

这种吸引人的小猎犬比比格犬（见152页）大，但又比猎兔犬（见右）小，与这两种犬均有血缘关系。小猎兔犬自19世纪末开始在法国被用于狩猎小动物，在法国之外不多见。这种犬有欢快的气质，适合作为家庭宠物。

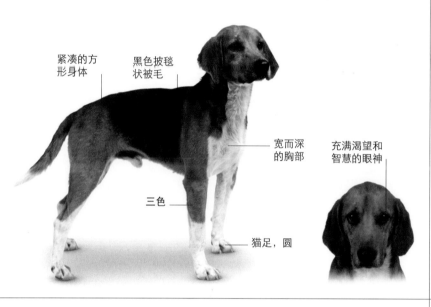

紧凑的方形身体

黑色披毯状被毛

宽而深的胸部

充满渴望和智慧的眼神

三色

猫足，圆

猎兔犬 Harrier

肩高 48-55 厘米
体重 19-27 千克
寿命 10-12 年

这种身材匀称、俊美的英国猎犬曾广泛用于群猎，可能是以缩小版的英国猎狐犬（见158页）为目标而繁育的。猎兔犬最初被徒步猎人用于狩猎野兔，后来跟随骑马猎手狩猎狐狸。今天则是一个优秀的户外伴侣，在敏捷性比赛中表现出色。

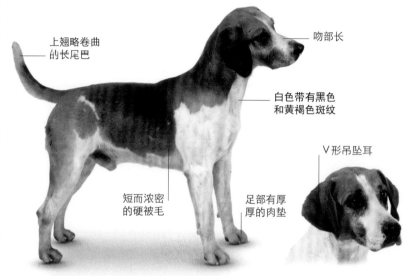

上翘略卷曲的长尾巴

吻部长

白色带有黑色和黄褐色斑纹

V形吊坠耳

短而浓密的硬被毛

足部有厚厚的肉垫

英法小猎犬

Anglo-Français de Petite Vénerie

肩高 48-56 厘米
体重 16-20 千克
寿命 12-13 年

黄褐色和白色

也被称为小英法猎犬，在法国繁育，是数百年前由英国和法国的嗅觉猎犬杂交产生的。这种犬目前很稀有，主要见于欧洲大陆，在那里仍用于狩猎小型猎物。

三色

低位吊坠耳

高位细尾巴

棕色大眼睛

短密而光滑的被毛

瓷器犬 Porcelaine

肩高 53-58 厘米
体重 25-28 千克
寿命 12-13 年

这个品种可能是最古老的法国群猎犬，起源于法国和瑞士边境的弗朗什孔泰地区，因其独特、美丽的白色被毛如釉面般的光泽而得名。现主要用于狩猎鹿和野猪。如作为宠物喂养，需要给予大量的运动和技巧训练。

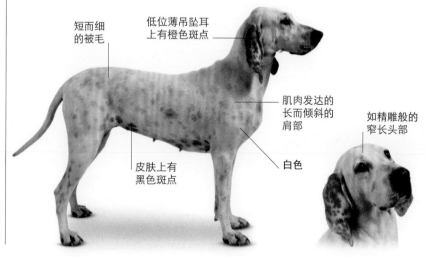

短而细的被毛

低位薄吊坠耳上有橙色斑点

肌肉发达的长而倾斜的肩部

如精雕般的窄长头部

皮肤上有黑色斑点

白色

席勒猎犬 Schillerstövare

肩高 49-61 厘米
体重 15-25 千克
寿命 10-14 年

席勒猎犬是稀有的瑞典品种，因其狩猎时，特别是在雪地中的速度和耐力而闻名。厚厚的被毛可帮其御寒。它们喜爱独自而非群猎，会发出低沉的叫声来指示野兔或狐狸等猎物的位置。该犬以繁育它们的牧民皮耶·席勒的名字而命名。

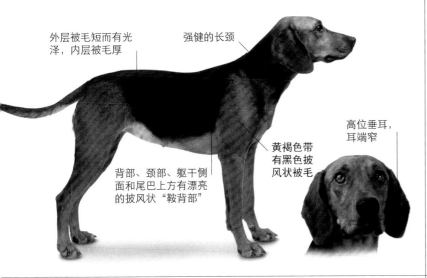

外层被毛短而有光泽，内层被毛厚

强健的长颈

高位垂耳，耳端窄

黄褐色带有黑色披风状被毛

背部、颈部、躯干侧面和尾巴上方有漂亮的披风状"鞍背部"

汉密尔顿猎犬 Hamiltonstövare

肩高 46-60 厘米
体重 23-27 千克
寿命 10-13 年

这种外形俊美、性格随和的猎犬是由瑞典养犬协会创始人之一的阿道夫·帕特里克·汉密尔顿伯爵繁育而成，该犬喜欢在田野里追撵小动物。汉密尔顿猎犬是英国猎狐犬（见158页，这种犬也曾被称为瑞典猎狐犬）和荷斯坦猎犬、汉诺威海德布瑞克犬和柯兰德猎犬的杂交后代。

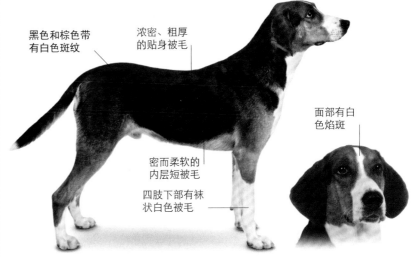

黑色和棕色带有白色斑纹

浓密、粗厚的贴身被毛

面部有白色焰斑

密而柔软的内层短被毛

四肢下部有袜状白色被毛

斯莫兰德斯道瓦猎犬 Smålandsstövare

肩高 42-54 厘米
体重 15-20 千克
寿命 12 年

这种瑞典猎犬也被称为斯莫兰德猎犬，据说可追溯到16世纪，名字源自瑞典南部斯莫兰德的浓密森林，它们在那里被用于狩猎狐狸和兔子。该犬与众不同的黑色和黄褐色被毛与罗威纳犬（见83页）相似。

黑色和黄褐色

肌肉发达的方形身体

天生短尾

和大多数猎犬相比，头部更短，楔形更突出

中等长度的高位长耳朵，耳端圆

厚而有光泽的被毛

足趾上有白色小斑点

哈尔登猎犬 Halden Hound

肩高 50-65 厘米
体重 23-29 千克
寿命 10-12 年

这种猎犬是四种斯道瓦猎犬中最大的一种，喜欢在开阔的雪地里飞速追逐。哈尔登猎犬跟其他作为狩猎伴侣的挪威犬种一样，在其本土以外并不为人所熟知。该犬是在挪威东南部的哈尔登地区通过将英国猎狐犬（见158页）与当地的"比格犬"杂交而产生的。

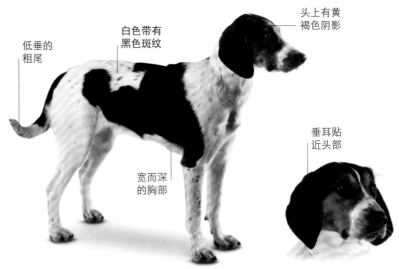

头上有黄褐色阴影

白色带有黑色斑纹

低垂的粗尾

宽而深的胸部

垂耳贴近头部

挪威猎犬 Norwegian Hound

肩高 47-55 厘米	三色
体重 16-23 千克	
寿命 11-14 年	

挪威猎犬也叫邓克尔猎犬，对人信赖、友好，非狩猎状态下易于管理，专门繁育用来在温度低至-15℃的雪地里追踪野兔。该犬最初以威尔海姆·邓克尔船长的名字命名，于19世纪初期由其他挪威猎犬和俄罗斯猎兔犬繁育而成。

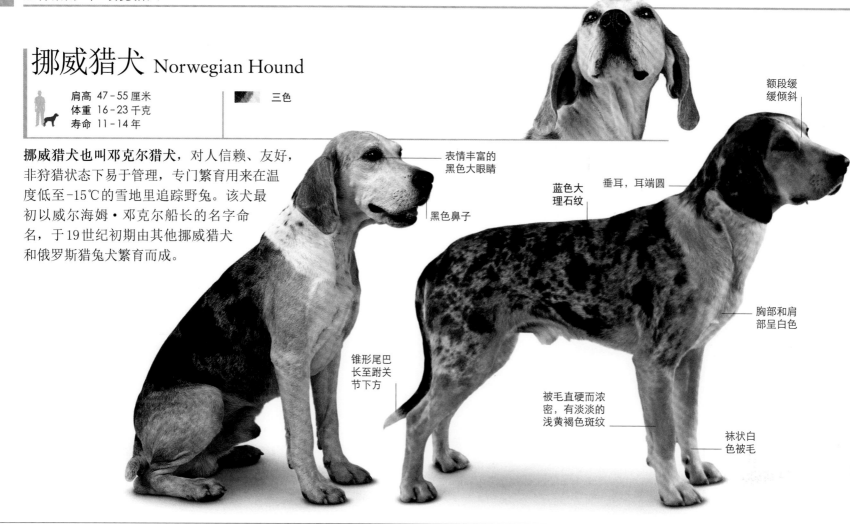

额段缓缓倾斜

表情丰富的黑色大眼睛

黑色鼻子

蓝色大理石纹

垂耳，耳端圆

胸部和肩部呈白色

锥形尾巴长至跗关节下方

被毛直硬而浓密，有淡淡的浅黄褐色斑纹

袜状白色被毛

芬兰猎犬 Finnish Hound

肩高 52-61 厘米	三色
体重 21-25 千克	
寿命 12 年	

这种犬是迄今为止在芬兰最受欢迎的猎犬，被繁育用于在这个国家积雪遍布的森林里追赶野兔和狐狸。它们狩猎时精力旺盛，在家时则是性情随和、安静的宠物。有时在陌生人面前表现腼腆。

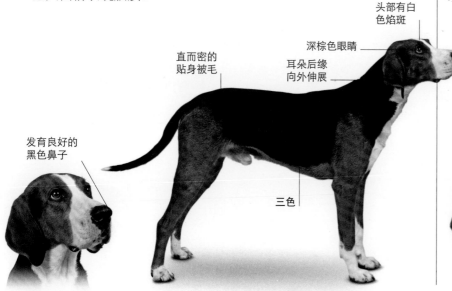

头部有白色焰斑

深棕色眼睛

直而密的贴身被毛

耳朵后缘向外伸展

发育良好的黑色鼻子

三色

海根猎犬 Finnish Hound

肩高 47-58 厘米	黄红色
体重 20-25 千克	黑色和黄褐色
寿命 12 年	黄红色被毛有黑色斑纹。

与挪威猎犬（见上）相比，海根猎犬体重更轻，该犬在挪威东部的灵厄里克和鲁默里克繁育，用于在积雪覆盖的近北极地区狩猎。它们体力充沛，能毫不费力地在雪地里穿行。该犬如斯莫兰德斯道瓦猎犬（见155页）一样小巧，思维敏捷，喜欢长距离漫步。

头部有白色焰斑

短而薄的垂耳，耳端圆

尾巴带黑色斑纹，尾端白色

头部和吻部比挪威猎犬（见上）短、宽

黑色鼻子

浓密而发亮的粗硬被毛上有白色斑纹

红棕色

普罗特猎犬 Plott Hound

肩高 51-64 厘米
体重 18-27 千克
寿命 10-12 年

这种健壮的斑纹猎犬现用于狩猎浣熊以及大型猫科动物、熊、丛林狼和野猪。这种犬是为数不多被认可的起源于美国的犬种之一。最初的普罗特猎犬是在18世纪50年代由生活在斯莫基山区的普罗特家族利用从德国引进的汉诺威猎犬繁育的。

突出的棕色或淡褐色眼睛

颈部和背线瘦长，肌肉发达

斑纹

耳朵宽而柔软，高度适中

强壮的身体兼具速度和耐力

足部结实而紧凑，脚趾呈白色

卡他豪拉豹犬 Catahoula Leopard Dog

肩高 51-66 厘米
体重 23-41 千克
寿命 10-14 年

多种颜色

这种外貌引人注目的路易斯安那牧羊犬，也是用于狩猎野猪、浣熊的犬。它们是西班牙殖民时期的灵猩、獒犬以及可能包括的本地红狼的杂交后代。该犬能在沼泽、森林和更开阔的地形下捕猎。卡他豪拉豹犬以路易斯安那州的一个区的名字命名，是一种警觉的看门犬，对外人有戒心，但在家人面前态度平和而忠心耿耿。

贴身的短被毛

身上的斑点图案赋予其"豹"之美名

双眼颜色可能不同

胸部有白色斑纹

蓝陨石色

美国猎狐犬 American Foxhound

肩高 53-64 厘米
体重 18-30 千克
寿命 12-13 年

任何颜色

这种犬曾拥有过一位历史上著名的犬主——美国第一任总统乔治·华盛顿。他用法国和英国猎犬杂交产生了这种个头儿高且运动能力强的独特犬种。美国猎狐犬喜欢结群奔跑、独自狩猎或参与场地比赛。

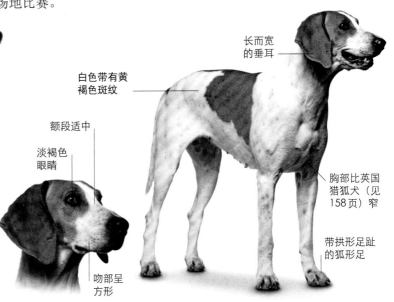

长而宽的垂耳

白色带有黄褐色斑纹

额段适中

淡褐色眼睛

吻部呈方形

胸部比英国猎狐犬（见158页）窄

带拱形足趾的狐形足

英国猎狐犬 English Foxhound

肩高 58-64 厘米	体重 25-34 千克	寿命 10-11 年	多种颜色

任何被认可的猎犬毛色。

人类最好的朋友

犬是"人类最好的朋友"这一说法来自1870年美国密苏里州的一宗案件。农夫莱昂尼达斯·霍恩斯比出于对他的羊群安全的担忧，射杀了一只名叫老德拉姆的猎狐犬。极度悲伤的主人查尔斯·伯登起诉了霍恩斯比。伯登的律师乔治·韦斯特在法庭上做了长时间的陈述来赞扬犬的品格。他说道："在这个自私的世界里，一个人所能拥有的最无私的朋友就是他的犬。"旁听者无不为之动容。霍恩斯比的律师指出："这只犬虽然死了，但却赢了。"

竖立在美国密苏里州用来缅怀老德拉姆的纪念碑

性情开朗、脾气温顺的犬。若要其适应农家生活的话，需要给予大量的运动。

英国猎狐犬已有若干世纪的历史。用成群的猎犬狩猎狐狸始于17世纪末期，当时猎鹿活动减少，英国的地貌也从森林型转向田野型。人们开始有针对性地繁育猎狐犬，它们需要有灵敏的鼻子和足够的耐力来持续数小时追踪气味，并有足够的速度跟上狐狸。到19世纪，英国已有200多群猎狐犬，第一批繁育记录开始保存在档。这个犬种于18世纪被引入美国。

这种猎犬对训练的反应性强，但也会显得固执和我行我素，特别是在追踪气味时。历史上英国猎狐犬是被成群喂养的，现在也保持了其大部分的"群居本能"，且有吠叫（有韵律的嚎叫）的倾向。

作为家犬时，需要有足够的运动量，英国猎狐犬非常友善，与孩子们相处融洽。它们适合那些喜欢跑步和骑自行车的人，不适合在城市生活。直到老年，这些猎犬也依然保留爱嬉闹、活泼和耐力好的习性。

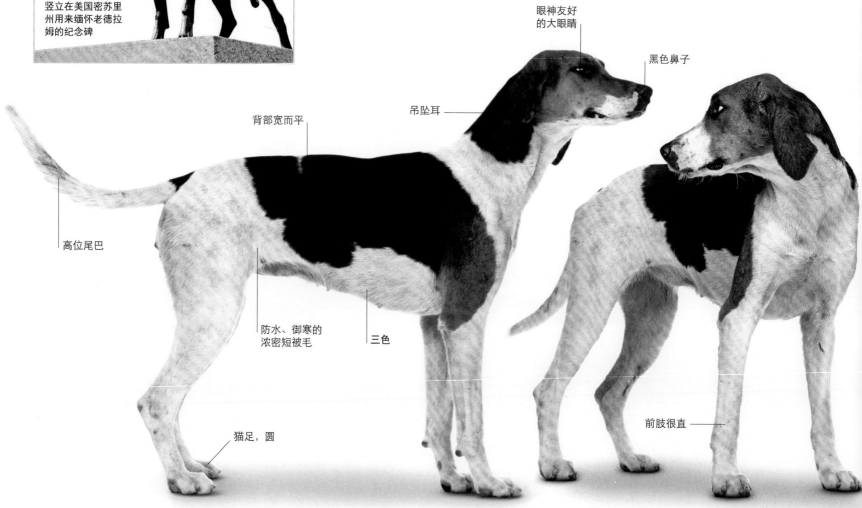

眼神友好的大眼睛

黑色鼻子

背部宽而平

吊坠耳

高位尾巴

防水、御寒的浓密短被毛

三色

猫足，圆

前肢很直

美英猎浣熊犬 American English Coonhound

肩高 58-66厘米	体重 21-41千克	寿命 10-11年	红色和白色 白色和黑色	▬ 三色交错

也可有蓝色和白色交错的被毛。

喊错了树?

猎浣熊犬在英语语言和美国历史中均有迹可寻。"喊错了树"（barking up the wrong tree）这一短语来自猎浣熊犬追逐并驱赶猎物上树后，对着树吠叫直到猎人到来这一行为。猎浣熊犬把猎物赶上树的欲望是如此之强，以至于会守着一棵树抬着头不停地叫，即使猎物已经跑掉了。

猎浣熊犬将浣熊"赶上树"

这种在美国繁育的猎犬动感十足，奔跑速度极快，训练后可成为优秀的宠物。

这种精力充沛且聪明的犬是通过17—18世纪由移民带入新大陆的那些英国猎狐犬（见158页）繁育而来。引进被称为弗吉尼亚猎犬的人当中有美国第一任总统乔治·华盛顿，利用这些犬繁育出的这个新犬种，可适合恶劣天气和复杂地形，白天猎狐狸，夜间捉浣熊。

该犬种于1905年被首次认可，名为"英国猎狐浣熊犬"。在20世纪40年代，不同的猎浣熊犬被进一步区分开，美国养犬协会于1995年正式将其命名为美英猎浣熊犬。

美英猎浣熊犬现仍用于狩猎，并以速度和耐力闻名。该犬能极速奔跑而毫不费力，具有强烈的追逐猎物及将其"赶上树"的欲望。这个犬种既可作为"冷鼻"犬（追踪动物留存数小时的气味）也可作为"热鼻"犬（高速追踪刚留下的浓烈气味）使用，还能利用其追逐美洲狮和熊。

作为宠物，该犬需要严格的管教，训练得当会成为忠诚的伴侣和合格的看护犬。

红色斑块

吊坠耳

下垂的上唇盖住下颌

友好的表情

肌肉发达、长度适中的颈部

红色和白色相交错

腹部向上收起

黑褐猎浣熊犬 Black-and-Tan Coonhound

肩高 58~69 厘米
体重 23~34 千克
寿命 10~12 年

这种大型美国猎犬可能来源于寻血猎犬（见141页）**和现已灭绝的一种叫陶博特犬的英国古代猎犬。**黑褐猎浣熊犬强壮有力，极擅长追踪浣熊、负鼠甚至美洲狮，当它们把猎物追赶上树后会大声吠叫。

尾巴比背部
水平线略低

耳朵低
且靠后

吻部明显呈
深黄褐色

发育完
好的下
垂上唇

黑色和
黄褐色

红骨猎浣熊犬 Redbone Coonhound

肩高 53~69 厘米
体重 21~32 千克
寿命 11~12 年

红骨猎浣熊犬外形俊美，被毛光滑，在美国南部繁育，作为一种受欢迎的猎犬已有超过一个世纪的历史。这种猎犬在几乎任何地形条件下都能快速而敏捷地奔跑，以追踪浣熊、熊和美洲狮的高超技艺而闻名。该犬热情而乐于交往，可驯养成为伴侣犬。

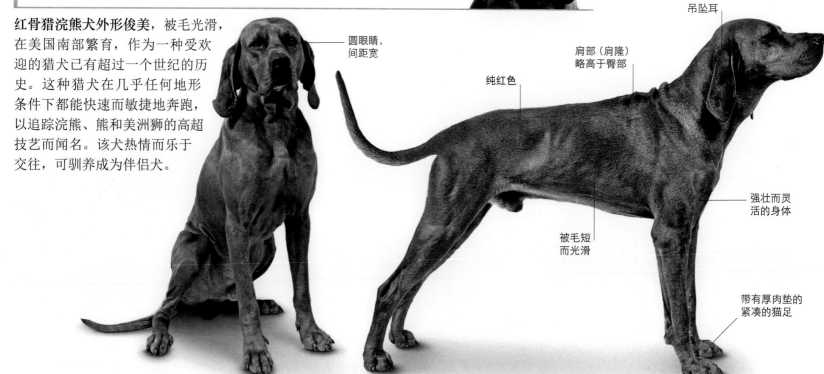

圆眼睛，
间距宽

吊坠耳

肩部（肩隆）
略高于臀部

纯红色

强壮而灵
活的身体

被毛短
而光滑

带有厚肉垫的
紧凑的猫足

布鲁泰克猎浣熊犬 Bluetick Coonhound

肩高 53-69 厘米
体重 20-36 千克
寿命 11-12 年

布鲁泰克猎浣熊犬是分离出来的独立品种，最初曾被认为是英国猎浣熊犬。自20世纪40年代开始，它在美国就拥有了大批忠实的追捧者。这种猎犬主要用于狩猎浣熊和负鼠，也狩猎鹿和熊。布鲁泰克猎浣熊犬工作时最为开心，在服从性和敏捷性比赛方面表现突出。

长而深的宽吻部

清澈而锐利眼睛

深蓝色

大鼻子

被毛上的斑点构成独特的毛色

树丛猎浣熊犬 Treeing Walker Coonhound

肩高 51-68 厘米
体重 23-32 千克
寿命 12-13 年

白色

白色被毛上有黄褐色或黑色斑点。

这种快速而高效的猎浣熊犬自20世纪40年代就被认定是一个独立品种。在美国，这种猎犬杰出的狩猎浣熊的能力深受赏识。该犬喜欢气氛友好的家庭，乐于与人在一起。

明亮的棕色大眼睛

黑色鞍状背部

长而窄的吻部

三色

肌肉发达的肩部和颈部

阿图瓦猎犬 Artois Hound

肩高 53-58 厘米
体重 28-30 千克
寿命 12-14 年

阿图瓦猎犬源自法国，有时略显老成，是优秀的狩猎伴侣，需要大量的活动。这种犬具有很强的方向感，嗅觉异常灵敏，拥有精确定位、快速移动和驱赶的能力。其祖先可以追溯到大阿图瓦猎犬（以及圣休伯特猎犬），也有一些英国血统的犬种参与了品种改良。在20世纪90年代早期，阿图瓦猎犬几近灭绝，虽然后来被繁育恢复，但数量依然稀少。

额段明显

独特的几乎扁平而宽大的吊坠耳

三色

强健的宽背部

宽胸

宽头，吻部长度适中

黄褐色斑块

黑色鞍状背部

略狭长的足部

艾瑞格斯犬 Ariégeois

肩高 50-58 厘米
体重 25-27 千克
寿命 10-14 年

相对较新的犬种，1912年在法国被正式认可，也称艾瑞格猎犬，名字以法国和西班牙边境的干燥岩石地区命名。其祖先包括大加斯科尼蓝犬（见165页）、大型加斯科尼圣东基犬（见163页）和当地的中型猎犬。艾瑞格斯犬作为猎兔犬表现出色，同时也以友善而闻名。

眼睛上方有浅黄褐色斑点

低位柔软的吊坠耳

黑色斑点

清晰的黑色斑纹

短被毛

面颊淡褐色

白色

健壮的颈部

比大加斯科尼蓝犬（见165页）体形小，骨架略细

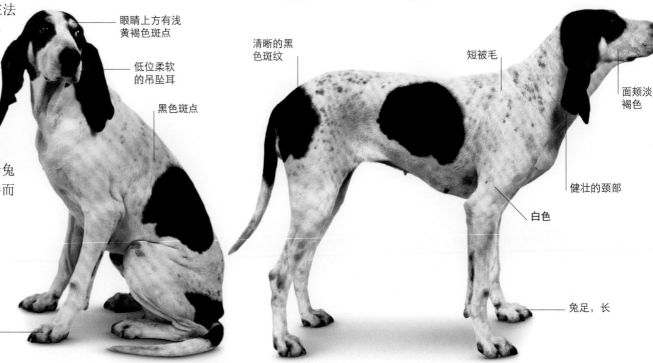

兔足，长

加斯科尼圣东基犬 Gascon-Saintongeois

肩高 小型：54-62 厘米　大型：62-72 厘米
体重 小型：24-25 千克　大型：30-32 千克
寿命 12-14 年

这是一种来自法国加斯科尼地区的稀有品种，是由维雷拉德男爵用圣东基犬和大加斯科尼蓝犬（见165页）及艾瑞格斯犬（见162页）杂交得来的，因此也被称为维雷拉德猎犬。该犬耐力很好，嗅觉发达，有小型和大型两种体形。

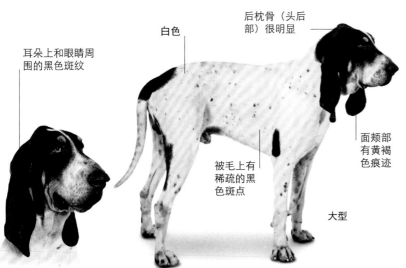

耳朵上和眼睛周围的黑色斑纹

白色

后枕骨（头后部）很明显

面颊部有黄褐色痕迹

被毛上有稀疏的黑色斑点

大型

蓝色加斯科尼格里芬犬 Blue Gascony Griffon

肩高 48-57 厘米
体重 17-18 千克
寿命 12-13 年

这种法国犬是小型蓝色加斯科尼犬（见下）和刚毛猎犬的杂交品种，其被毛粗硬蓬松，适合在恶劣环境条件下工作。这是一个相对少见的品种，有针对性地繁育用于狩猎鹿、狐狸和兔子。相对速度而言，该犬的耐力更胜一筹，鼻子异常灵敏。

蓝灰色

吻部有黄褐色斑纹

黑色斑点

硬钢丝状长眉毛

长长的吊坠耳

粗硬、蓬松的被毛

加斯科尼短腿蓝犬

Basset Bleu de Gascogne

肩高 30-38 厘米
体重 16-20 千克
寿命 10-12 年

在12世纪的法国，此类蓝色猎犬被用于狩猎狼、鹿和野猪。其现代品种在20世纪被认可。这种体形低矮的犬速度不快，但其狩猎时的异常投入和长时间追踪气味的能力弥补了速度的不足。加斯科尼短腿蓝犬是热情的户外伴侣，也是不错的家庭宠物，需要主人耐心训练和进行社交培养。

椭圆形眼睛上方有黄褐色斑点

短而厚密的被毛，边缘清楚的黑色鞍状背部

黑白色混合使被毛呈现杂色

蓝灰色

健壮的椭圆形足

小加斯科尼蓝犬

Petit Bleu de Gascogne

肩高 50-58 厘米
体重 40-48 千克
寿命 12 年

小加斯科尼蓝犬是大加斯科尼蓝犬（见165页）繁育出的小型化品种，在法国繁育，用于狩猎野兔，也用于追逐体形更大的猎物。该犬嗅觉敏锐，叫声富有乐感，可单独或成群工作。如果想用于陪伴，需要严格管教并给予大量训练。

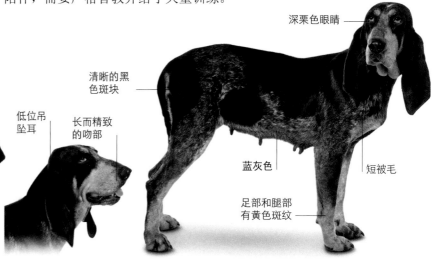

深栗色眼睛

清晰的黑色斑块

低位吊坠耳

长而精致的吻部

蓝灰色

短被毛

足部和腿部有黄色斑纹

大加斯科尼蓝犬 Grand Bleu de Gascogne

肩高	体重	寿命
60-70厘米	36-55千克	12-14年

这是一种大型工作猎犬，外表令人印象深刻，追踪气味时耐力强，韧性十足。

这种法国嗅觉猎犬产自法国南部和西南部，特别是在加斯科尼地区。这种犬是古代高卢原始猎犬的后裔，该犬与由腓尼基商人进口的犬杂交后，反而成为所有法国南部（米迪地区）嗅觉猎犬的祖先。该犬种目前在法国分布很广泛，并已被英国和美国等国家引进。

大加斯科尼蓝犬最早被用于猎狼，狼的数量减少后，又被用于狩猎野猪和鹿。人们现在仍用成群的猎犬来狩猎上述动物以及野兔。该犬嗅觉高度发达，追踪气味时非常执着。狩猎速度相对较慢，不过这种犬主要是以耐力和吠叫声洪亮有力而闻名的。

该品种身体健壮，具有贵族气质，在一些人眼中大加斯科尼蓝犬是"猎犬之王"。白色被毛上可见黑斑，形成亮泽的蓝色，让其显得更为优雅。

这个品种已经开始在犬展上亮相，尽管它们本性温柔、友善，与主人非常亲密，但庞大的身躯和充沛的精力让人们与其一起生活变得没那么容易。大加斯科尼蓝犬需要大量的活动，包括脑力和体力方面的训练。

从法国到美国

1785年，拉斐特将军送了7只大加斯科尼蓝犬给乔治·华盛顿（见下图，1907年的法国绘画）。华盛顿热衷狩猎，发现这些犬非常善于追踪，但却不太习惯追逐浣熊等可以爬树的动物。那些爬上树的动物往往还没等猎人有机会射击就逃走了，这让华盛顿有些苦恼。猎浣熊犬就是为这种狩猎方式而用包括大加斯科尼蓝犬在内的多个品种杂交而繁育成的，布鲁泰克猎浣熊犬（见161页）身上就有大加斯科尼蓝犬的颜色。

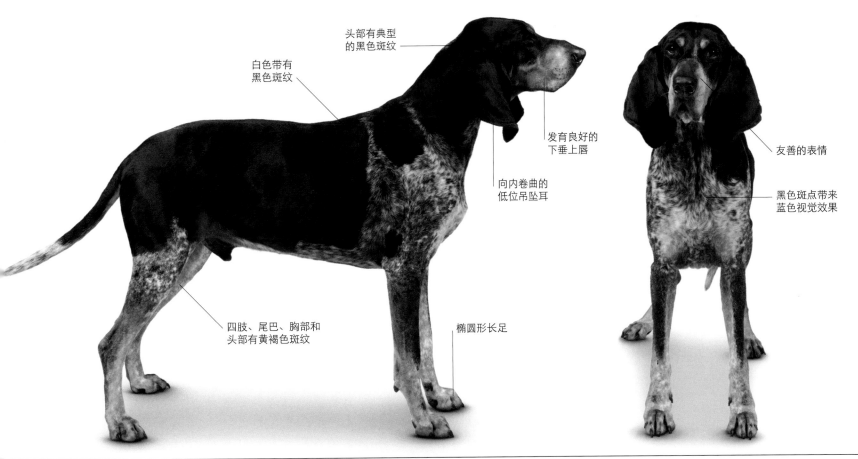

头部有典型的黑色斑纹

白色带有黑色斑纹

发育良好的下垂上唇

向内卷曲的低位吊坠耳

四肢、尾巴、胸部和头部有黄褐色斑纹

椭圆形长足

友善的表情

黑色斑点带来蓝色视觉效果

佩狄芬犬 Poitevin

肩高	62-72 厘米
体重	60-66 千克
寿命	11-12 年

白色和橙色

经常会繁育出狼灰色被毛。

这种勇敢的大型猎犬擅长在崎岖的地形中进行快速而激烈的群体狩猎，曾在法国西部的旺代和布列塔尼以南的普瓦图地区猎狼。这种肌肉发达的品种是法国历史最悠久的群猎犬，在追逐野猪和鹿的过程中显示出强大的威力和耐力。该犬能整天狩猎，甚至可以涉水追猎。

棕色大眼睛

吻部顺鼻子方向逐渐变窄

躯干肌肉发达，胸部深而窄

长而窄的头部

拱形背部上有黑色鞍状被毛

圆锥形薄耳朵

三色

顺滑而有光泽的被毛

圆足

比利犬 Billy

肩高	58-70 厘米
体重	25-33 千克
寿命	12-13 年

外形引人注目，被毛光滑亮泽，专为速度而繁育的犬种，但即便在法国本土也默默无闻。它们的祖先是现已灭绝的蒙塔波夫犬、塞里斯犬和拉伊犬。其古怪的名字来自普瓦图地区的比利庄园，19世纪末期，加斯顿·胡布劳特·杜瑞沃特在那里繁育出了这种有狩猎狍子和野猪本能的猎犬。比利犬的数量在第二次世界大战后剧减，但胡布劳特·杜瑞沃特的儿子安东尼让其数量回升。他以两只犬为基础，直到20世纪70年代才繁育出足够数量的犬来组成几个犬群。这个品种在法国之外很少见。

前额略拱起

额段明显

强壮的长尾巴

强壮而略呈拱形的后背

短而硬的被毛

白色伴有浅橙色斑块

牛奶咖啡色斑纹

法国三色猎犬
French Tricolour Hound

肩高 60-72 厘米
体重 34-35 千克
寿命 11-12 年

法国三色猎犬可能是法国最受欢迎的猎犬，是用佩狄芬犬（见166页）和比利犬（见166页）杂交产生的，目的在于繁育一种无英国猎狐犬（见158页）血统的本地群猎犬，但它们身上有大英法三色猎犬（见右）的痕迹。今天这些健壮的群猎犬被用于狩猎鹿和野猪等动物。

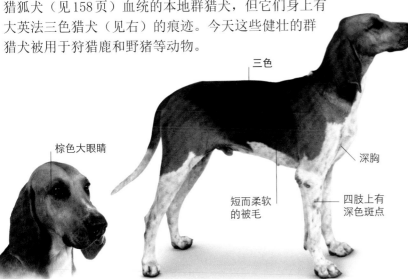

棕色大眼睛

三色

深胸

短而柔软的被毛

四肢上有深色斑点

大英法三色猎犬
Great Anglo-French Tricolour Hound

肩高 60-70 厘米
体重 30-35 千克
寿命 10-12 年

与另外几种法国嗅觉猎犬一样，该犬的名字表明它们是一种具有杂交背景的三色犬。"大"指该猎犬能狩猎大型猎物，如马鹿，而不是指猎犬自身的体形大小。它们的被毛和性格源自三色佩狄芬犬（见166页），而其强有力的肌肉和耐力则来自英国猎狐犬（见158页）。

黑色披毯状被毛

宽大的黄褐色吊坠耳

三色

颇为粗硬的短被毛

很宽的白色胸部

圆足

大英法黑白猎犬
Great Anglo-French White and Black Hound

肩高 62-72 厘米
体重 30-35 千克
寿命 10-12 年

大英法黑白猎犬是三种被单独认可的三色猎犬之一。该犬是在19世纪由蓝色加斯科尼犬和加斯科尼圣东基犬（见163页）的混合品种与英国猎狐犬（见158页）杂交产生的。它们中的大多数生活在法国的犬舍中，被用于群猎野鹿。只有极少数强健的猎犬被作为家庭宠物喂养。

深陷的棕色眼睛

尾端极细的长尾巴

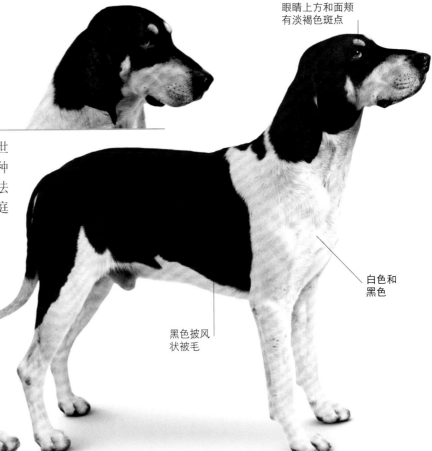

眼睛上方和面颊有淡褐色斑点

白色和黑色

黑色披风状被毛

法国黑白猎犬 French White and Black Hound

肩高	体重	寿命
62–72 厘米	26–30 千克	10–12 年

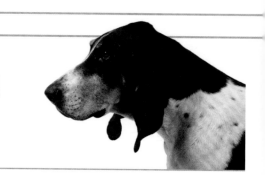

纯种犬

法国有许多品种的猎犬，但只有法国黑白猎犬等少数犬可称得上是纯种犬。这些大型犬群体作业，狩猎鹿等大型猎物。它们在猎人的指引下跟踪气味追逐猎物，直至抓到并杀死猎物。法国黑白猎犬依赖其勇气、耐力、速度和灵敏的鼻子来完成这一任务。

奔跑速度快、耐力好，是用于狩猎大型猎物的猎犬，能永无止境地追逐猎物，需要大量的活动。

这种并不常见但却引人注目的猎犬最早于20世纪初期在法国繁育。该犬最早的祖先是圣东基猎犬，后者的起源目前尚不明确，在当时繁育用于猎狼。现代法国黑白猎犬是由亨利·法兰德雷繁育的，他想繁育一种具有出色体力和耐力的猎犬。法国黑白猎犬是蓝色加斯科尼犬和加斯科尼圣东基犬（见163页）的混合品种，1957年被世界犬业联盟（FCI）正式认可。不过，到2009年，这种犬的注册数量只有不到2000只。

法国黑白猎犬坚忍敏捷，善于猎鹿，特别是狍子。一般作为工作犬而非伴侣犬来成群喂养。该犬和蔼可亲，对儿童温柔，如果有个合适的主人，会成为不错的家犬。不过该犬有强烈的群居本能，需严格管教。

这种犬适合生活在郊区或者有大院子的家庭，需要有大量活动和展示其狩猎和追踪本领的机会。

细长的尾巴

略呈拱形的背部，向下倾斜的臀部

白色和黑色

大吊坠耳

短而密的被毛

四肢上有蓝色斑点

眼睛上方有黄褐色斑纹

黑色披风状被毛

大英法黄白猎犬
Great Anglo-French White and Orange Hound

肩高 60-70 厘米
体重 34-35 千克
寿命 10 年

这种猎犬是19世纪初期繁育的三种大英法群猎犬品种之一，是英国猎狐犬（见158页）和大型法国嗅觉猎犬——比利犬（见166页）杂交的产物。尽管这种犬易训且友善，但其天生为狩猎而生，精力异常充沛，不适合完全家养。

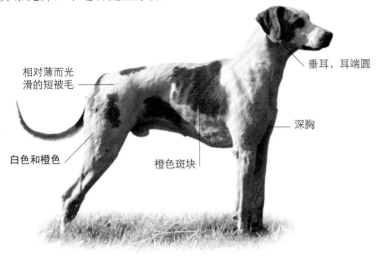

相对薄而光滑的短被毛

垂耳，耳端圆

深胸

白色和橙色

橙色斑块

法国黄白猎犬
French White and Orange Hound

肩高 62-70 厘米
体重 27-32 千克
寿命 12-13 年

法国黄白猎犬很稀少，是相对较新的猎犬品种，20世纪70年代才获得认可。这种犬与其他群猎犬相比易于管理，与儿童相处融洽，而与其他的犬或小宠物待在一起时往往需要有人看管。该犬好动，不宜在狭小的空间里喂养。

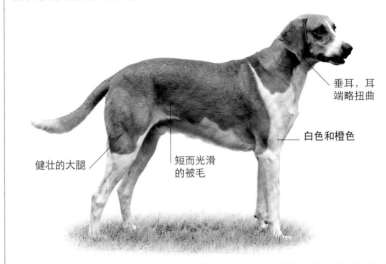

垂耳，耳端略扭曲

白色和橙色

短而光滑的被毛

健壮的大腿

威斯特达克斯布若卡犬 Westphalian Dachsbracke

肩高 30-38 厘米
体重 15-18 千克
寿命 10-12 年

这种强壮的小型犬是德国猎犬（见172页）的短腿品种，被繁育用于在植被浓密、大型犬不易进入的地区狩猎小型猎物。威斯特达克斯布若卡犬俏皮欢快、脾气好，是讨人喜爱的伙伴，适合家庭生活。

红色伴有黑色披风状被毛并有白"欧洲蕨色"斑纹

光滑的被毛

白色焰斑向下延伸至吻部

幼犬

阿尔卑斯达克斯布若卡犬 Alpine Dachsbracke

肩高 34-42 厘米
体重 12-22 千克
寿命 12 年

黑褐色（黑色和黄褐色）

胸部可能带有白色星状图案。

与阿尔卑斯达克斯布若卡犬外表相似的猎犬几百年前就已存在，可能是这种小猎犬的祖先。20世纪30年代，作为奥地利顶级嗅觉猎犬之一的这个现代犬种被正式认可。该犬强壮、精力充沛，被繁育用于狩猎，但并不是理想的家犬。

浓密的深色被毛上点缀着黑色毛发

尾巴下侧被毛较长

鹿红色

胸骨突出

垂耳，耳端圆

肌肉发达的长身躯

健壮的圆足

达克斯猎犬 Dachshund

光滑型

肩高	体重	寿命	多种颜色
迷你型: 13-15厘米 标准型: 20-23厘米	迷你型: 4-5千克 标准型: 9-12千克	12-15年	

这种犬好奇、勇敢、忠诚,体形小却吠声大,是受人喜爱的伴侣犬和看门犬。

达克斯猎犬是德国的一个象征,在世界范围内深受欢迎,俗名"腊肠犬""韦纳犬"。这个犬种起源于身体长、腿短的用于狩猎獾等地栖动物的犬。达克斯猎犬的德语意为"獾犬"。它们与其他猎犬一样可凭气味追踪猎物,也能像㹴犬一样挖地驱赶出或杀死猎物。除獾之外,它们也狩猎兔子、狐狸和鼬,甚至貂熊。

现代达克斯猎犬的四肢比其祖先还要短,并有部分与其他小型或短腿品种杂交的血统。在18—19世纪,人们根据不同类型的猎物来繁育不同大小的品种。除了其原有的光滑型被毛外,还产生了另外两种被毛类型:长毛型和刚毛型。英国养犬协会(KC)承认的有六个品种:按体形分为标准型和迷你型,每种体形又分三种被毛类型。世界犬业联盟(FCI)承认三种被毛类型,外加三种体形,根据胸围大小分为标准型、迷你型和微型(最小的)。

现在,有些达克斯猎犬在德国仍被用于狩猎,不过大多数作为家庭宠物喂养。尽管体形小,但达克斯猎犬却需要充分的运动量和智力启发。它们聪明、勇敢并且热情,但在追踪气味时往往固执己见而无视命令。达克斯猎犬会保护家人,是不错的看护犬,但对陌生人不够友好。长毛型犬需要每天进行梳理。

艺术家的选择

世界上著名的三位艺术家——巴勃罗·毕加索、安迪·沃霍尔和大卫·霍克尼——都拥有过达克斯猎犬。毕加索和沃霍尔都为他们的爱犬画过像,但只有霍克尼创作了足够多的画作来举行以犬为唯一主题的画展。霍克尼称他的两只犬斯坦利和布吉为"我的两个小精灵朋友";"它们的生命中充满了食物和爱"。

大卫·霍克尼

幼犬(长毛型)

暗红色

躯干长度远超过腿部长度

暗红色

头部被毛较短

带有羽状毛的吊坠耳

长而丝滑的被毛

额段很浅

长毛型

黄褐色的上须和下须

黑色和黄褐色

被毛手感粗硬

前足比后足宽大

刚毛型

充满乐趣
尽管腿短，但达克斯猎犬仍是一种活泼而富有活力的犬，该犬需要大量体力和脑力活动。这种犬一旦发现令其感兴趣的气味，就会无视任何命令。

德国猎犬 German Hound

肩高 40-53 厘米
体重 16-18 千克
寿命 10-12 年

在德国过去的几个世纪，曾有许多被称为布若卡的这种类型的猎犬。现在的德国猎犬，又称德国布若卡犬，是为数极少的幸存品种之一。该犬是由几种布若卡猎犬联合繁育而成的，现仍主要用于狩猎。尽管德国猎犬天性和善，但不太适应室内生活。

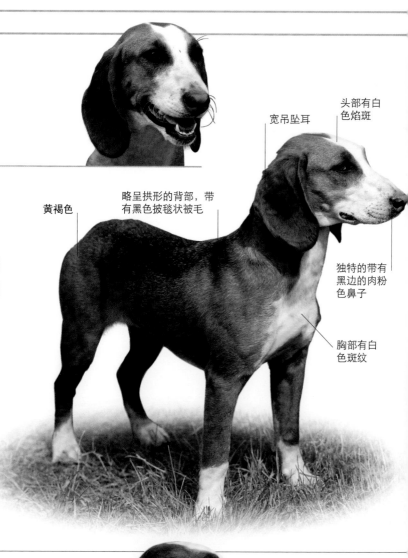

头部有白色焰斑

宽吊坠耳

黄褐色

略呈拱形的背部，带有黑色披毯状被毛

独特的带有黑边的肉粉色鼻子

胸部有白色斑纹

光滑的短被毛

足部有白色小斑点

瑞典腊肠犬 Drever

肩高 30-38 厘米
体重 14-16 千克
寿命 12-14 年

多种颜色

20世纪初期，一种来自德国的被称为威斯特达克斯布若卡犬的小型短腿猎犬被进口到瑞典。该犬作为追踪犬颇受欢迎，到20世纪40年代，瑞典人繁育出了自己的品种——瑞典腊肠犬。由于具有强烈的狩猎本能，这种犬最适合作为运动犬喂养。

与躯干相比头部较大

垂耳，耳端圆

颈部白色被毛延伸至胸部

光滑的被毛

粗而长的尾巴，白色尾端

躯干长度大于腿部长度

暗红色被毛带白色斑纹

白色足

劳佛杭犬 Laufhund

肩高	体重	寿命
47-59 厘米	15-20 千克	12 年

施维泽猎犬

这种拥有优雅的头形、敏锐的嗅觉、瘦削的躯体和古罗马血统的猎犬，有着悠闲的生活态度。

这种犬也被称为瑞士猎犬，在瑞士已有几百年的历史。在阿旺什发现的一幅古罗马镶嵌画中有与劳佛杭犬相似的群猎犬。劳佛杭犬共有四种，分别以瑞士的四个州来命名，并以其被毛颜色来鉴定——伯尔尼猎犬（白色带有黑色斑块）、卢塞恩猎犬（蓝色）、施维泽猎犬（白色伴有红色斑块）和汝拉布鲁诺猎犬（黄褐色带有黑色披毯状被毛，见140页）。另一个被称为图尔高猎犬的品种已于20世纪初灭绝。

劳佛杭犬是一种不知疲倦、嗅觉敏锐的追踪犬，可在阿尔卑斯山区轻松奔跑，尤其擅长追踪野兔、狐狸和獐鹿。这种犬有双层被毛，内层浓密，外层坚硬，能适应各种天气条件。

这些犬现在仍用于狩猎，也是优雅的伴侣犬。劳佛杭犬有如精雕细刻般的头和比例完美的身躯赋予了其高贵的气质。这种犬在家里放松而温顺，对孩子们友善，但需要大量活动来消耗能量。它更适合生活在乡村家庭以及热爱活动的家庭。

相同还是不同？

这些瑞士猎犬最初都被称为瑞士比格犬，于1881年按所在地区的不同分为四个品种。尽管外形相似，但汝拉布鲁诺猎犬、施维泽猎犬、伯尔尼猎犬（见下，1907年的一幅法国画作）和卢塞恩猎犬的颜色不同，可能反映了在繁育它们的过程中所用的品种不同。比如卢塞恩猎犬身上的斑点就与小型蓝色加斯科尼犬（见163页）相似。20世纪30年代，按照世界犬业联盟（FCI）的统一标准，这几种犬被归于劳佛杭犬这个品种，分四种不同颜色类型。不过这些犬仍以不同的品种进行评定和展出。

修长而优雅的圆头顶上有黄褐色斑纹

位于眼睛水平线下的吊坠耳

白色带有黑色斑点

结实的直背

优雅而下垂的尾巴

伯尔尼猎犬

头部有黑色斑纹

蓝色

面颊由浅至深的黄褐色斑纹

卢塞恩猎犬

奈德劳佛猎犬 Niederlaufhund

肩高	体重	寿命
33－43 厘米	8－15 千克	12－13 年

卢塞恩型

这种吠声高亢的瑞士猎犬是优秀的狩猎犬，若给予充足的活动，也能成为优秀的家庭宠物。

粗毛型伯尔尼犬

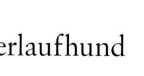

在将劳佛杭犬繁育成体形较小的奈德劳佛猎犬的过程中，施维泽、卢塞恩和汝拉型的繁育人员得到了与原品种除体形小以外其他完全一样的嗅觉猎犬，被毛均为光滑型。在繁育伯尔尼奈德劳佛猎犬时也用了同样细致的繁育方案，但出生的幼犬中，每20—40只中就有一只粗毛型。很难解释这种被毛类型的来源，其数量一直较少。这种犬除了被毛粗硬，其他方面与光滑型伯尔尼奈德劳佛猎犬完全一样。

这种体形小而腿短的缩小版劳佛杭犬（见173页）被繁育于20世纪初期，用于射猎，在瑞士各州的高山猎场围猎猎物。体形较大的劳佛杭犬速度过快，不太适合这种封闭猎场。奈德劳佛猎犬速度相对较慢，在追踪大型猎物方面比体形更大的远亲更有效。这种短胖而结实的品种对野猪、獾和熊等猎物的气味异常敏感。

奈德劳佛猎犬有四种类型，与四种劳佛杭犬相对应：伯尔尼、施维泽、汝拉和卢塞恩。与体形较大的劳佛杭犬类似，每种都有其独特颜色的被毛。伯尔尼奈德劳佛猎犬有光滑型和相对少见的带小胡子的粗毛型。施维泽、汝拉和卢塞恩奈德劳佛猎犬皆为光滑型。

奈德劳佛猎犬现仍主要作为工作犬使用，但由于其本性友善，对孩子们友好，因此也是优秀的家庭宠物。这种犬需要严格有效的守令训练，也需要给予机会去寻找并追踪气味。它们最适合被喂养在郊区家庭，因为在那里可以得到大量的体力和脑力活动。

眼睛上方有黄褐色斑纹

长长的吊坠耳

友好但警觉的神情

白色焰斑延伸至吻部两侧

长尾巴，活跃时垂下

白色带有黑色斑块

光滑型伯尔尼奈德劳佛猎犬

施维泽型

白色伴有橙色斑块

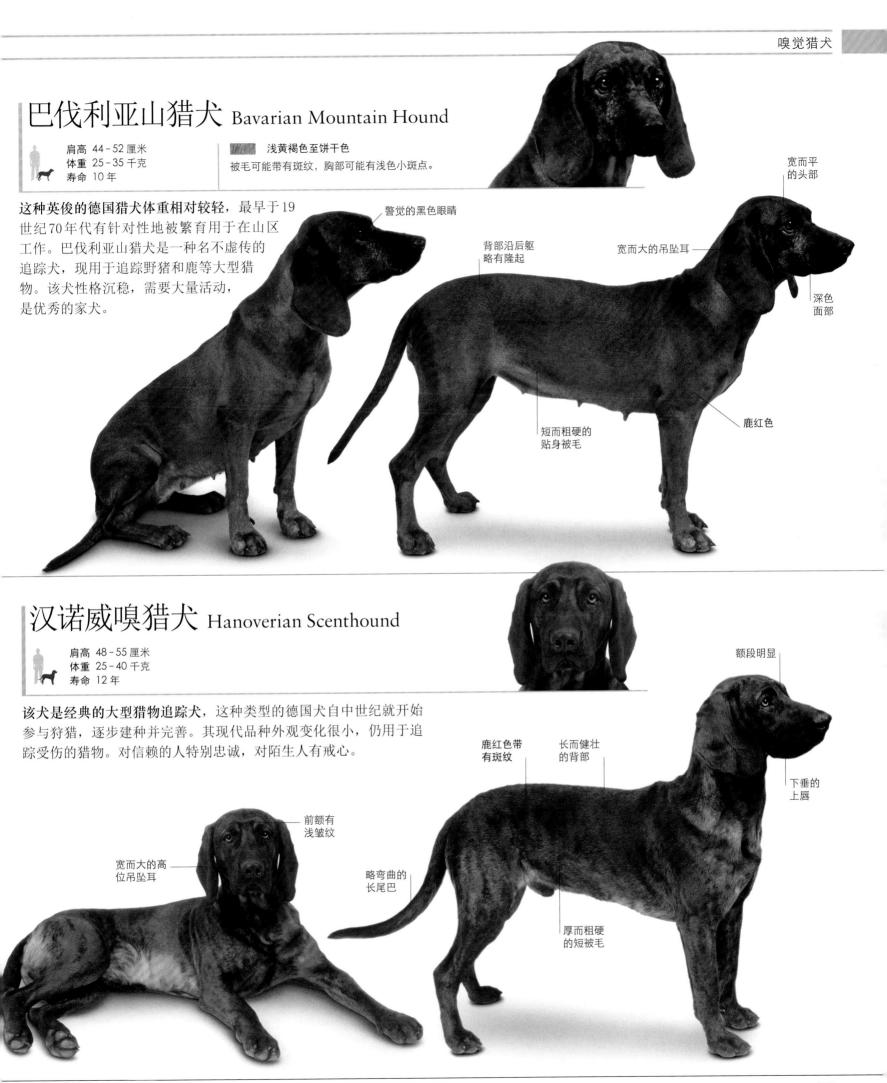

巴伐利亚山猎犬 Bavarian Mountain Hound

肩高 44-52 厘米
体重 25-35 千克
寿命 10 年

浅黄褐色至饼干色
被毛可能带有斑纹，胸部可能有浅色小斑点。

这种英俊的德国猎犬体重相对较轻，最早于19世纪70年代有针对性地被繁育用于在山区工作。巴伐利亚山猎犬是一种名不虚传的追踪犬，现用于追踪野猪和鹿等大型猎物。该犬性格沉稳，需要大量活动，是优秀的家犬。

警觉的黑色眼睛

宽而平的头部

背部沿后躯略有隆起

宽而大的吊坠耳

深色面部

短而粗硬的贴身被毛

鹿红色

汉诺威嗅猎犬 Hanoverian Scenthound

肩高 48-55 厘米
体重 25-40 千克
寿命 12 年

该犬是经典的大型猎物追踪犬，这种类型的德国犬自中世纪就开始参与狩猎，逐步建种并完善。其现代品种外观变化很小，仍用于追踪受伤的猎物。对信赖的人特别忠诚，对陌生人有戒心。

额段明显

鹿红色带有斑纹

长而健壮的背部

下垂的上唇

宽而大的高位吊坠耳

前额有浅皱纹

略弯曲的长尾巴

厚而粗硬的短被毛

杜宾犬 Dobermann

肩高	体重	寿命	
65－69 厘米	30－40 千克	13 年	伊莎贝拉色（驼色） 蓝色 棕色

这种强壮而优雅的犬，对于有经验和爱活动的主人来说，是忠诚又顺从的宠物。

这种强壮、极具保护意识的犬是19世纪末由一名叫路易斯·杜宾的德国税务官员为保护自己而繁育的，是用德国牧羊犬（见42页）和德国宾莎犬（见218页）繁育出来的，这就是为什么这种犬在有些国家仍被称为"杜宾宾沙犬"，特别是在美国。其他与之有关的品种包括灵缇（见126页）、罗威纳犬（见83页）、曼彻斯特㹴（见212页）和魏玛猎犬（见248页）。杜宾犬从这些犬身上继承了很多优良的品质，包括看护和追踪技能，以及聪明、耐力、速度和漂亮的外表。

该犬于1876年第一次出现在犬展上便深受欢迎。到20世纪，整个欧洲及美国都把这种犬用作警犬、看护犬及军事用犬。

这个品种现在仍广泛用于警事和安全工作，作为家犬也颇受欢迎。过去杜宾犬曾被不公正地认为具有侵略性。它们的确需要严格、权威的管教，但同时它们也会以爱、忠诚和乐于学习来回报主人。研究表明，杜宾犬是最容易训练的犬种之一。它们乐于成为家庭的一员，越活跃的家庭越适合。在有些国家，如美国，让耳朵挺直的剪耳项目以及剪尾仍然存在，但目前这在欧洲大多数国家是非法的。

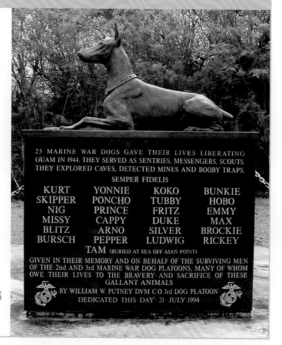

幼犬

海军陆战队中的杜宾犬

美国海军陆战队在第二次世界大战期间首先使用犬类来当哨兵、侦察员、信使。绝大多数战争犬是杜宾犬，绰号为"魔鬼犬"。曾有七个排的犬在太平洋地区服役，它们的英勇表现挽救了许多人的生命。1994年，关岛的战争犬墓地里竖起了一座杜宾犬的雕像（见右图）来纪念50年前在解放这个岛的过程中牺牲的25只犬。这座雕像以美国海军陆战队拉丁文座右铭"Semper Fidelis"的译文"永远忠诚"来命名。

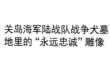

关岛海军陆战队战争犬墓地里的"永远忠诚"雕像

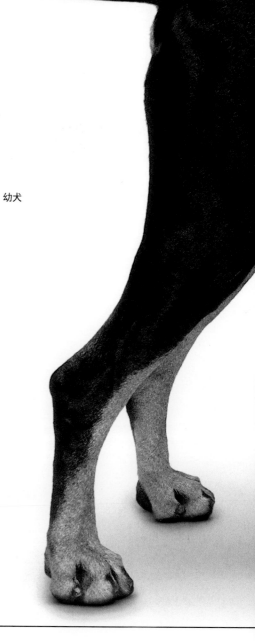

平顶长头

典型的黄褐色斑纹

三角形垂耳

黑色和黄褐色

背部朝臀部缓缓向下倾斜

杏仁状眼睛上方有黄褐色斑点

光滑的短被毛

深胸

紧凑的猫足

黑森林猎犬 Black Forest Hound

肩高 40-50 厘米
体重 15-20 千克
寿命 11-12 年

黑森林猎犬又称斯洛伐克猎犬，源自东欧中部丘陵地带和雪山森林里。现用于单独或集体狩猎野猪、鹿和其他猎物。该犬粗硬的被毛可保护其在浓密的灌木丛中追踪气味达数小时之久，深受当地猎人喜爱。

略呈锥形的黑色鼻子

垂耳，耳端圆

黑色和黄褐色

眼睛上方有典型的黄褐色斑点

椭圆形足，拱形脚趾

波兰猎犬 Polish Hound

肩高 55-65 厘米
体重 20-32 千克
寿命 11-12 年

这一稀少的品种是用较重的布若卡犬和较轻的嗅觉猎犬繁育而来，是一种游弋在波兰浓密山林中狩猎大型猎物的猎犬。这种猎犬的祖先在中世纪曾被波兰贵族用于群猎。波兰猎犬有不受速度影响的高超的追踪能力。

黑色鞍状背部

黑色和黄褐色

耳端卷曲

短被毛

川斯威尼亚猎犬

Transylvanian Hound

肩高 55-65 厘米
体重 25-35 千克
寿命 10-13 年

这种身体强壮的猎犬也叫匈牙利猎犬或厄尔德利科波犬，曾是匈牙利国王和王子们的专用犬。敏锐的方向感，以及在白雪皑皑的喀尔巴阡森林和极端气候条件下表现出的坚忍顽强，使其成为首选的狩猎大型猎物的猎犬。至今该犬仍是一个极少见的品种。

垂耳，上部宽，向下逐渐变窄，耳端圆

黑唇

深棕色眼睛上方有黄褐色斑点

粗硬的短被毛

黑色和黄褐色

波萨维茨猎犬 Posavaz Hound

肩高 46-58 厘米
体重 16-24 千克
寿命 10-12 年

波萨维茨猎犬的克罗地亚语名字（Posavski Gonic）翻译过来意为"来自萨瓦山谷的嗅觉猎犬"，强健的身体使其在萨瓦河流域的浓密灌木丛中行走自如。这种猎犬狩猎时激情四射，在家则很温顺。

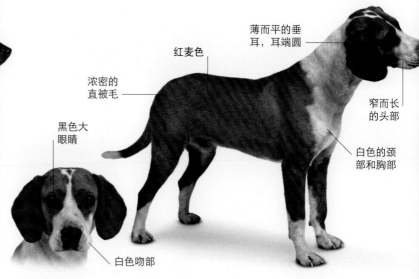

薄而平的垂耳，耳端圆

红麦色

窄而长的头部

浓密的直被毛

白色的颈部和胸部

黑色大眼睛

白色吻部

波斯尼亚粗毛猎犬 Bosnian Rough-coated Hound

肩高 45-56 厘米	三色
体重 16-25 千克	
寿命 12 年	

以前被称为伊利里亚猎犬，从19世纪以来就是猎人的好伙伴。该犬耐寒、强壮，其被毛粗、厚，能在寒冷的气候条件下穿越灌木丛进行狩猎。

暗红色垂耳

椭圆形的栗褐色大眼睛

背部的黑色区域从颈部延伸至尾巴

胸部和四肢上有红黄色被毛

双色

长而卷曲的被毛，内层被毛厚

猫足

蒙特内哥罗山猎犬 Montenegrin Mountain Hound

肩高 44-54 厘米	
体重 20-25 千克	
寿命 12 年	

这种少见的犬也叫塞尔维亚山猎犬，来自塞尔维亚的普兰尼娜地区，有着非狩猎型犬主喜爱的平静、温和的性情。不过，其仍是优秀的猎犬，在狩猎狐狸、野兔甚至鹿和野猪等大型猎物方面表现出色。

黄褐色斑纹

长长的吊坠耳

适度下垂的上唇

马刀状尾巴

胸部有黄褐色斑纹

被毛光滑，触感粗硬

黑色和黄褐色

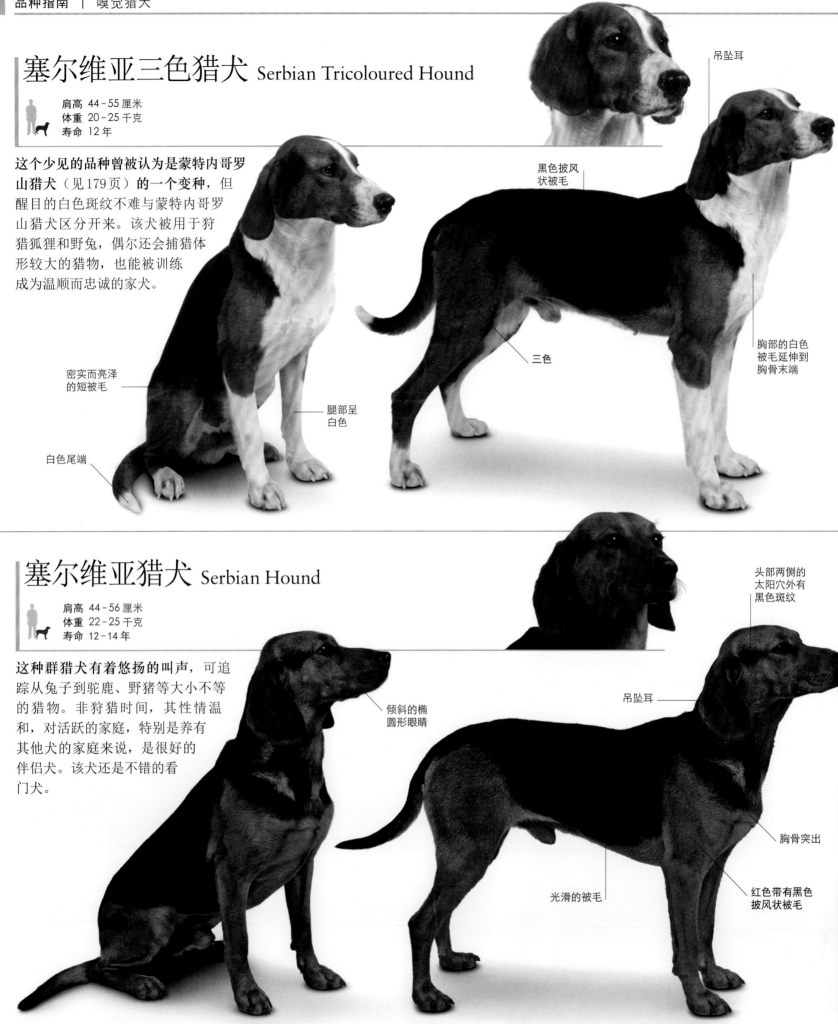

塞尔维亚三色猎犬 Serbian Tricoloured Hound

肩高 44-55 厘米
体重 20-25 千克
寿命 12 年

这个少见的品种曾被认为是蒙特内哥罗山猎犬（见179页）的一个变种，但醒目的白色斑纹不难与蒙特内哥罗山猎犬区分开来。该犬被用于狩猎狐狸和野兔，偶尔还会捕猎体形较大的猎物，也能被训练成为温顺而忠诚的家犬。

吊坠耳

黑色披风状被毛

胸部的白色被毛延伸到胸骨末端

三色

密实而亮泽的短被毛

腿部呈白色

白色尾端

塞尔维亚猎犬 Serbian Hound

肩高 44-56 厘米
体重 22-25 千克
寿命 12-14 年

这种群猎犬有着悠扬的叫声，可追踪从兔子到驼鹿、野猪等大小不等的猎物。非狩猎时间，其性情温和，对活跃的家庭，特别是养有其他犬的家庭来说，是很好的伴侣犬。该犬还是不错的看门犬。

头部两侧的太阳穴外有黑色斑纹

倾斜的椭圆形眼睛

吊坠耳

胸骨突出

光滑的被毛

红色带有黑色披风状被毛

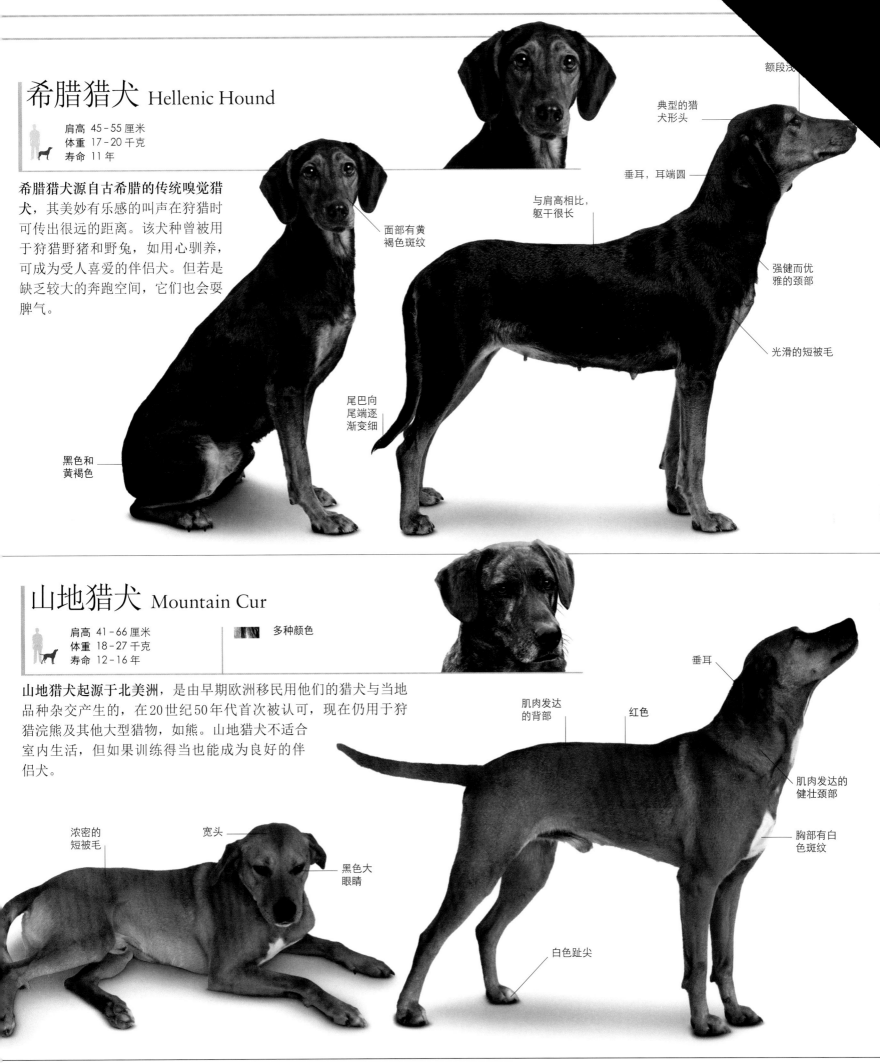

希腊猎犬 Hellenic Hound

肩高 45-55 厘米
体重 17-20 千克
寿命 11 年

希腊猎犬源自古希腊的传统嗅觉猎犬，其美妙有乐感的叫声在狩猎时可传出很远的距离。该犬种曾被用于狩猎野猪和野兔，如用心驯养，可成为受人喜爱的伴侣犬。但若是缺乏较大的奔跑空间，它们也会耍脾气。

额段浅

典型的猎犬形头

垂耳，耳端圆

与肩高相比，躯干很长

强健而优雅的颈部

光滑的短被毛

面部有黄褐色斑纹

尾巴向尾端逐渐变细

黑色和黄褐色

山地猎犬 Mountain Cur

肩高 41-66 厘米
体重 18-27 千克
寿命 12-16 年

多种颜色

山地猎犬起源于北美洲，是由早期欧洲移民用他们的猎犬与当地品种杂交产生的，在20世纪50年代首次被认可，现在仍用于狩猎浣熊及其他大型猎物，如熊。山地猎犬不适合室内生活，但如果训练得当也能成为良好的伴侣犬。

垂耳

肌肉发达的背部

红色

肌肉发达的健壮颈部

胸部有白色斑纹

浓密的短被毛

宽头

黑色大眼睛

白色趾尖

罗得西亚脊背犬 Rhodesian Ridgeback

肩高	体重	寿命
61-69 厘米	29-41 千克	10-12 年

这种犬喜欢热闹，容易兴奋，需要一个有经验的主人及大量的脑力和体力活动。

这种非洲猎犬的背部有与身上其他被毛生长方向相反的独特脊毛，因此一眼就能辨别出来。这个品种原产于津巴布韦（前罗得西亚），是16—17世纪由欧洲殖民者带到非洲南部的那些犬的后代。这些被带入的犬与原住民喂养的半野生有脊毛的猎犬进行了杂交，其后代于1870年被引入罗得西亚，并于1922年建立了罗得西亚脊背犬的第一个品种标准。

这个品种曾被用于群猎狮子，猎人们骑马跟随，因此，这种犬有时也被称为非洲猎狮犬。人们也用该犬狩猎狒狒等其他猎物。这些犬耐力强，可整天狩猎，并能忍耐非洲丛林炽热的白天和寒冷的夜晚。它们也被用作看护犬来保护家庭和财产。

罗得西亚脊背犬现仍被用于狩猎和看护，作为家庭伴侣也越来越流行。尽管外形凶猛，但性情友善、热情，不过对小孩子们来说还是有些过于喧闹。该犬对主人和家庭有很强的保护性，对陌生人有戒心，需从小进行完全的社会化训练。这种聪明、意志坚强的犬与有经验的主人在一起时表现优秀，主人应该是能恩威并施的。要让其有事可做，否则这种犬可能会因为运动量不足或产生倦怠感而出现行为问题。

"狮子犬"

罗得西亚脊背犬的狩猎技巧源自欧洲猎犬，包括大丹犬（见96页）、马士提夫獒犬（见93页）、指示犬（见254—258页）以及科伊科伊人的那些凶悍无畏的犬。它们过去被用于小群狩猎狮子。这些犬有足够的速度和敏捷性来跟随猎物，其无畏的勇气能把狮子控制在一定区域（见下图），直到猎人把狮子射杀。该犬也曾在南美洲被用于狩猎豹子以及在北美洲狩猎山狮、猞猁和熊。

幼犬

垂耳，耳上毛色比其他部位略深

深色吻部

胸部有白色小斑纹

红麦色

脚趾上有白色斑纹

紧凑的足部

黑色鼻子

短而有光泽的被毛

独特的脊毛

长尾巴从尾根至尾端逐渐变细

狨犬

坚忍无畏、自信心强、精力充沛——狨犬拥有这些乃至更多的优秀品质。狨犬这组犬的名字来自拉丁词"*terra*"，意为土地，表明该犬组的各类小型犬最初的用途是捕猎穴居动物，如老鼠。不过，有些现代狨犬属大型犬，繁育用于不同目的。

许多狨犬犬种起源于英国，它们在那里被认为是劳动人民的猎犬。有些以其最初的产地命名，如诺福克狨（见192页）、约克夏狨（见190页）和湖畔狨（见206页）。其他则与其狩猎的动物有关，如猎狐狨（见208页）和捕鼠狨（见212页）。

狨犬天生反应敏捷，追踪猎物时坚持不懈。它们个性独立，或者可谓固执，为保护领地敢于与比它们体形大的犬交锋。这些犬专为狩猎生活在地下的动物而繁育，包括倍受喜爱的杰克罗素狨（见196页）和凯恩狨（见189页），这些狨犬体形小而健壮，腿较短。腿较长的狨，如爱尔兰狨（见200页）和有漂亮被毛的软毛麦色狨（见205页），曾被用于地面狩猎，也曾用作保护畜群的看护犬。最大型的狨犬包括最初被繁育用于狩猎獾和水獭的万能狨（见198页）和外表吸引人、被专门繁育用于军事和看护用途的俄罗斯黑狨（见200页）。

19世纪，一种不同类型的狨犬开始流行。狨犬与斗牛犬杂交后繁育出了如斗牛狨（见197页）、斯塔福郡斗牛狨（见214页）和美国比特斗牛狨（见213页）一类的新犬种，这些品种被有针对性地用于凶残的、现已被列为非法的斗犬和斗牛活动。这些狨犬有宽而大的头部和健壮的颌部，与獒犬有相近的特性，而且可能与之有亲缘关系。

大多数狨犬现被作为宠物喂养。它们聪明、友好而富有爱心，是优秀的伴侣犬和看门犬。由于固有的性格特点，狨犬需进行早期训练和社交培养，以避免与其他犬和宠物发生冲突。狩猎型狨犬喜欢挖洞，若无人看管，会在花园里肆虐。现在，那些历史上用于格斗的犬的现代品种基本上不具攻击性，如果由富有经验的主人合理训练，一般都能成为可信赖的家犬。

捷克狭 Cesky Terrier

肩高	体重	寿命		赤褐色	胡须、面颊、颈部、胸部、腹部和四肢上可有黄色、
25-32 厘米	6-10 千克	12-14 年			灰色或白色斑纹，有时带有白色领毛或白色尾端。

该犬坚忍无畏，有时任性，耐心训练的话可成为开朗、随和的伴侣犬。

又称波希米亚狭，于20世纪40年代在现今捷克共和国所在地被繁育。弗朗齐歇克·霍拉克创建了这个品种。在这之前他还繁育了苏格兰狭以用于狩猎，但他想进一步繁育一种体形较小、能进入动物洞穴且易喂养的犬。他联系了喂养西里汉姆狭的犬主，于1949年将西里汉姆狭与苏格兰狭杂交。在20世纪50年代他又多次进行了这种杂交，并保留好有关记录，最终繁育出了捷克狭。霍拉克繁育的新犬种分别于1959年和1963年在捷克斯洛伐克养犬协会和世界犬业联盟（FCI）注册。20世纪80年代，他用西里汉姆狭进一步进行杂交来拓宽这个品种的遗传基础。

捷克狭是有针对性地被繁育用于在当地狩猎狐狸、兔子、野鸭、野鸡，甚至野猪的。该犬体力充沛，狩猎欲望强烈，可单独或成群狩猎。

这种犬现仍被当成工作犬和看门犬使用。捷克狭尽管已被引入欧洲以及美国，但在捷克共和国以外的国家仍很少见。作为狭犬，它们爱好放松，喜爱嬉戏，有时只作为伴侣犬被喂养。但其依然保留了狭犬部分固执的性格，需在早期坚持进行训练。其被毛比大多数狭犬柔软，人们通常将其身上的毛剪短，面部、四肢和腹部的毛留长。其被毛隔几天就要梳理一次，三四个月剪一次。

被毛略呈波浪状，带有丝绸般的光泽

休息时尾巴低垂

腿下部和足部呈黄白色，与胡须颜色相配

品种创始人

捷克狭的存在要归功于一个人：弗朗齐歇克·霍拉克（1909-1996），他9岁就开始繁育犬，并于20世纪30年代成功繁育了他的第一只苏格兰狭。从1949年繁育捷克狭开始，霍拉克和他的"拉乌兹达"（意为成功狩猎）犬舍就逐渐闻名全国。当1989年捷克共和国开放边境后，来自世界各地的人们赶来与他见面。他在有生之年看到了他的杰作成为其祖国的一个象征。

捷克斯洛伐克于1990年发行的一张印有捷克狭的邮票

头部前方
毛发较长

灰蓝色

"长发"成须

三角形垂耳

前足比
后足大

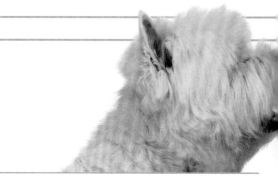

西高地白狸 West Highland White Terrier

肩高	体重	寿命
25-28 厘米	7-10 千克	9-15 年

西白品牌

西高地白狸的白色被毛、矮胖的体形和活泼的性格让其成为一些世界知名产品的"商标"。最为人所知的是塞萨尔（Cesar™），这是一个小型犬专用的犬粮品牌。黑白苏格兰威士忌在其标牌上使用黑色的苏格兰狸和白色的西高地白狸来凸显其传统的苏格兰特色。美国时尚品牌橘滋（Juicy Couture）的香水徽标上就有两只这种犬。

黑白苏格兰威士忌的广告

这种狸犬有着调皮和开朗的性格，在幼犬时期就要进行社交训练，否则在其他犬面前会比较霸道。

西高地白狸是最受喜爱的小型狸犬之一，是在19世纪的苏格兰通过凯恩狸（见189页）繁育而来。与这一品种的繁育关系最密切的是爱德华·马尔科姆上校，波多罗克的第16任主人。有这样一种说法，马尔科姆上校的红棕色凯恩狸被当成狐狸误杀了，于是他决定繁育白色的狸犬，因为白犬不容易被误认为是猎物。

西高地白狸被繁育用于狩猎狐狸、水獭、獾以及有害小动物，如老鼠。这种犬必须强壮而灵活，能够跳上岩石、钻入小裂缝。该犬也需要勇气来近距离面对狐狸。

今天，大多数西高地白狸被作为宠物喂养。它们聪明、好奇而友好，适合各种类型家庭喂养。这些犬需要大量的活动和人的陪伴，不然会因感到无趣而养成一些坏习惯，如过度吠叫和挖掘。西高地白狸体形虽小但却充满自信，跟其他犬在一起时会专横傲慢，因此建议在早期就进行社交训练。其被毛需要每隔几天梳理一次。

直立的短尾巴

厚厚的被毛，偶尔需要修剪

短腿

浓眉毛下的黑亮眼睛

白色

前足比后足大

小而尖的竖耳

头部被毛密实

紧凑而结实的身体

凯恩狸 Cairn Terrier

肩高 28-31 厘米	红色
体重 6-8 千克	灰色，近乎黑色
寿命 9-15 年	被毛上可能有斑纹。

凯恩狸源自苏格兰西部群岛，被繁育用于狩猎有害动物。这种身体结实的狸犬有趣而富有个性，个头儿小巧，可在公寓内喂养，精力充沛，可在乡村人家里嬉戏。该犬适合在任何地方生活。凯恩狸追逐移动物体的冲动需要在早期进行抑制。

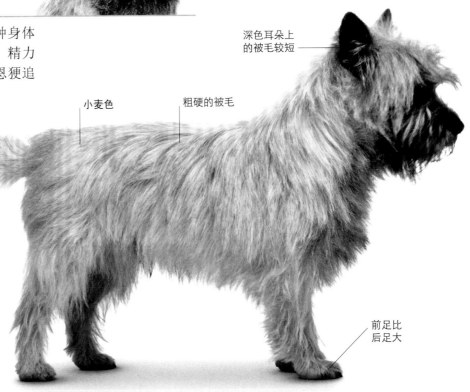

深色耳朵上的被毛较短

小麦色

粗硬的被毛

前足比后足大

蓬松的眉毛悬垂在深褐色眼睛上方

奶油色

苏格兰狸 Scottish Terrier

肩高 25-28 厘米	小麦色
体重 9-11 千克	
寿命 9-15 年	被毛上可能有斑纹。

该犬于19世纪末被首次命名，但这一犬种在此之前的很多年就已在苏格兰高地存在了。这种"苏格兰小家伙"虽然身材小巧，但却强壮、敏捷，跟西高地白狸（见188页）和凯恩狸（见上）一样，被繁育用于狩猎有害动物。苏格兰狸深情又警觉，是很好的家庭伴侣。

长头

粗硬的被毛

黑色

浓密的眉毛

浓密的长胡须

西里汉姆狸 Sealyham Terrier

肩高 25-30 厘米	
体重 8-9 千克	
寿命 14 年	

该犬最初在威尔士被繁育用来捕捉獾和水獭，现已失去工作用途，只作为宠物喂养。西里汉姆狸天生的领地意识使其成为优秀的看门犬，但其天性固执，因此需要不断地进行训练。该犬被毛造型很独特，需定期打理。

直立的锥形尾巴

白色

中等大小的黑色圆眼睛

小垂耳

修剪过的毛使颌部呈方形

约克夏㹴 Yorkshire Terrier

肩高	体重	寿命
20-23 厘米	可达 3 千克	12-15 年

可爱的容貌和娇小的体形掩盖了其争强好胜的性格。

相对于其较小的玩具犬体形，约克夏㹴拥有那些体形是其数倍的犬才具有的勇气、精力和信心。约克夏㹴非常聪明，对服从性训练反应良好。但该犬惯于利用主人对其的娇纵而做出一些若出现在大型犬身上会被认为是不可接受的行为，包括吵闹、吠叫和苛求主人。如管教合理，该犬会展露其活泼可爱、忠诚友爱的天性。约克夏㹴昔日被繁育用于在英格兰北部的毛纺厂和矿井中捕捉老鼠。该犬娇小的迷你体形是人们用小型犬逐步繁育而成的，随着时间的推移，这种犬最终成为贵妇随身携带的时尚装饰宠物。但这种娇宠的呵护方式与约克夏㹴好动的本性相悖，与此相比，每天让其跑动至少半小时它们会更高兴。

该犬那长而富有光泽的被毛在表演场外需要用折纸包裹并用橡皮筋扎起来加以保护，被毛打理很耗费时间，但它们很享受主人的这种呵护。

尾巴毛色深于其他部位

黑色眼睛，眼神聪慧、警觉

深钢蓝色

面部和胸部有浓密而富有光泽的黄褐色被毛

Famous先生

一只叫Famous的约克夏㹴是最早出现在展会上的名犬之一，为电影明星奥黛丽·赫本所有。Famous常伴赫本左右，显然它更喜欢被宠爱的感觉。赫本走到哪儿它跟到哪儿，它甚至和赫本共同出现在1957年出品的《甜姐儿》这部电影中。赫本为它发布了许多时尚饰品，从小黑外衣到超大太阳镜。Famous可能是当今"手袋犬"的先驱。

V形小竖耳

将长长的面部被
毛（顶髻）用丝
带向后绑起

黑色
鼻子

剪过毛的幼犬

细细的丝
状被毛

展示时，可将长
被毛由鼻子到尾
端从中分开

水平背部

澳大利亚狸 Australian Terrier

肩高 可达 26 厘米	
体重 可达 7 千克	蓝色带黄褐色
寿命 15 年	

这种狸犬可能是多种狸犬杂交的结果，这些用于杂交的狸是由英国殖民者在19世纪带到澳大利亚的，包括凯恩狸（见189页）、约克夏狸（见190页）和丹迪丁蒙狸（见217页）。澳大利亚狸身材矮小但却充满活力，是优秀的家犬。

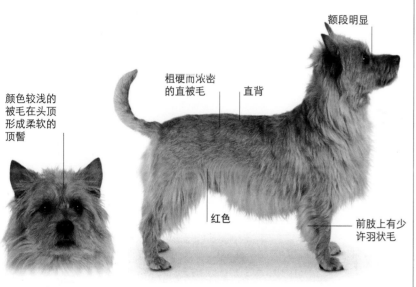

颜色较浅的被毛在头顶形成柔软的顶髻

额段明显

粗硬而浓密的直被毛

直背

红色

前肢上有少许羽状毛

澳大利亚丝毛狸 Australian Silky Terrier

肩高 可达 23 厘米	
体重 可达 4 千克	
寿命 12-15 年	

这种颇有吸引力的犬是由澳大利亚狸（见左）**和约克夏狸**（见190页）于19世纪末杂交产生的。澳大利亚丝毛狸是典型的狸犬，爱挖洞，其追逐的本能可能会伤害到其他小型宠物。长长的被毛需定期梳理以防缠结。

高位上翘的尾巴

丝状长被毛

浅色顶髻遮盖眼睛

蓝灰色

四肢和胸部有黄褐色斑纹

诺福克狸 Norfolk Terrier

肩高 22-25 厘米	红色
体重 5-6 千克	黑色和黄褐色
寿命 14-15 年	被毛可能有灰色斑纹。

这种小型狸犬是用多种捕鼠犬繁育而来的，是精力充沛的猎犬。捕鼠犬通常群体围猎，所以与其他狸犬相比，诺福克狸更容易与其他犬相处，但也不能放任该犬和其他宠物在一起。对于有年龄大一些孩子的家庭来说，该犬是不错的看护犬和伴侣犬。

短而紧凑的躯干

小而圆的足

椭圆形眼睛流露出敏锐而警惕的眼神

强壮的钝形吻部

直尾

小麦色

垂耳

浓密的被毛

艾莫劳峡谷狸 Glen of Imaal Terrier

肩高 36 厘米
体重 16-17 千克
寿命 13-14 年

蓝色
斑纹

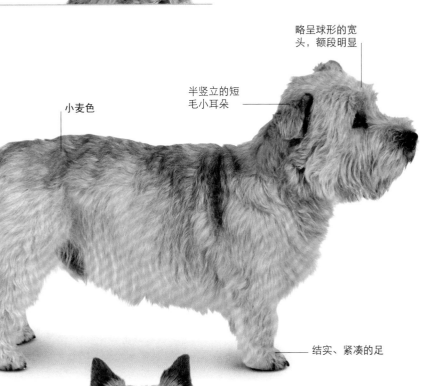

这种身体结实的小型犬相当活跃。它们来自爱尔兰威克洛郡，曾被用于猎獾比赛，但这种赛事在20世纪60年代末被禁。现在的艾莫劳峡谷狸如果有沉着而严格的主人调教，会是敏感而忠诚的小宠物。

略呈球形的宽头，额段明显

半竖立的短毛小耳朵

小麦色

棕色圆眼睛

中等长度的粗硬被毛，内层被毛柔软

短腿

结实、紧凑的足

诺维奇狸 Norwich Terrier

肩高 25-26 厘米
体重 5-6 千克
寿命 12-15 年

小麦色
红色
红色被毛可能点缀有灰色斑点。

诺维奇狸是体形最小的工作狸之一，同其表亲诺福克狸（见192页）一样，是勇敢和温顺的良好平衡体。该犬天性随和，对儿童友好，但会对陌生人吠叫。这种犬与其他捕鼠狸一样，调皮并爱追逐。

诺维奇狸的竖耳使其与诺福克狸（见192页）区分开来

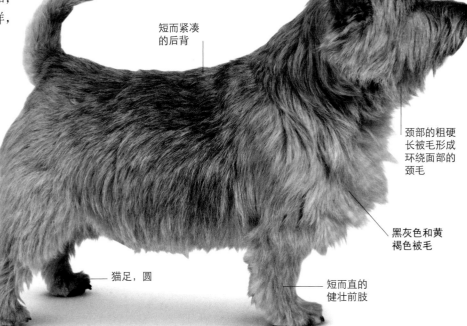

短而紧凑的后背

颈部的粗硬长被毛形成环绕面部的颈毛

亮晶晶的椭圆形黑色眼睛

黑色和黄褐色

黑灰色和黄褐色被毛

猫足，圆

短而直的健壮前肢

帕尔森罗素狸 Parson Russell Terrier

肩高	体重	寿命	白色
33-36 厘米	6-8 千克	15 年	可能带有黑色斑纹。

这种精力充沛、具有强烈狩猎本能的犬需要严格的管教和积极的生活方式。

这种猎狐狸是以前被一起归类于杰克罗素狸的两个变种中的一个。现在，长腿品种叫帕尔森罗素狸，而短腿品种则依旧被称为杰克罗素狸（见196页）。

该品种是由一个叫约翰·罗素的牧师于19世纪初在英格兰西郡地区繁育的。他像18世纪末和19世纪初的许多神职人员一样，热爱打猎。1876年，罗素牧师作为猎狐狸协会的创立人之一，帮助编写了理想猎狐狸（见208页）的品种标准。不过，当年那些有着"成年雌狐"体形的猎狐狸也保留了下来，并最终产生了帕尔森罗素狸和体形小一些的杰克罗素狸。

经过帕尔森罗素狸爱好者多年（特别是在20世纪80年代）的努力，英国养犬协会终于在

1984年确认帕尔森罗素狸为一个品种。帕尔森罗素狸这个名字于1999年正式开始使用。

其现代品种像工人一样能干，有长长的腿和窄窄的胸（成年人的一只手就能轻易握住）。该犬聪明、活跃，需要经常有人陪伴，每天要有大量活动，否则会不停吠叫或出现脾气暴躁等行为问题。该犬对人和马友善，但其冲动的狩猎本能可能会伤及小动物。

耐候性被毛由浓密的内层被毛和粗硬的外层被毛组成，有软毛型和粗毛型（断毛型）两种类型，但均易梳理。

软毛型幼犬

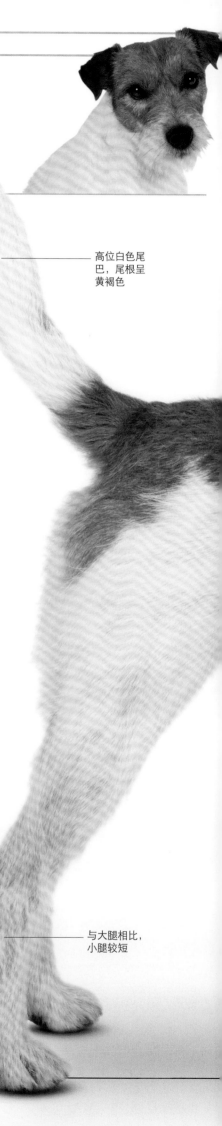

高位白色尾巴，尾根呈黄褐色

与大腿相比，小腿较短

早期历史

1818年在牛津学习时，约翰·罗素从一个送奶人那里买了一只以白色为主，带黄褐色斑纹的小雌犬。他想要一只打猎时能跟上马的速度，但又小到可以钻进狐狸洞把它们赶出来的犬。这只狸犬名叫川普，是这个品种的奠基雌犬。到19世纪90年代，杰克罗素狸这个品种得以建立，在英国著名的犬类艺术家约翰·埃姆斯的画作（见右）中能看到它的身影，但直到20世纪80年代，帕尔森罗素狸才被正式确认。

1891《杰克罗素狸》
作者：约翰·埃姆斯

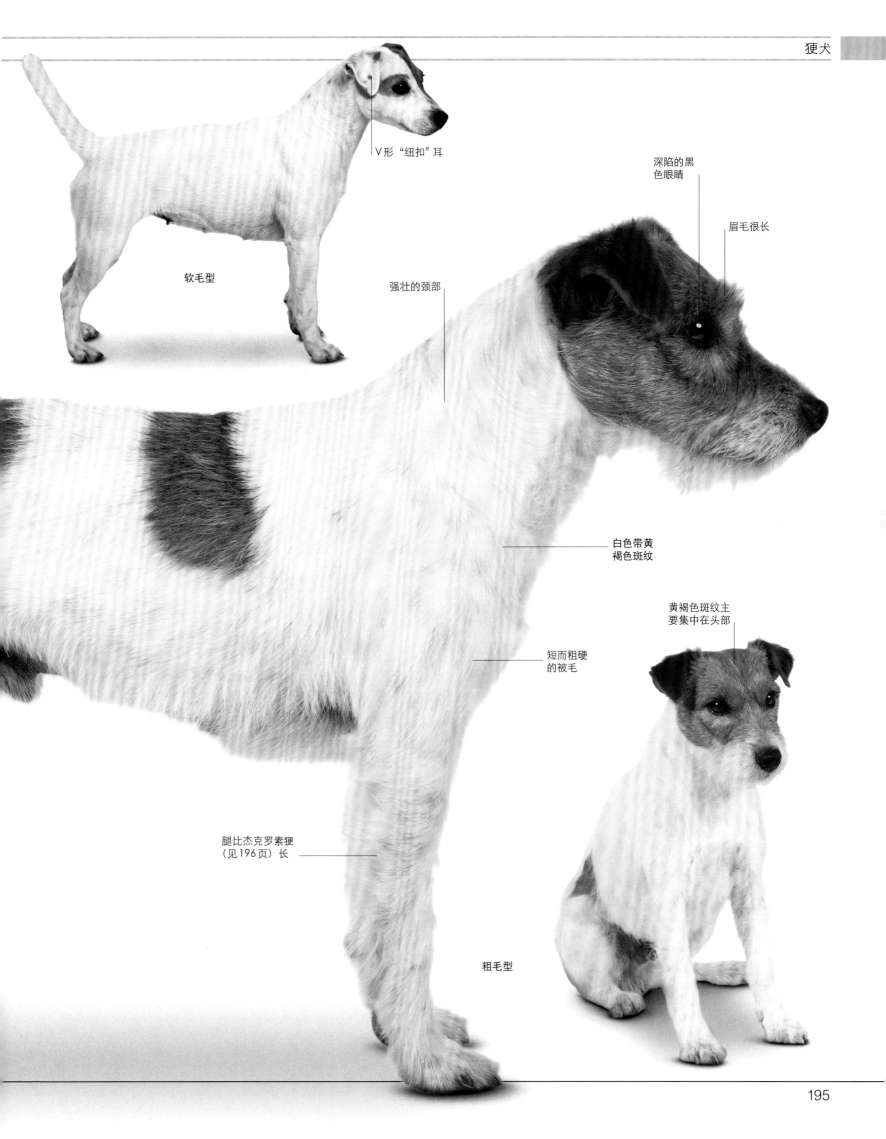

软毛型

V形"纽扣"耳

深陷的黑色眼睛

眉毛很长

强壮的颈部

白色带黄褐色斑纹

黄褐色斑纹主要集中在头部

短而粗硬的被毛

腿比杰克罗素狝（见196页）长

粗毛型

杰克罗素㹴 Jack Russell Terrier

肩高 25-30 厘米
体重 5-6 千克
寿命 13-14 年

白色带有黑色

这种工作㹴富有活力且勇敢，由约翰·罗素牧师在19世纪繁育用于从洞里赶出狐狸，并以他的名字命名。现在，该犬是优秀的捕鼠犬，也是对人友好且精力旺盛的伙伴。该犬与比其身体更结实的表亲帕尔森罗素㹴（见194页）相比，腿部短一些。有软毛型和刚毛型两种被毛类型。

头顶平

活跃时尾巴直立

躯干长度大于腿部长度

黑色鼻子

刚毛型

圆足

白色为主带有黄褐色斑纹

白色为主带有黑色和黄褐色斑纹

软毛型

波士顿㹴 Boston Terrier

肩高 38-43 厘米
体重 5-11 千克
寿命 13 年

斑纹

斑纹状被毛带有白斑。

波士顿㹴因其奇特又短小精悍的外形和温顺性格而被称为"美国绅士"，是城乡皆宜的家犬。这种斗牛犬和几种㹴犬的杂交品种已丧失了捕鼠本能。它们喜欢人们的陪伴，喜欢热闹，需要经常活动。

平顶方头

竖立尖耳

间距宽的黑色圆眼睛

吻部短，黑色鼻子

黑色带有白色斑纹

天生低位短尾

紧凑小圆足

斗牛狪 Bull Terrier

肩高 53-56 厘米
体重 23-32 千克
寿命 10-12 年

多种颜色

斗牛狪主要是斗牛犬（见95页）和多种狪犬杂交的结果，在19世纪的英格兰繁育用于斗犬。作为这一邪恶运动的牺牲品，该犬却由此成功成为宠物。现代斗牛狪脾气温和，在严厉主人的管教下会表现得很好。

独特的椭圆形长头

间距很近的竖立薄耳

尾端白色

胸宽，呈白色

白色

斑纹

后肢从跗关节到足部较短

迷你斗牛狪 Miniature Bull Terrier

肩高 可达36厘米
体重 11-15 千克
寿命 10-12 年

多种颜色

这种犬作为斗牛狪（见上）的缩小版在20世纪20年代险些灭绝。随后的几十年逐渐复兴，不过现在仍不多见。迷你斗牛狪与比其大一些的亲戚斗牛狪一样，需要早期训练和社会化来使其成为合格的家庭宠物。

前颌有白色焰斑

典型的椭圆形头，轮廓突出

粗硬并富有光泽的短被毛

未环绕整个颈部的白色领毛

白色

黑色

圆足

万能狔 Airedale Terrier

肩高	体重	寿命
56-61 厘米	18-29 千克	10-12 年

这种多才多艺的犬是体形最大的狔犬，也是优秀的家庭宠物，但有时会淘气和吵闹。

万能狔被誉为"狔犬之王"。这种体形大、身材宽大而结实的英国品种起源于约克郡的艾里河谷地区。最初是在19世纪中期由当地的猎人繁育的，当时他们需要一种强壮的狔犬来捕获有害的小动物和稍大型的猎物，如水獭。因此，繁育者将黑黄褐色狔与奥达猎犬（见142页）及爱尔兰狔（见200页），可能还有斗牛狔（见197页）进行杂交，产生了一种拥有狔犬的斗志和奥达猎犬水中技巧的狔犬。人们将其用于在河边狩猎，因此有了一个别名：河畔狔。万能狔于1878年被正式确认为一个品种。

万能狔是一种可追踪、狩猎及追逐小猎物的全能犬。牧民们用该犬放牧、驱赶牲畜及保护他们的财产。万能狔也参与艾里河及其支流两岸的竞技性捕鼠活动。从19世纪80年代开始，这种犬被出口到美国，在那里用于狩猎浣熊、丛林狼和山猫等动物。

该犬也用于防护、警事和军事工作及搜索和救援，也是受欢迎的伴侣犬。它们友善、聪明，具有狔犬的各种特征，酷爱追逐的兴奋感，每天需要大量活动。该犬个性很强，管教时要恩威并施，它们对训练反应积极。

服役

万能狔在第一次世界大战期间为英国军队和红十字会做出了重大贡献。它们在战场上被用于传递信息、信件及寻找伤员。有些犬饱受各种艰险和严重伤病的困扰。据说，当时有一只名叫杰克的犬，在敌人炮击时穿过沼泽，在下颌和前肢受伤的情况下，及时把信息送到，挽救了一个营将士的生命。任务完成后，它就去世了。杰克因其英勇的行为而被追授了勋章。万能狔在第二次世界大战期间也被训练用于服役，下图即为1939年一个训练营中的画面。

长而平的头部

垂耳

吻部有胡须

幼犬

尾巴警觉时高高立起

平背

黑灰色鞍状背部被毛

黑灰色和黄褐色

波浪状刚毛

俄罗斯黑㹴 Russian Black Terrier

肩高 66-77 厘米
体重 38-65 千克
寿命 10-14 年

这种体形庞大而强壮的犬最初是在20世纪40年代为苏联的苏维埃军队专门繁育的。当时繁育者的目标是繁育一种大型、适于军事任务并能耐受俄罗斯冬天极冷天气的犬。在繁育该犬的过程中使用了许多品种的犬，包括罗威纳犬（见83页）、巨型雪纳瑞犬（见46页）和万能㹴（见198页）。虽然体形和外表令人畏惧，但只要认真管教，它们会成为友善、适应力强的家犬。

高位尾巴可卷曲到背部上方

垂耳上的被毛较短

吻部有浓密的面须

波浪状被毛

长长的大腿

黑色

肌肉发达的方形身体

紧凑、结实的足部被毛发覆盖

爱尔兰㹴 Irish Terrier

肩高 46-48 厘米
体重 11-12 千克
寿命 12-15 年

小麦色

这一俊美的犬种起源于爱尔兰科克郡，尽管其最早的血缘历史不详，但据说有很长的历史。爱尔兰㹴有清新脱俗的气质，可以放心让它们与儿童在一起，但它们在户外容易对其他犬进行挑衅。

长头，在两耳间变窄

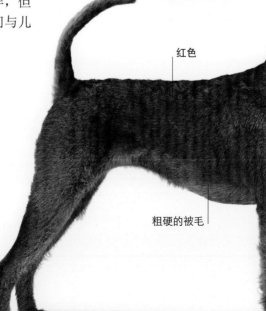

红色

黑色小眼睛上有浓眉

V形"纽扣"耳

带须吻部

深胸

粗硬的被毛

威尔士狈 Welsh Terrier

肩高 可达 39 厘米
体重 9-10 千克
寿命 9-15 年

黑灰色和黄褐色

威尔士狈曾用于群猎狐狸、獾和水獭，在19世纪80年代被确认为一个品种。这种体形中等的狈犬在犬展上颇受关注。威尔士狈活泼好动，却又比其他类型的狈犬易于管理，是不错的家犬。

尾巴直立

黑色和黄褐色

刚毛

两耳间头部较平

高位小"纽扣"耳

黑色小眼睛

结实的方形身体

长长的大腿

猫足，小而圆

凯利蓝狈 Kerry Blue Terrier

肩高 46-48 厘米
体重 15-17 千克
寿命 14 年

该犬是爱尔兰国犬，刚出生时被毛为黑色，在两岁前会逐渐变为蓝色。凯利蓝狈是一种多能的牧场犬和看护犬，非常聪明，只要训练得当并严格管教，会是深情又顺从的宠物。

颈部切入斜肩

瘦长的头部

华丽的波浪状柔软被毛

深胸

强壮的颌部被胡须覆盖

蓝色

贝灵顿狭 Bedlington Terrier

肩高	体重	寿命	
40-43 厘米	8-10 千克	14-15 年	■ 沙色
			■ 赤褐色
			所有颜色均可能带有黄褐色斑纹。

尽管该犬外形可爱，具有短而高抬的步态，但却行动敏捷、热忱顽强。

贝灵顿狭毛茸茸的被毛下隐藏着典型狭犬的"灵魂"，人们对它们有这样的描述：拥有"羊羔的外表和狮子的心"。该犬起源于英格兰东北部的诺森伯兰郡，在上流社会和工薪阶层中均很受欢迎。该犬是惠比特犬（见128页）和其他品种狭犬的后代，被用来在陆地狩猎兔子、狐狸和獾。该犬也能在水里捕鼠和水獭。1877年，英国成立了一个跟贝灵顿狭有关的国家品种协会。贝灵顿狭是犬展及家庭生活中的重要角色。

贝灵顿狭拥有的视觉猎犬的血统不仅赋予了它们超群的速度和敏捷性，而且也有着比一些狭犬更为宽容的品性。这种犬目前主要用于陪伴，通常安静、深情，并且比较敏感，若受到挑衅，会为保护自己而展露狭犬凶狠的一面。贝灵顿狭需要大量的脑力和体力活动米消耗精力及防止无聊。犬主在遛犬时需注意防止其因强烈的追逐本能而失控。该犬在敏捷性和服从性比赛中表现突出。

幼犬出生时被毛为深蓝色或深棕色，随着成熟颜色会逐渐变浅，需要定期梳理。展会犬有独特的修剪样式，面部和四肢留着较长毛发，而耳朵被毛则呈流苏状。

贝灵顿狭的历史

贝灵顿狭的祖先包括多种狭犬，它们生活在诺森伯兰郡的罗斯伯里森林地区，被称为罗斯伯里狭。最早的长得像贝灵顿狭的犬出生于1782年，名叫老弗林特。1825年，在贝灵顿镇，一个叫约瑟夫·安斯利的男子将一对猎犬与这只贝灵顿模样的犬进行交配，并宣布出生的小犬是新品种贝灵顿狭的第一只犬。

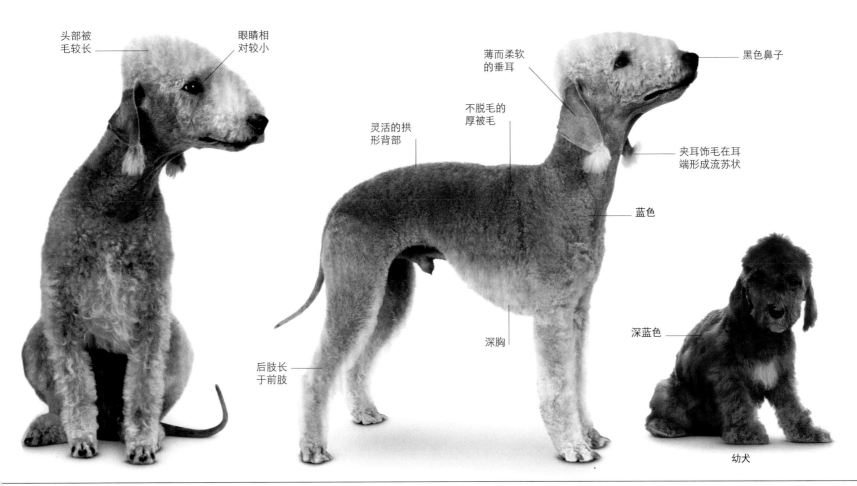

头部被毛较长

眼睛相对较小

薄而柔软的垂耳

黑色鼻子

灵活的拱形背部

不脱毛的厚被毛

夹耳饰毛在耳端形成流苏状

蓝色

后肢长于前肢

深胸

深蓝色

幼犬

德国猎狸
German Hunting Terrier

肩高	体重	寿命
33-40 厘米	8-10 千克	13-15 年

这种勇敢无畏的犬是顽强的猎手，并且只要进行足够的脑力和体力活动，便能成为忠实的伙伴。

这种现代猎犬（德语为Jagdterrier）**繁育于20世纪初期。**20世纪50年代，该犬被带到美国，在此之前，该犬在德国以外并不为人所知。这些犬目前在德国仍被广泛用于狩猎，有它们参与的狩猎松鼠和鸟类的活动在北美正变得流行起来。

德国猎狸夜间乐于睡在户外，喜欢整天狩猎，不论地面还是地下抑或任何地形。它们也能在水中狩猎。该犬能狩猎狐狸、鼬和獾等地栖动物；把兔子或野猪从灌木丛中驱

赶出来；还能循着受伤动物，比如鹿留下的血迹进行追踪。

德国猎狸是一种勇敢、活跃的犬，喜爱工作，猎区对它们来说是最理想的工作环境。一直有事可做的话，该犬会是忠诚的家庭宠物及有效的看护犬。该犬友好、善学，但需要进行早期社交培养及强化犬主的主导地位。每天必须进行大量的体力活动。有两种被毛类型：粗毛型和光滑型。

全能狸

德国猎狸是在第一次世界大战结束后由四个巴伐利亚繁育者繁育的一种世界一流的全能狸犬。猎狐狸那时在德国很受欢迎，但人们喜欢的是其外貌而非用途。繁育者首先选取了四只猎狐狸，它们有人们期望的黑色和黄褐色被毛，但却缺乏高超的狩猎技巧。繁育者用这些犬与狩猎型猎狐狸（见208页）、古英国硬毛狸和威尔士狸（见201页）进行杂交，产生了一种顽强、勇敢和多用途的猎犬（见下图）。

长而直的背部

黑色和黄褐色

椭圆形的黑色小眼睛

粗糙的被毛

胸部有黄褐色斑纹

粗毛型

额段浅

三角形"纽扣"耳

强健的脖子

光滑型

前足通常比后足宽大

软毛麦色狙
Soft-coated Wheaten Terrier

肩高 46-49 厘米	体重 16-21 千克	寿命 13-14 年

这种全能的农场犬有着随遇而安和深情的天性，易适应家庭生活。

软毛麦色狙已有200多年的历史， 可能是最古老的爱尔兰犬种之一。该犬与爱尔兰狙（见200页）和凯利蓝狙（见201页）有着共同的祖先。尽管该犬历史悠久，但直到1937年才在爱尔兰被正式认可。

这个品种最初作为工作犬使用，第一批繁育的犬必须展示出其狩猎大鼠、兔子和獾的能力才会被选作狩猎使用。现在，这种犬主要作为宠物喂养，不过有些犬也作为治疗犬使用。

软毛麦色狙喜欢跟人在一起，且比其他狙犬更加温柔，是孩子们的好伙伴，不过对刚会走路的幼童来说会稍显吵闹。尽管该犬成年后也会保持"幼犬"本性，但确实也是非常聪明的犬，对训练反应良好，每天需要大量活动。

软毛麦色狙被毛与其他刚毛型狙犬的被毛不同，并因此而得名。有两种主要被毛类型：丝状有光泽的"爱尔兰"型被毛和更厚的"英国"型或"美国"型被毛。许多幼犬出生时被毛呈暗红色或棕色，随着年龄的增长变浅为淡黄色。其被毛每隔几日就要仔细梳理一遍，且需要定期修剪。

尾巴高高直立

三角形耳朵

深褐色眼睛

黑色大鼻子

小麦色

顶鬃盖眼

吻部长毛形成胡须

丝状软被毛形成蓬松的波浪状

成长过程中毛色逐渐变浅

黑色趾甲

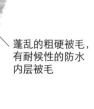

荷兰斯牟雄德犬 Dutch Smoushond

肩高 35-42 厘米
体重 9-10 千克
寿命 12-15 年

这种昔日的"马车夫之犬"非常强壮，速度能跟上马匹和马车，也是敏锐的捕鼠犬。在20世纪70年代，该犬几乎灭绝。现在仍很少见，不过正在恢复人气。该犬是很好的看门犬，与孩子们相处融洽，甚至能接纳家猫，但它需要大量活动。

额毛向前耷拉，给人以蓬乱的感觉

垂耳上的被毛较短、颜色较深

黄色

带黑边的薄嘴唇

蓬乱的粗硬被毛，有耐候性的防水内层被毛

四肢上的被毛比躯干少

带黑色趾甲的猫足

湖畔狸 Lakeland Terrier

肩高 33-37 厘米
体重 7-8 千克
寿命 13-14 年

多种颜色

这种意志坚决、身体灵活的小狸犬被繁育用于在崎岖地形追逐狐狸，它们能钻入狐狸洞中。该犬至今还保留着追逐一切移动物体的特性，对其他犬有攻击性。经过训练后，它们会成为英勇无畏的看护犬和热情的伴侣犬。

V形小"纽扣"耳，呈警觉状

尾巴高耸但不卷曲

长短适度的健壮背部

长长的大腿

胡须覆盖住宽大的健壮吻部

黑灰色和黄褐色

小麦色

刚毛

边境㹴 Border Terrier

肩高	体重	寿命	
25-28 厘米	5-7 千克	13-14 年	小麦色 红色 蓝色和黄褐色

这种精力充沛又活泼的㹴犬有着懒散悠闲的个性，是不错的家庭宠物。

老品种新工作

那些让边境㹴成为优秀猎犬的特征也帮助了它们在现代的日常工作中表现良好。其中的一项工作便是作为治疗犬使用。边境㹴的友善本性使其成为安抚病儿、抑郁症患者和孤独老年人的理想之选。此外，由于它们的稳重和勇气，也被用于在洪水或事故等灾难事件来临时，减轻受害者和紧急救援人员的压力。

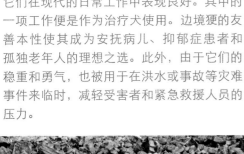

该犬起源于英格兰和苏格兰边境上的切维厄特山，以其耐力和水獭形状的头部而著称。边境㹴作为独立品种在1920年才被英国养犬协会正式认可，但该犬至少在18世纪就已经存在了，被认为是英国最古老的㹴犬之一。

边境㹴最初是按照农场犬繁育的，但后来被广泛用于狩猎。经繁育后，其奔跑速度快得能跟得上马匹，体形小到可以钻进狐狸和大鼠的洞中把猎物驱赶出来。该犬勇气过人，耐力持久，能整天在各种天气条件下工作。犬主们经常让他们的犬自己外出觅食，因此，边境㹴有着很强的狩猎欲望。

边境㹴在狩猎、狩猎比赛、敏捷性和服从性比赛中依旧表现出色。该犬比其他㹴犬更容易合作，对小朋友和其他犬更为宽容，因此是很受欢迎的宠物。但该犬需要每天有机会消耗掉能量，否则会变得不开心并具有破坏性。

短而健壮的吻部

高位垂耳

胸部白斑

被毛丰密，有厚厚的内层被毛

短粗的尾巴

黑灰色和黄褐色

四肢上有黄褐色被毛

猎狐㹴 Fox Terrier

肩高	体重	寿命		白色
可达39厘米	可达8千克	10年		可能带有黄褐色或黑色斑纹。

开朗、深情和富有情趣，喜欢在乡间长距离漫步，适合有儿童的家庭喂养。

源自英国的猎狐㹴是一种精力充沛、有时喜欢吠叫的伴侣犬，最初用于捕杀有害动物、狩猎兔子及抓住钻进地下洞穴里的狐狸。该犬有勇敢无畏的本性及爱挖洞的习惯，因此需要对其进行早期社交训练，以避免坏脾气的形成，抑制其挖洞的喜好。如果训练得当，猎狐㹴会成为很棒的家庭宠物，该犬喜爱嬉戏，能回报主人对其的任何爱抚。

刚毛猎狐㹴的被毛需定期梳理和"拔毛"以去除脱落的毛发，每年全面拔除死毛3—4次。千万不要剪毛，因为剪毛不能去除脱落的毛发，还会刺激猎狐㹴，也可能导致被毛质地和色泽的退化。光滑的平毛猎狐㹴比刚毛型要少见得多，其较短的被毛无须频繁梳理。

猎狐㹴是其他数种犬的祖先，包括玩具猎狐㹴（见210页）、巴西㹴（见210页）、捕鼠㹴（见212页）、帕尔森罗素㹴（见194页）和杰克罗素㹴（见196页）。

丁丁和白雪

在系列漫画书《丁丁历险记》中，男主角丁丁最好的朋友是小犬白雪。丁丁的创作者埃尔热写这个系列丛书时刚毛猎狐㹴很受欢迎，所以他就以这种犬为原型塑造了白雪。他经常去一家餐馆，并从餐馆主人的一只猎狐㹴那里受到了启发。白雪虽然是个漫画角色，但却有着拯救主人于危难的智慧，并有勇气面对比它体形大很多的敌人，这正是典型㹴犬所拥有的气质。

幼犬

尾巴竖立

白色带有黑色和黄褐色斑纹

额段很浅

V形半竖立小耳朵

头部和吻部长度相同

楔形头

黑色圆眼睛

胸深但不宽

黄褐色斑纹

被毛有黑色斑点

长而有力的大腿

黑色鼻子

黑斑

刚毛以白色为主

刚毛猎狐㹴

紧凑圆足

光滑的平毛猎狐㹴

日本㹴 Japanese Terrier

肩高 30-33 厘米	黑色、黄褐色和白色
体重 2-4 千克	
寿命 12-14 年	

这个少见的品种也被称为 Nippon 或 Nihon（均为日本的意思），就体形而言可算得上非常强壮且行动敏捷。该犬的祖先包括英国玩具㹴（见211页）和现已灭绝的玩具斗牛㹴。日本㹴曾作为玩赏犬、捕鼠犬和寻回犬喂养，能适应家居生活，也是优秀的看门犬。

白色带有黑色斑纹

头部有典型的黑色斑纹

高位"纽扣"耳

黑色小鼻子

光滑而富有光泽的短被毛

四肢上有黑色斑点

玩具猎狐㹴 Toy Fox Terrier

肩高 23-30 厘米	白色和黄褐色
体重 2-3 千克	白色和黑色
寿命 13-14 年	白色、巧克力色和黄褐色

也叫美国玩具㹴，是软毛型猎狐㹴（见209页）和多种小型犬杂交的产物。该犬是优秀的捕鼠犬，也适合家庭喂养。跟所有玩具犬一样，玩具猎狐㹴不适合有婴儿及幼儿的家庭，大一些的孩子会喜欢其热情的性格。

面部以黑色为主，带有黄褐色斑纹

剪短的尾巴保持直立

竖立的尖耳

亮晶晶的圆形黑色眼睛

丝缎般光滑的细被毛

白色、黑色和黄褐色

巴西㹴 Brazilian Terrier

肩高 33-40 厘米	
体重 7-10 千克	
寿命 12-14 年	

该犬是欧洲㹴犬与巴西本地的农场犬杂交产生的，有显著的狩猎本能，渴望探索、挖掘及跟踪、追逐和捕杀啮齿动物。对待巴西㹴要像对待比其体形小的表亲杰克罗素㹴（见196页）一样，必须在它们面前树立威信。面对严格的管教，该犬会以忠诚和顺从来回报。巴西㹴是具有保护性且爱吠叫的看门犬。该犬永远充满活力，每天长距离的行走会让其精神饱满，否则会焦躁不安。训练得当能成为优秀的家庭宠物。

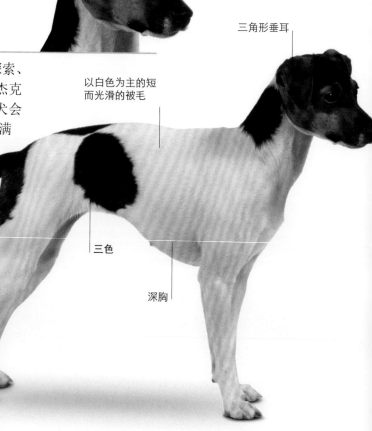

三角形垂耳

以白色为主的短而光滑的被毛

头部有典型的黄褐色斑纹

眼神警觉

低位短尾

三色

深胸

黑色斑纹

英国玩具㹴 English Toy Terrier

	肩高 25-30厘米	体重 3-4千克	寿命 12-13年

鼠坑

在英国工业革命时期快速发展的城镇中，人们迫切需要用诸如黑黄褐色㹴等㹴犬来捕杀大鼠。而对于那些赌徒来说，这成为一项运动。他们把㹴犬放进有一定数量大鼠的"鼠坑"中（见下图，19世纪的画作《蓝锚酒馆捕鼠记》），然后下赌注去赌全部杀死这些鼠所用的时间。人们以此来试图找出能在最短时间里杀死所有大鼠的最小的犬。血腥的"诱杀"运动项目于1835年在英国被禁止，但这种杀鼠活动转入地下，直到1912年才真正停止。

活泼、友好且自信的小型伴侣犬，能很好地适应城市或乡村生活。

英国玩具㹴是最古老的英国小型犬，与其表亲曼彻斯特㹴（见212页）只在体形和竖耳上有所差别。这两种犬于20世纪20年代被确立为两个不同的品种。

黑黄褐色㹴从16世纪开始就在英国为人所知，那时它们被用于捕杀大鼠。18世纪时，㹴犬作为城市宠物开始流行。在维多利亚女王统治时期，不断小型化的繁育方式严重弱化了这个品种，不过，在19世纪末，那些爱好者们为这种小型犬设立了严格的品种标准。

它们以前叫迷你黑黄褐色㹴，从1960年开始被称为英国玩具㹴（黑色和黄褐色），现在较少见，被英国养犬协会定为濒危本地品种。

英国玩具㹴具有㹴犬异常警觉和活跃的本性，也许比其他㹴犬更为敏感。该犬与其主人和家庭成员亲密无间，是不错的看门犬，但这种犬可能会把小宠物当成猎物。该犬身材小巧，无须太多活动，适应城市生活。

高位"烛焰"耳

杏仁状黑色眼睛

界限清晰的赤褐色和黄褐色斑纹

赤褐色和黄褐色胸部斑纹

墨黑色和黄褐色

低位锥形尾巴，尾端略高于跗关节

厚而有光泽的被毛

两个内趾长于外趾

曼彻斯特㹴 Manchester Terrier

肩高 30-41 厘米
体重 5-10 千克
寿命 13-14 年

曼彻斯特㹴有着亮泽、俊美的外表，是优雅而活泼的伴侣犬，体形比英国玩具㹴（见211页）大。该犬的名字来自19世纪每周举行捕鼠比赛的所在地曼彻斯特，在比赛中该犬表现优异。尽管该犬对有害动物无情，但对主人却非常温和。

黑色和黄褐色

光滑而有光泽的短被毛

紧凑的拱形前足

略呈圆形的后背

V形小"纽扣"耳

低垂的短尾

黑色鼻子

四肢上有黄褐色斑纹

捕鼠㹴 Rat Terrier

肩高 标准型 36-56 厘米
体重 标准型 5-16 千克
寿命 11-14 年

多种颜色

常见黄褐色斑纹。

捕鼠㹴是出色的捕鼠能手，曾有一只犬只用了7小时就捉到了2500多只大鼠。捕鼠㹴在美国很受欢迎，曾是西奥多·罗斯福总统所钟爱的猎犬。迷你型肩高范围为20-36厘米；体重范围为3-4千克，是很好的宠物；标准型则适合热爱运动的主人。耳朵有两种类型：竖耳和"纽扣"耳。

头部呈梨形

杂色

竖耳

白足

壮实、紧凑的身体上带有黄褐色部分

好奇而警惕的神情

标准型

美国无毛㹴

American Hairless Terrier

肩高 25-46 厘米
体重 3-6 千克
寿命 12-13 年

任何颜色

第一只无毛捕鼠㹴是捕鼠㹴（见左）基因突变的结果，后来，人们用这种犬相互交配繁育出了无毛幼犬。除了无毛的特征外，该犬还是典型的活泼的㹴犬。冬天需要外套保暖，夏天需防阳光灼伤皮肤。耳型有竖立、半竖立和"纽扣"耳。

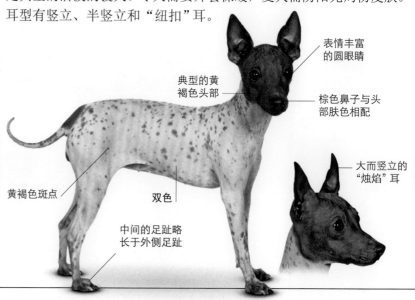

表情丰富的圆眼睛

典型的黄褐色头部

棕色鼻子与头部肤色相配

大而竖立的"烛焰"耳

黄褐色斑点

双色

中间的足趾略长于外侧足趾

帕特达尔狸 Patterdale Terrier

肩高 25-38 厘米	红色	黑色和黄褐色
体重 5-6 千克	赤褐色或黄铜色	
寿命 13-14 年	被毛可有灰色斑。	

英国湖区每个独立的山谷都有自己特有的狸犬，就像起源于帕特达尔村的帕特达尔狸。该犬现在英国仍很受欢迎，在美国也颇受青睐。这种犬从不会放弃追逐猎物，是优秀的狩猎伴侣。有光滑型和粗毛型两种被毛类型。

高位三角形垂耳

高位尾巴

黑色

头部反映了其具有斯塔福郡斗牛狸（见214页）的血统

粗硬的外层被毛

眼睛间距很宽

身体呈长方形

长而健壮的前肢

幼犬

光滑型

美国比特斗牛狸

American Pit Bull Terrier

肩高 46-56 厘米	任何颜色
体重 14-27 千克	杂有黑斑的蓝灰色为不理想毛色。
寿命 12 年	

美国比特斗牛狸的祖先是19世纪由爱尔兰移民带入美国的。尽管这个品种被繁育用于格斗，但作为工作犬和宠物也深受喜爱。该犬近来被认为具有攻击性，但其爱好者对此却极力反驳。

短而浓密并富有光泽的被毛

红色

前额有突出的皱纹

粗壮且肌肉发达的颈部

宽度适中的深胸有白色斑纹

高位半竖耳

美国斯塔福狸

American Staffordshire Terrier

肩高 43-48 厘米	多种颜色
体重 26-30 千克	
寿命 10-16 年	

这种犬是从斯塔福郡斗牛狸（见214页）繁育而来的，20世纪30年代在美国被认可为独立品种。除了体形彪悍外，美国斯塔福狸与英国斯塔福郡斗牛狸都有着早期"斯塔福犬"的共同特征。该犬勇敢而聪明，是忠诚的家庭宠物。

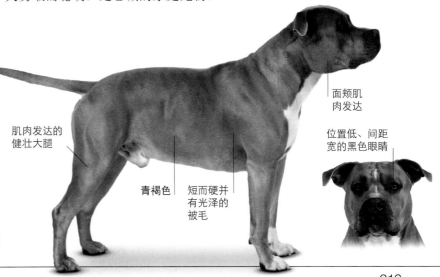

面颊肌肉发达

位置低、间距宽的黑色眼睛

肌肉发达的健壮大腿

青褐色

短而硬并有光泽的被毛

斯塔福郡斗牛㹴 Staffordshire Bull Terrier

肩高	体重	寿命	多种颜色
36-41 厘米	11-17 千克	10-16 年	

这种英勇无畏的犬喜欢跟孩子们在一起，管教得当的话会非常顺从。

斯塔福郡斗牛㹴最初在19世纪被繁育用于斗犬，是在英格兰中部通过将斗牛犬（见95页）和当地㹴犬交配后繁育而成的。这种犬最早叫斗牛㹴，个头儿小而敏捷，身体强壮，下颌有力。该犬在斗犬过程中展示出勇敢和攻击性，但平时跟人在一起时需让其保持安静。尽管斗牛及其他"诱饵"体育活动在1835年被取缔，但地下斗犬一直持续到20世纪20年代。

19世纪，一些爱好者试图对"斗牛㹴"进行改造以使其适合在犬展上展示和家庭喂养。改造后的品种改名为斯塔福郡斗牛㹴，于1935年被英国养犬协会正式认可。

其现代品种被亲切地称为"斯塔"㹴，在城市和乡村都极受欢迎。该犬精力充沛，有些吵闹，拥有极富传奇色彩的勇气。严格管教和早期服从性训练是必需的，训练得当，斯塔福郡斗牛㹴会成为顺从和知恩图报的宠物。不幸的是，近些年来这个品种被莫须有地冠以"危险"之犬的帽子，导致许多斯塔福郡斗牛㹴被遗弃至动物庇护所。它们在受到不熟悉的犬挑衅时一般会反击，但通常对人很友善、温顺，对孩子们尤其有亲和力。

约克丛林历险记

约克是一只斯塔福郡斗牛㹴，主人是珀西·菲茨帕特里克，此人在19世纪80年代的南非从事运输牛队的驾驶员工作。约克（下图，位于南非克鲁格国家公园约克萨法里小屋前的铜像展示了它与一头羚羊对峙的场面）是一窝幼犬中个头儿最小的一只，后来成长为勇敢、忠诚的看护犬和猎犬。它和主人有许多丛林历险经历，菲茨帕特里克把这些经历改编为童话故事讲给他的孩子们听。1907年，他把这些童话故事写成《约克丛林历险记》并出版发行，现在是南非的经典儿童读物。

幼犬

红色

几乎是笔直的锥形尾巴

足部的白色斑纹

肌肉发达的健壮身体

足部轻微外翻

眼部黑圈

光滑的短被毛

吻部毛色较深

宽头，额段突出

半竖立小耳

宽胸，有白色斑纹

克龙弗兰德㹴 Kromfohrländer

肩高	体重	寿命
38-46 厘米	9-16 千克	13-14 年

性情温和而可爱的㹴犬对家人十分友好，但可能会回避陌生人。

随机的起源

克龙弗兰德㹴起源于20世纪40年代，是一只雌性刚毛猎狐犬（见208页）和一只叫彼得的流浪犬偶然交配后产生的，流浪犬经鉴定是一只大格里芬犬（见144页），这些幼犬的主人是一位名为伊尔泽·施雷芬葆姆的女士。出生的幼犬非常可爱且外貌类型一致。施雷芬葆姆夫人在一位叫奥托·波尔纳的男士帮助下，繁育出了更多这个品种的犬。约10年后，这两位繁育者在犬展上向人们展示了一个全新的品种。

克龙弗兰德㹴是德国犬种，1955年才被正式认可。该犬起源于德国西部席根兰的克龙佛尔地区，并以其命名。1962年，一名叫玛丽亚·埃克布罗姆的芬兰女子把克龙弗兰德㹴进口到本国进行繁育，使现在的芬兰成为这个犬种的第二个繁育中心。然而，克龙弗兰德㹴仍很少见，世界范围内现存数量不到1800只。

克龙弗兰德㹴的祖先包括刚毛猎狐㹴（见208页）、大格里芬犬（见144页）及随机繁育的德国本地犬。该犬是一种吸引人、护理要求低的犬，乐于取悦人。该品种从一开始就是朝家庭犬方向繁育的。

克龙弗兰德㹴对陌生人警觉，但对熟悉的人和犬却很温柔又调皮。该犬是很好的看门犬，与其他㹴犬一样，也是敏捷的捕鼠能手，但典型㹴犬所具有的猎杀本能在该犬身上没那么强烈。该犬尽管有独立意识，但仍属较易训练的一类犬，在敏捷性比赛中表现优秀。有粗毛型和光滑型两种被毛类型。

带黄褐色斑点的白色焰斑

三角形垂耳

头部有典型的对称斑纹

白色带有黄褐色斑块

贴身的厚被毛

大腿上部有羽状毛

光滑型

四肢上有黄褐色斑点

粗毛型

丹迪丁蒙㹴 Dandie Dinmont Terrier

肩高 20-28 厘米
体重 8-11 千克
寿命 可达 13 年

芥末色

可能有白色胸毛。

这种㹴犬源自英格兰与苏格兰之间的边境郡区，在那里该犬被繁育用于狩猎獾和水獭。丹迪丁蒙㹴得名自沃尔特·斯科特爵士的小说中一只与其外貌相似的犬。丹迪丁蒙㹴勇敢、敏感而聪明，在关爱之下可茁壮成长。

圆顶大头上有柔软丝滑的浅色被毛

间距宽的深褐色大眼睛

吊坠耳，耳根靠后

躯干长度远远超过腿部长度

胡椒色

长长的锥形尾巴，下侧有羽状毛

深蓝黑色被毛

四肢下部毛色较浅

斯凯㹴 Skye Terrier

肩高 25-26 厘米
体重 11-18 千克
寿命 12-15 年

奶油色　　黑色
浅黄褐色

胸部可能带有白色斑点。

斯凯㹴是来自苏格兰西部群岛的一个品种，最初用于狩猎狐狸和獾。该犬借助长而低矮的身体，能轻松钻入猎物所居住的狭窄地下通道。这种优雅的小犬活泼奔放，是优秀的家庭宠物。该犬独特的长被毛要经数年才能完全长齐。

浅灰色的柔软被毛覆盖着棕色眼睛

羽状毛长尾巴

长而直的被毛从脊背中央分开垂下

灰色

竖耳上有长而丝滑的流苏状饰毛

被毛上有浅色斑纹

迷你宾莎犬 Miniature Pinscher

肩高 25-30 厘米
体重 4-5 千克
寿命 可达 15 年

蓝色和黄褐色
棕色和黄褐色

这一结实又优雅的犬是在德国由体形较大的德国宾莎犬（见218页）繁育而来的，曾用于在农场捕杀大鼠。迷你宾莎犬动作敏捷，活泼可爱，有着独特的哈克尼马步的高扬步态。该犬非常适合小型家庭，感觉敏锐，是优秀的看门犬。

颈部略呈拱形

尾巴高耸

直背

锥形吻部

高位竖耳

黑色和黄褐色

光滑短被毛

猫足

德国宾莎犬 German Pinscher

肩高 43-48 厘米	伊莎贝拉色（驼色）
体重 11-16 千克	蓝色
寿命 12-14 年	

这种体形高挑的狸犬又称标准宾莎犬，最初作为多用途的农场犬。该犬还是具有很强保护意识的守卫犬，但需要良好的训练，以防止其保护意识过强、吠叫时间过久或对其他犬表现出攻击性。训练得当的话，它们会表现得温柔而机敏。

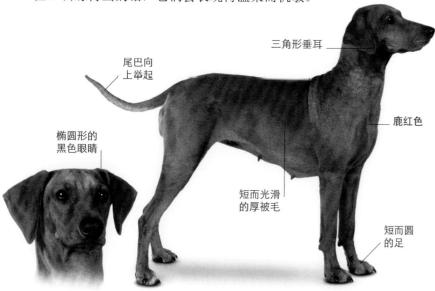

尾巴向上举起

三角形垂耳

椭圆形的黑色眼睛

鹿红色

短而光滑的厚被毛

短而圆的足

奥地利宾莎犬   Austrian Pinscher

肩高 42-50 厘米	金黄褐色或棕黄色
体重 12-18 千克	黑色和黄褐色
寿命 12-14 年	

该犬在奥地利是按全能型看护犬和放牧犬繁育的，对自信的主人会以忠诚与奉献回报。该犬会对任何可疑的东西吠叫，是适合边远地区使用的优秀看门犬，但其保护本能和无畏的性格可导致它们具有攻击性。

鹿红色

吻部颜色较深

三角形垂耳

四肢直而强壮

胸部的白色斑纹

艾芬宾莎犬  Affenpinscher

| 肩高 24-28 厘米 |
| 体重 3-4 千克 |
| 寿命 10-12 年 |

艾芬宾莎犬有时也被称为黑魔犬（Black Devil），是欧洲最古老的玩具犬之一。该犬保留了狸犬的本能，尽管体形小，却是勇敢的看门犬和捕鼠犬。该犬聪明，有时有些固执，学东西快，但需要对其树立主人的权威。该犬喜欢玩耍，与对其体贴的孩子们相处融洽。

宽大的半圆形前额

吻部钝，鼻孔宽大

黑色小圆足

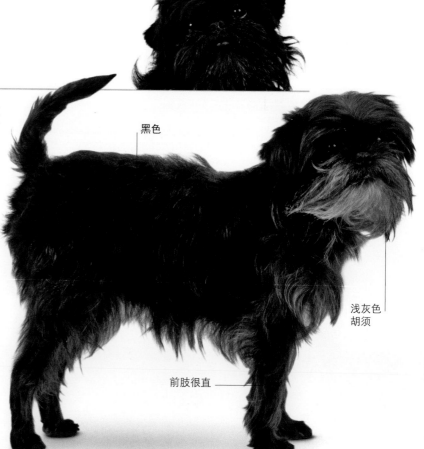

黑色

浅灰色胡须

前肢很直

迷你雪纳瑞犬  Miniature Schnauzer

	肩高 33-36 厘米	体重 6-7 千克	寿命 14 年	白色 黑色 黑色和银色

这种欢快、友好、充满乐趣的犬是可靠的家庭宠物，对训练反应良好。

繁育一种迷你犬

迷你雪纳瑞犬（左下）是在19世纪由农夫们繁育的，他们想要一种雪纳瑞犬（右下）的小型版来猎杀有害动物及保护财产和牲畜。繁育者用小一些的标准雪纳瑞犬来进行繁育以保持雪纳瑞犬特有的外表和性格。他们将这些犬与艾芬宾莎犬（见218页），可能还包括迷你宾莎犬（见217页）和贵宾犬（见276页）进行杂交，产生的犬小巧但结实。

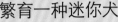

迷你雪纳瑞犬与巨型雪纳瑞犬一样，是在德国用标准雪纳瑞犬（见45页）繁育而成的。该犬是三个品种当中历史最短的，但却是最受欢迎的一种。它们的名字源自1879年在犬展中展出的一只叫雪纳瑞的犬。所有雪纳瑞犬都有独特的长有长须的吻部，雪纳瑞是德语"吻部"的音译。

迷你雪纳瑞犬第一次被展出是在1899年，但直到1933年才被认可为一个与标准雪纳瑞犬不同的品种。第二次世界大战后，这种犬在国际上流行起来，特别是在美国。

迷你雪纳瑞犬最初由农夫们繁育作为捕鼠犬使用，但现在主要用于陪伴或作为观赏犬。该犬热衷玩耍，喜欢保护家人，是很好的守卫犬。迷你雪纳瑞犬活泼、坚强、聪明，不但学东西快，而且很有主见，需要对其进行严格而耐心的训练。它们城乡皆宜，尽管体形小，却需要有自己玩耍的时间及每天愉快的行走来保持健康与快乐。

高位半竖耳

背部直而强壮，从肩部下斜至尾部

浓密的眉毛

椒盐色

吻部粗壮，胡须毛色较浅

跗关节以下较短

被毛粗硬、刚毛

健壮而肌肉发达的腿股

一犬多用

德国指示犬是众多枪猎犬中的一种，善于执行多种任务，集多种功能于一体。本图中的犬通过"指示"动作来告知猎人猎物的位置。

枪猎犬

在火器出现之前，猎人用犬来帮助自己寻找和追赶猎物。随着枪支在狩猎中的使用，人们需要一种新型猎犬来协助他们狩猎。枪猎犬被繁育用于执行特定任务，与猎人之间的合作更为密切。这个犬组按其繁育用于从事工作的不同分为多种类型。

枪猎犬这个犬组靠嗅觉狩猎，大概分为三个主要类别：寻找锁定猎物的指示犬和赛特犬；将猎物从藏身之处驱赶出来的激飞犬；找到被击中的猎物并送还给猎人的寻回犬。具有上述三种功能的品种被称为 HPR 犬（H、P、R 分别代表追踪、指示、寻回），其中包括魏玛猎犬（见248页）、德国指示犬（见245页）和匈牙利维斯拉犬（见246页）。

指示犬自17世纪开始就被用于狩猎。它们有着非凡的指示猎物位置的能力，通过将鼻子、躯干和尾巴摆成直线并处于静止状态的"指示"动作来指明猎物所在的位置。指示犬会保持固定姿势，直到猎人将猎物赶出或得到猎人的指令去驱赶猎物。英国指示犬（见254页）就是这类犬的典型代表，许多古老的体育画作中就有关于该犬猎取松鼠及身背装着鸟的"袋子"的描绘。

赛特犬也是凭借静止不动的姿势来指示猎物的位置。这些犬通常被用来猎取鹌鹑、雉鸡和松鸡，当嗅到气味时，它们会蹲伏，或者说呈"预备"状态。最初的赛特犬被驯养用于跟随猎人打猎，猎人用网套住猎物，而这些犬则可防止地面的猎物逃脱。

激飞犬用来驱赶鸟类，让它们飞入猎枪的射程内。该犬会观察鸟落在何处，然后听循主人的命令寻回战利品。这一类型包括体形小、被毛光滑、长耳的犬种，如用于寻找陆地上猎物的英国史宾格犬（见224页）和英国可卡犬（见222页），还有人们不太熟悉的品种，如巴比贝特犬和荷兰水猎犬，专用于驱赶水鸟。

寻回犬有针对性地被繁育用于寻回水禽。这些枪猎犬与激飞犬中的一些犬种类似，有防水性被毛。它们以"软嘴轻叼"闻名，可快速衔住而又不损伤猎物。

美国可卡犬 American Cocker Spaniel

肩高 34-39 厘米
体重 7-14 千克
寿命 12-15 年

任何颜色

美国可卡犬温和顽皮的天性使其适合作为宠物或枪猎犬，该犬奔跑速度快，耐力好，需要充分运动。它们也有羞涩的天性，因此早期有规律的社会化训练很重要。

额段明显

低位耳，覆盖有长而光滑的流苏状饰毛

明显的圆形头

圆圆的大眼睛

紧凑、结实的身体

波浪状长被毛

红色

墨黑色

身体下部被毛颜色较浅

英国可卡犬 English Cocker Spaniel

肩高 38-41 厘米
体重 13-15 千克
寿命 12-15 年

任何颜色

纯色被毛不应有白色斑纹。

英国可卡犬最初被称为"猎鹬犬"，用于驱赶山鹬和松鸡，是特别受欢迎的猎犬。该犬比英国史宾格猎犬（见224页）体形小，被繁育用于在浓密的灌木丛中狩猎。表演犬种比工作犬种更壮硕，但二者都是优秀的宠物。

方形吻部，适度下垂的上唇

黑色和白色

胸部和四肢上有羽状毛

尾巴上有羽状毛

耳朵覆有卷曲的流苏状长饰毛

黑色鞍状背部被毛

长而光滑的被毛

蓝杂色

德国猎犬 German Spaniel

肩高 44-54厘米
体重 18-25千克
寿命 12-14年

红色
棕色
红杂色

它们是优秀的寻回犬，喜欢戏水。德国猎犬体力绝佳，热爱工作，满足于长距离但轻快的散步。该犬可在户外生活，但跟家人一起生活在室内会更好，是优秀的工作型枪猎犬及宠物。

头部被毛
短而细，
呈棕色

棕杂色

棕色鞍状
背部被毛

中度棕色眼睛，
表情友善

浓密的波
浪状被毛

少许羽状
毛垂耳

汤匙形足

博伊金猎犬 Boykin Spaniel

肩高 36-46厘米
体重 11-18千克
寿命 14-16年

赤褐色
胸部和足趾上可能有白色被毛。

博伊金猎犬作为美国南卡罗来纳州的州犬，是忠诚的伴侣犬，与其他犬和儿童可和睦相处。该犬随和的性格和强烈的工作意愿使其成为理想的枪猎犬，对活跃的家庭来说也是理想的宠物。博伊金猎犬卷曲的被毛需要定期梳理。

深巧克力色

面部被
毛较短

传统剪尾

独特的棕色
椭圆形眼睛

卷曲的被毛

紧凑的
圆足

田野猎犬 Field Spaniel

肩高 44-46厘米
体重 18-25千克
寿命 10-12年

黑色
杂色
可能带有黄褐色斑纹。

田野猎犬最初是由苏赛克斯猎犬（见226页）**和英国可卡犬**（见222页）**杂交而成的**，过去被用于从水中和植被浓密的灌木隐蔽处寻回猎物。这种温顺而又活力十足的中等体形枪猎犬需要处于忙碌状态，对于生活在乡村的活跃家庭来说是极佳的狩猎伴侣。

相对于腿长
较长的躯干

额段适中

赤褐色鼻子

赤褐色

尾巴下侧有
少许羽状毛

长度适中
的被毛

四肢后侧
有羽状毛

胸部有白
色斑纹

英国史宾格猎犬 English Springer Spaniel

肩高	体重	寿命	黑色和白色
46-56厘米	18-23千克	12-14年	

可能带有黄褐色斑纹。

该犬富有激情和感染力，是优秀的工作犬和友善的伴侣犬。

这种经典的枪猎犬最初是通过"跳跃"来驱赶猎物——将鸟惊飞到空中。作为枪猎犬使用的史宾格猎犬曾按体形分为：大型犬（称为史宾格猎犬，见224-226页）用于驱赶大型猎禽；小型犬（称为可卡犬，见222页）则用于猎取山鹬。虽然英国史宾格猎犬直到20世纪初才被认可为正式犬种，但该犬种在此前就已被繁育出了名为诺福克猎犬（Norfolk Spaniel）的独立品种。

英国史宾格猎犬愿意整日追随猎人，不受复杂地形和恶劣天气的影响，需要时甚至可以跳进冰水中追击猎物。该犬颇受射猎者的欢迎，而友善、顺从的性格也让其成为优秀的家犬。该犬喜欢孩子、其他犬和家猫的陪伴，但若让其独处太久，可能会引发过度吠叫。非工作型犬每天需要长距离散步来消耗能量，喜欢入水嬉戏、泥中打滚及扔捡玩具等活动。史宾格猎犬聪明好学，认知敏感，不需要对其太过严厉，粗暴或大声呵斥往往会适得其反。英国史宾格猎犬热爱户外活动，

因此，需要每周梳理被毛来防止缠结和变脏，特别是定期对耳朵和四肢上长长的羽状毛进行修剪。

英国史宾格猎犬有两种类型：工作型和表演型。专门被繁育用于工作的那些犬一般都要剪尾，与表演犬相比体形小、体重轻。两种类型都是优秀的伴侣犬。

丰密的羽状毛尾巴，低于背部

幼犬

四肢上有赤褐色斑点

嗅探犬

尽管英国史宾格猎犬传统上用于狩猎，现在也作为"嗅探犬"（见右图）来检测毒品、爆炸物甚至是人。该犬高度精准的嗅觉使其能检测到最微小的爆炸物以及人汗液中的药品。英国史宾格猎犬具有在大面积区域快速搜索的速度和精力；此外，该犬小巧而敏捷，能在车辆内部等狭小的空间内工作。

额段明显

与眼睛齐平
的吊坠耳

厚厚的波浪状耐
候性防水被毛

赤褐色
和白色

胸部厚密
的羽状毛

杏仁状深褐色眼
睛，神情友善

整个躯干上有长
度适中的羽状毛

紧凑的
圆足

威尔士史宾格猎犬 Welsh Springer Spaniel

肩高 46-48厘米
体重 16-23千克
寿命 12-15年

体形中等的威尔士史宾格枪猎犬是英国史宾格猎犬（见224页）和英国可卡犬（见222页）的近亲，其性格欢快，是优良的家犬和狩猎伴侣。该犬喜欢四处漫游，所以早期和持续的训练至关重要。

头部比英国史宾格猎犬（见224页）更精致

红色和白色

肌肉发达的长颈

带少许羽状毛的葡萄叶状低位耳朵

棕色鼻子

胸部的羽状毛

自然直的柔软被毛

猫足，圆

苏赛克斯猎犬 Sussex Spaniel

肩高 38-41厘米
体重 18-23千克
寿命 12-15年

尽管这种来自苏赛克斯的英国枪猎犬生性好动，但只要有充分的运动，也能适应空间较小家庭的生活。与其他枪猎犬不同，苏赛克斯猎犬工作时会吠叫，或"吐舌"，而这个特点是其他枪猎犬极力避免的。该犬还具有独特而舒展的滚动步态。

面部被毛较短

皱眉下的淡褐色眼睛

长而浓密的被毛

吊坠耳覆有长而丝滑的饰毛

胸部的羽状毛

金赤褐色

躯干长度大于腿部长度

圆足，趾间有羽状毛

克伦伯猎犬 Clumber Spaniel

肩高	体重	寿命
43-51厘米	25-34千克	10-12年

重操旧业

克伦伯猎犬（如下图，19世纪后期的版画作品显示）作为工作型枪猎犬几乎消失，不过，从20世纪80年代开始，英国的射猎爱好者们给该犬带来了新生。尽管克伦伯猎犬奔跑速度比其他猎犬慢，而且可能需要更长的时间来发育成熟和训练，但它们安静又能干，能在任何条件下工作。它们能轻松穿越荆棘满布的茂密灌木丛，也能游弋于水中，可探测到绝大多数细微的气味。

这种性情温和的大型犬喜欢家庭生活和乡村的广阔空间。

克伦伯猎犬的名字源自英格兰中部诺丁汉郡的克伦伯公园，那里是纽卡斯尔公爵的家乡。其祖先可能包括古英国布伦海姆犬、现已灭绝的高山犬，以及巴塞特猎犬（见146—147页）。在18世纪末，纽卡斯尔公爵二世和他的猎场看守人繁育了第一批现代克伦伯猎犬。

在19—20世纪初期，克伦伯猎犬深受英国王室的喜爱：首先是阿尔伯特亲王（维多利亚女王的丈夫），然后是国王爱德华七世和乔治五世，先后在他们位于诺福克的桑德灵厄姆庄园繁育了这些犬。但第一次世界大战结束后，该品种数量锐减，直至现在仍不多见，被英国养犬协会列入国家濒危品种。

该犬腿短而肌肉发达，是所有猎犬中最强壮的一种。平静而沉稳的性格使其成为广受人们喜爱的宠物和展示犬，不过，用该犬狩猎的热度也在日渐提升。克伦伯猎犬温柔而举止优雅，易于训练。该犬对热敏感，在炎热天气下要注意对其进行保护。

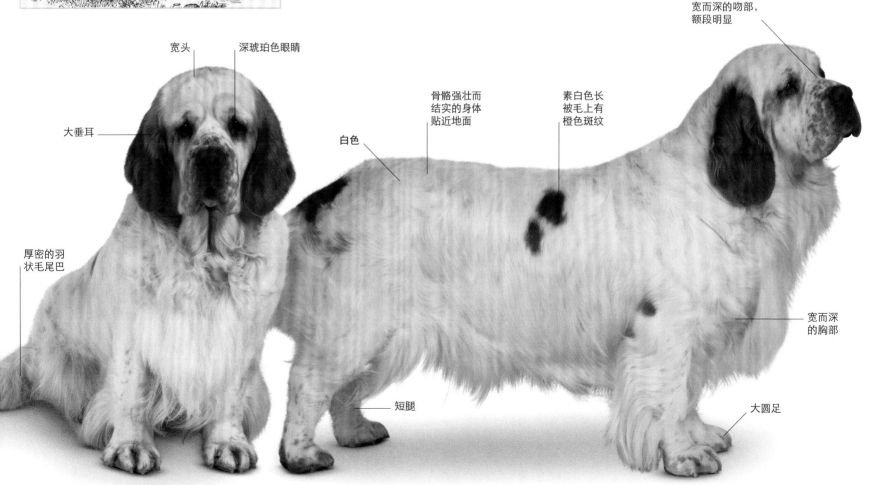

宽头

深琥珀色眼睛

大垂耳

厚密的羽状毛尾巴

骨骼强壮而结实的身体贴近地面

白色

素白色长被毛上有橙色斑纹

宽而深的吻部，额段明显

宽而深的胸部

短腿

大圆足

爱尔兰水猎犬 Irish Water Spaniel

肩高 51-58厘米
体重 20-30千克
寿命 10-12年

这种不知疲倦的犬是徒步旅行者的理想伴侣。该犬深赤褐色的被毛完全防水，愿意跃进冰水的特点给其赢得了"沼泽犬"的绰号。该犬温柔而忠实，但需要较长时间才能发育成熟，它们有时固执，因此需要在早期进行系统训练。

面部被毛光滑

宽而平的背部

喉部被毛光滑，呈 V 形斑纹

鼻子颜色与被毛颜色匹配

深赤褐色

大圆足上覆盖着厚被毛

天然油性的浓密被毛

被毛呈浓密的发卷

尾巴（除尾根外）光滑

葡萄牙水犬 Portuguese Water Dog

肩高 43-57厘米
体重 16-25千克
寿命 10-14年

 白色
棕色
黑色和白色

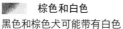 棕色和白色
黑色和棕色犬可能带有白色斑纹。

葡萄牙水犬虽然被归入枪猎犬一类，但其被用于帮助猎人取回渔网与猎取猎物的频率一样。该犬的适应能力来自其活跃的头脑和乐于取悦于人的性格，但如果无事可做，便会有一些破坏性的举动。有两种被毛类型：长波浪状被毛型和短卷毛型。

卷曲的尾巴，尾端有羽状毛

身体后部修剪用于工作和展示

黑色

圆眼睛，间距宽

圆足

长波浪状被毛型

美国水猎犬 American Water Spaniel

肩高 38-45厘米
体重 12-21千克
寿命 10-12年

巧克力色
胸部和脚趾上可能有少许白色被毛。

美国水猎犬最初被繁育用于在美国五大湖区作为一种多功能猎犬和水犬使用， 适中的体形和瘦削的身材使其既可在船上也可在岸边作业。该犬现在仍被用于驱赶和衔回水鸟，但对于活跃的家庭来说也是随和的伙伴。该犬浓密而卷曲的被毛遗传自其祖先，包括爱尔兰水猎犬（见228页）和卷毛寻回犬（见262页）。有些犬的被毛不是那么紧密卷曲，这样的被毛被称为波浪状被毛。

浅棕色眼睛

宽头

赤褐色

耳朵覆有卷毛

沿尾巴有中度羽化的羽状毛

面部有光滑的被毛

四肢上有中度羽化的羽状毛

成年犬和幼犬

法国水犬 French Water Dog

肩高 53-65厘米
体重 16-27千克
寿命 12-14年

多种颜色

法国水犬是欧洲最古老的水犬之一， 其祖先可追溯到中世纪，该犬帮助繁育了许多其他犬种。被毛为法国水犬提供了完美的保护作用，高昂的护理成本可能是这个品种现在不再受欢迎的原因之一，但它们对孩子和其他犬宽容而友善。

长而卷曲的羊毛状被毛

低位垂耳被长被毛覆盖

面部被浓密的被毛遮盖

纯黑色

尾端略向上勾起

宽宽的圆足

下颌部有灰色被毛

标准贵宾犬 Standard Poodle

肩高 超过38厘米
体重 21-32千克
寿命 10-13年

任何纯色

该品种被认为是法国犬种， 但也可能源自德国，最初是一种水犬，现在的标准体形非常接近于其祖先。由于该犬精力充沛、聪慧、温和，因此常被用于杂交繁育。只需剪毛即可，是最易护理的一种犬。

黑色

头部高昂

浓密而卷曲的被毛

又长又宽的吊坠耳

杏仁状黑色眼睛

健壮而精致的面部和下巴

小圆足有拱形足趾

229

灯芯绒贵宾犬 Corded Poodle

肩高	24-60厘米
体重	21-32千克
寿命	10-13年

任何颜色

灯芯绒贵宾犬与其他贵宾犬一样，是用知名的不同品种的标准贵宾犬（见229页）经过多年繁育得来的，但目前还未被认可为独立品种。灯芯绒状被毛的犬多见于放牧犬，这种被毛可帮助抵御恶劣天气和野兽的袭击。被毛很容易形成漂亮的灯芯绒状，一旦形成便很容易打理。

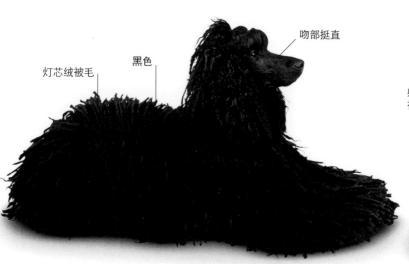

长而优雅的窄头

水平直背

躯干后1/4的被毛剪短

白色

细密的灯芯绒被毛

灯芯绒被毛

黑色

吻部挺直

弗里斯兰水犬 Frisian Water Dog

肩高	55-59厘米
体重	15-20千克
寿命	12-13年

深棕色

又名荷兰水猎犬或韦特豪犬，最初被渔民用于控制水獭数量。现在仍被用于驱赶和寻回猎物，但也用作看护犬和农场犬。独立、略微多疑的性格使其不适合城市生活，但对乡村人家来说却是可靠和结实的犬。

圆顶头部

长尾巴卷曲成环状

低位耳朵，贴头平伸

黑色

拱形圆足

胸部白斑

拉戈托罗马阁挪露犬 Lagotto Romagnolo

肩高	体重	寿命	■ 橙色
41-48厘米	11-16千克	12-14年	■ 杂色

橙色、杂色被毛可能有棕色面部。

这种对人友爱的犬是优秀的宠物，但有时会吵闹，更适应乡村生活。

这种类型的犬至少在中世纪就在意大利本土为人所知了，被认为是所有"水犬"的祖先。拉戈托罗马阁挪露犬最初在意大利北部罗马涅的沼泽地带作为寻回犬使用。这种犬的名字在意大利语中的意思是"罗马涅的湖（水）犬"。从19世纪末沼泽地干涸开始，由于水鸟数量减少，该犬有了挖掘松露的新工作。

到20世纪中期，拉戈托罗马阁挪露犬成了松露挖掘专家。不过，该犬被广泛用于与其他品种杂交，到20世纪70年代，纯种犬已很少见。一些爱好者开始挽救和重建这种犬，并使这种犬于1995年被世界犬业联盟（FCI）正式认可为独立品种。

今天，拉戈托罗马阁挪露犬既作为伴侣犬也作为工作犬繁育。该犬是热情的家庭宠物，也是有效的守卫犬。该犬性格好，易训练。喜欢通过大量的漫步、游泳、挖掘等活动来使自己保持忙碌。有特色的卷曲被毛需要每周梳理一次，每年修剪一次。

从鸭子到松露

几个世纪以来，罗马涅的农民在他们的平底船上用拉戈托罗马阁挪露犬来猎取水禽，现在仍有一些犬从事这种工作。该犬可谓是终极水犬。其趾间有蹼，非常善于游泳，卷曲的双层被毛使其能在冷水中长时间工作。该犬现在仍保留着游泳和寻回的本能。此外，其嗅觉高度发达，有强烈的挖掘欲望，训练后是挖掘松露的理想对象（见下图）。

大小适中的三角形垂耳，耳端圆

卷曲的被毛

赤褐色鼻子

深胸

米白色

棕色

白色带有棕色斑纹

紧凑的圆足

羊毛状被毛紧紧卷曲

231

西班牙水犬 Spanish Water Dog

肩高	体重	寿命	白色 棕色	黑色
40-50厘米	14-22千克	10-14年		

这种适应能力强的工作犬态度严谨，有时固执，但如果训练得当，会是优秀的伴侣犬。

这个与众不同的品种在其本土曾有多重角色及多个名字，现在被称为佩罗德奥加犬（Perro de Agua Español）。有记载表明，有着羊毛状被毛的水犬自1110年开始就在西班牙存在了。它们的起源不明，不过据认为是那些来自非洲北部和土耳其的商人把这种犬带到了安达卢西亚（位于西班牙南部）。人们在西班牙乡间繁育了三个不同品系：西班牙北部繁育的一种体形较小的类型；在安达卢西亚西部沼泽地区繁育的一种有着长灯芯绒被毛的类型；以及在安达卢西亚南部山区繁育的一种体形较大的类型。

在18世纪，西班牙水犬被用来在每年一度的南北迁移寻找新鲜草场的过程中放牧羊群。同时也用于狩猎，特别是水中狩猎。此外，这些犬也在西班牙的港口工作，跟着渔民在船上随行，通过拉绳来帮助渔船靠岸。

如今，西班牙水犬通过标准的体形和被毛类型被统一归类。直到20世纪80年代，这种犬在西班牙南部之外的地区还很少为人所知，尽管人们在努力推广这个品种，但现在仍较少见。

该犬现在仍作为工作犬使用，同时也从事搜救及嗅探工作。西班牙水犬总体来说是通情达理的伴侣犬，但有时会对儿童缺乏耐心。被毛无须打理，但可根据情况进行沐浴，每年剪毛一次。

尾巴勉强长至跗关节

黑色和白色

幼犬

获得承认

西班牙水犬的近代史开始于1980年，当时安东尼奥·佩雷斯在马拉加的一个犬展上看到了一种他非常熟悉的犬。这种犬当时被称为安达卢西亚犬，于是佩雷斯问犬展的组织者圣地亚哥·蒙特西诺斯和大卫·萨拉曼卡，为何该犬没被作为一个品种认可。两位组织者对这种犬也比较熟悉，并同意帮助佩雷斯让这种犬获得认可。1983年，其品种标准得以建立，到1985年，约有40只西班牙水犬登记在册。1999年，世界犬业联盟（FCI）终于正式认可了这一犬种。

背部朝尾
巴方向缓
缓倾斜

羊毛状的被毛若
不加以修剪会打
结呈绳索状

棕色和白色

棕色鼻子与
毛色匹配

浅色胸
部斑纹

腿长略短
于躯干

覆盖被毛
的圆足

布列塔尼犬 Brittany

肩高	体重	寿命	赤褐色和白色	黑色、黄褐色和白色
47-51厘米	14-18千克	12-14年	黑色和白色	

各种毛色会混杂而没有清晰界限（杂色）。

英国之渊源

下面这幅1907年的法国画作中的布列塔尼犬与威尔士史宾格猎犬（见226页）非常相似，二者之间很可能有共同之处。从19世纪中期开始，人们将布列塔尼犬与西班牙猎犬以及由英国猎人们带来的英国赛特犬（见241页）进行杂交。由于当时检疫法已经生效，英国猎人在狩猎季结束后索性就将带来的犬留在了法国，其中的一些犬会同法国当地的犬进行交配。

这种适应性强且可靠的犬对儿童友好，是活跃的乡村犬主的理想伴侣。

以前名叫布列塔尼猎犬，在其法国本土被称为伊巴尼尔布里顿犬（Epagneul Breton），现在简称为布列塔尼犬。该犬的狩猎方式更像指示犬或赛特犬（注重于给猎物定位）而不像激飞犬（用于将猎物驱赶出来）。这种快速敏捷的枪猎犬现用于猎鸟和其他猎物，如野兔。该犬能叼回猎物，但最善于确定鸟的位置。

布列塔尼犬是一种成熟的猎犬，以其位于法国西北部的产地命名。"布列塔尼"类型的犬最早出现在17世纪的绘画和挂毯中。当时在法国贵族中颇受欢迎，该犬听令、定位与衔回猎物的技能也使其成为偷猎者的工具。该犬种于1907年在法国被正式认可。

今天，布列塔尼犬作为运动犬和善良、温柔的家庭伴侣均颇受喜爱。该犬精力充沛，需要大量的脑力和体力方面的挑战，因此更适于乡村家庭。有些布列塔尼犬出生时即无尾或短尾。

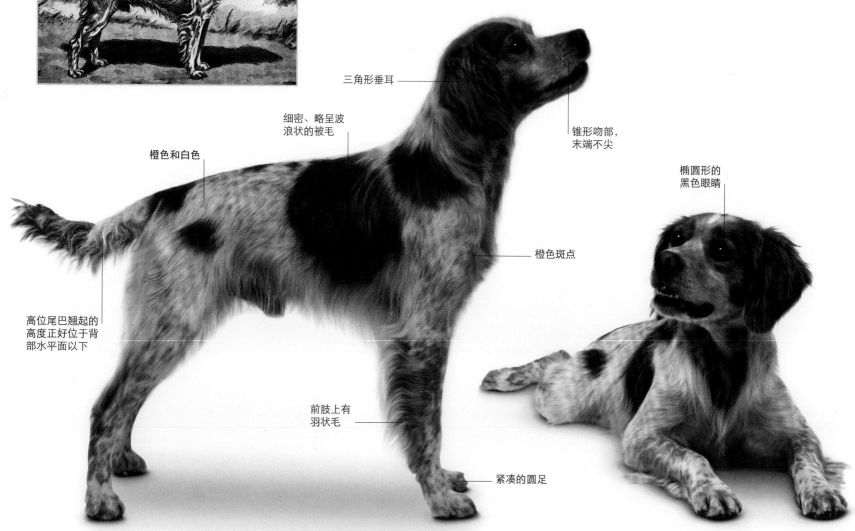

细密、略呈波浪状的被毛

三角形垂耳

橙色和白色

锥形吻部，末端不尖

椭圆形的黑色眼睛

橙色斑点

高位尾巴翘起的高度正好位于背部水平面以下

前肢上有羽状毛

紧凑的圆足

大明斯特兰德犬 Large Munsterlander

肩高 58-65 厘米
体重 29-31 千克
寿命 12-13 年

该犬在德国被称为格罗赛明斯特兰德犬（Grosser Munsterlander），在血缘上与德国指示犬（见245页）和小明斯特兰德犬（见下）比，与前者关系更密切。该犬成熟较慢，是温柔、易训和多才多艺的枪猎犬。与人的亲密相处有利于其成长，该犬对孩子们友善。

纯黑色头部

吻部顶端有白色被毛

黑色、白色和杂色

黑色披风状被毛

白色带有黑色斑点（蓝杂色）

浓密长被毛防寒保暖

四肢上丰富的羽状毛

小明斯特兰德犬 Small Munsterlander

肩高 52-54 厘米
体重 18-27 千克
寿命 13-14 年

德文名为"海德沃什泰尔犬"（Heidewachtel），意为"石楠丛中的鹌鹑猎犬"，表明了其最初被用于驱赶鸟类。尽管该犬是欢快且有感染力的伴侣犬，但每年的繁殖数量有限，往往被猎人们抢购一空。尽管该犬与大明斯特兰德犬（见上）的名字相似，但它们之间并没有直接的血缘关系。

头部有白色焰斑

棕色和白色

带有丰富羽状毛的宽耳

柔滑的被毛

中等长度的丰富羽状毛尾巴

白色四肢上有棕色斑点

蓬托德梅尔猎犬 Pont-Audemer Spaniel

肩高 51-58厘米	体重 18-24千克	寿命 12-14年	■ 棕色

这个迷人的犬种在室内悠闲放松，但它们更热爱空旷的活动空间，因此不太适合在都市生活。

这种少见的法国指示犬和寻回犬是水中和沼泽地中的狩猎专家。据说起源于19世纪法国西北部诺曼底的蓬托德梅尔沼泽地区。当时，英国猎人带着他们的英国犬到法国打猎，狩猎季节结束后，带来的这些犬被留了下来，并与这个品种当中的一些犬进行了杂交。许多人认为早期的爱尔兰水猎犬（见228页）也应该归于这个品种。

在20世纪，蓬托德梅尔猎犬的数量急剧下降，人们不得不想办法来挽救这个品种，但只有少量幸存了下来，现在依然主要用于狩猎。蓬托德梅尔猎犬在过去主要用于将小型水禽驱赶出来。但也被训练作为一种既能定位又可寻回的全能枪猎犬。尽管其祖先赋予了它们在水中工作的能力，但它们也能在树林和灌木丛中追捕兔子和野鸡。

蓬托德梅尔猎犬通常不作为宠物喂养，但也能成为温和的家犬。该犬快乐而有趣的特点为其赢得了"沼泽小丑"的绰号。有足够空间供其自由奔跑的乡村人家最适合该犬。尽管卷曲、略带褶边的被毛并不难保养，但需要每周梳理1—2次。

濒危品种

蓬托德梅尔猎犬（见下图，1907年的一幅法国画作）即使在法国本土也并非知名犬种，到19世纪末，该犬数量处于下降状态。繁育者试图挽救该犬种，但到20世纪40年代，该犬还是近乎灭绝。1949年，为减少同系繁殖的担忧，人们把该犬与爱尔兰水猎犬进行杂交，但数量还是很少。1980年，蓬托德梅尔猎犬与皮卡第猎犬（见239页）和蓝色皮卡第猎犬（见239页）的繁育机构联合起来，共同努力去挽救这三个品种，以防它们灭绝。

尾巴略卷，尾端毛色较浅

圆头顶上有
卷毛顶髻

长而柔滑的被
毛遮盖住垂耳

棕色和灰
色斑块

棕色斑块

长而略尖
的吻部

宽而深
的胸部

深琥珀色
小眼睛

卷曲、蓬
乱的被毛

圆足，趾间有
卷曲长饰毛

库依克豪德杰犬 Kooikerhondje

肩高	体重	寿命
35~40厘米	9~11千克	12~13年

挫败暗杀

17世纪，荷兰的大师们在他们的家庭组图中描绘了与库依克豪德杰犬相似的犬，比如扬·斯汀的画作《人之所闻如人之所歌》（见下图）。库依克豪德杰犬被认为是忠诚和深情的伙伴，一只叫昆茨的犬曾救了奥兰治威廉二世亲王（1626—1650）的命。在荷兰和西班牙战争期间的一个晚上，昆茨发现了入侵者并将威廉唤醒，使他避免了被敌人杀害的命运。从那天开始，被感动了的王子便以库依克豪德杰犬为伴。

这种性情欢快、精力旺盛的犬是友善的宠物，但由于其喜欢在开阔地带活动，因此不适合城市生活。

这一荷兰品种有数个名字，包括库依克豪德杰犬和荷兰诱饵犬，后者体现了其独特的用途。库依克豪德杰犬传统上用于猎取鸭子和其他水禽。该犬从不吠叫，通过跳动并摇摆旗帜一样的尾巴来吸引水禽的注意力，并将它们引诱到水面上的一个荷兰语称为库依的筒状鸟笼中，猎人们就可以活捉这些鸟了。

这种类型的犬至少在16世纪就已存在，但到了20世纪40年代，库依克豪德杰犬几乎灭绝。一位贵妇人——阿默斯托尔男爵夫人挽救并恢复了这个品种。库依克豪德杰犬现在仍较少见，但在欧洲和北美洲越来越受欢迎。该犬目前仍从事传统的引诱水鸟的工作，但现在更多地被动物保护者们用于标记和释放鸟类。有些库依克豪德杰犬也被训练用于搜救工作。该犬是喜爱玩耍、性情温和的家犬，但对年龄过小又吵闹的儿童来说可能会比较敏感。该犬对主人忠诚，对陌生人比较冷淡。

覆盖长而丝滑饰毛的垂耳

警觉的杏仁状深棕色眼睛

面部有白色焰斑

面部毛较短

颈部长毛形成环状领毛

丰富的羽状毛尾巴

纯白色的被毛上有橙红色斑块

光滑、略呈波浪状的被毛

前肢有羽状毛

兔足，小

弗瑞斯兰指示犬 Frisian Pointing Dog

肩高 50-53厘米
体重 19-25千克
寿命 12-14年

橙色带有白色斑纹

这种由农夫们繁育的犬也叫斯德比霍恩犬（Stabyhoun），可伴在猎人身旁跟踪、指示和寻回猎物。该犬是活跃、平和的家庭伴侣，尤其适合儿童。尽管人们在努力增加其数量，但这个品种即使在荷兰本土也较少见。

黑色带有
白色斑纹

长而直的
光滑被毛

黑点

额段明显

四肢上有
羽状毛

荷兰猎鸟犬 Drentsche Partridge Dog

肩高 55-63厘米
体重 20-25千克
寿命 12-13年

荷兰猎鸟犬别名鹧鸪猎犬，是介于指示犬和寻回犬之间的一种犬，是与小明斯特兰德犬（见235页）和法国猎犬（见240页）有血缘关系的一种典型的多功能欧洲猎犬。这种荷兰犬只要有足够的活动，就会是可靠而活泼的家庭伴侣。

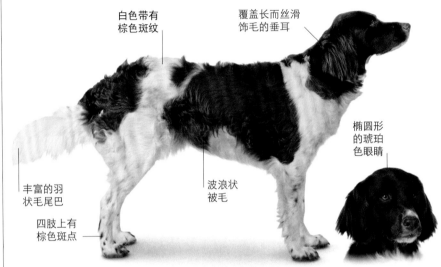

白色带有
棕色斑纹

覆盖长而丝滑
饰毛的垂耳

丰富的羽
状毛尾巴

波浪状
被毛

椭圆形
的琥珀
色眼睛

四肢上有
棕色斑点

皮卡第猎犬 Picardy Spaniel

肩高 55-60厘米
体重 20-25千克
寿命 12-14年

皮卡第猎犬是最古老的西班牙猎犬之一，在法国现仍用于在树林和湿地中驱赶鸟类。该犬喜爱游泳，是温和、可靠和深情的家犬，如果能给其一定的活动量，甚至可以适应城市生活。

低位长垂耳

背部朝尾部
方向下斜

尾巴弯曲，
带有羽状毛

浓密的被
毛略卷曲

灰色伴有
斑驳的棕
色斑纹

椭圆形头

方形身体

丰富的棕
色斑块

蓝色皮卡第猎犬 Blue Picardy Spaniel

肩高 57-60厘米
体重 20-21千克
寿命 11-13年

性格安静、随和，主要作为水犬在沼泽地中指示和寻回鹬鸟，是有趣的伙伴，适合儿童。但蓝色皮卡第猎犬友善的天性决定了它们不适合作为守卫犬使用。

长长的垂耳上覆
有波浪状饰毛

灰黑色夹杂
着黑色斑块

尾巴长至
跗关节

颜色较浅
的焰斑

灰色和黑色
的斑点形成
蓝色底纹

紧凑圆足，
趾间被毛
丰富

法国猎犬 French Spaniel

肩高 55-61厘米
体重 20-25千克
寿命 12-14年

法国猎犬在本土被视为是所有猎犬品种的祖先。该犬在原产国及其他国家现仍被用于狩猎活动，这种犬冷静且不爱吠叫，只要给予充分的活动和关爱，也是优秀的城市犬种。

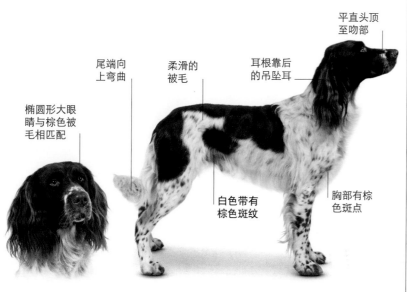

尾端向上弯曲

柔滑的被毛

平直头顶至吻部

耳根靠后的吊坠耳

椭圆形大眼睛与棕色被毛相匹配

白色带有棕色斑纹

胸部有棕色斑点

爱尔兰红白赛特犬
Irish Red and White Setter

肩高 64-69厘米
体重 25-34千克
寿命 12-13年

这种蹲猎犬有着许多猎犬所特有的典型红白色被毛，但现在主要作为伴侣犬喂养。这个聪明但有时任性、冲动的犬种长久以来被其近亲爱尔兰赛特犬（见242页）盖过了风头，不过正在逐渐赢得人们的喜爱。该犬欢快而精力充沛，在严格的管教和关心下会健康成长。

圆顶宽头

界限清晰的纯色区域

红色和白色

耳朵与眼睛在一条水平线上，耳根靠后

面部红色斑纹

健壮的身体，深胸

波浪状细被毛

戈登赛特犬 Gordon Setter

肩高 62-66厘米
体重 26-30千克
寿命 12-13年

该犬最初在苏格兰被用于追踪鸟类，一旦发现猎物就会静止不动来指示方向，随着狩猎方式的转变，该犬也从田野转移到了家庭。该犬头脑冷静、性情忠厚，但需要充分的日常运动以及足够的活动空间。

深长而略圆的头部

瘦而长的颈部

炭黑色

闪亮的被毛

腹部流苏状被毛延伸至胸部和喉部

长而健壮的腿股部有丰富的羽状毛

足部和腿下部有典型的栗红色斑纹

英国赛特犬 English Setter

	肩高 61-64厘米	体重 25-30千克	寿命 12-13年	贝尔顿橙色或贝尔顿柠檬色 贝尔顿赤褐色 贝尔顿赤褐色可能带有黄褐色斑纹。

爱德华·莱夫拉克

19世纪，繁育者爱德华·莱夫拉克改变了传统的英国赛特犬。他在1825年得到了两只犬，并用它们繁育了一个不同的品系，这种犬用"蹲"姿指示猎鸟位置时采用了一种比通常直立的姿势，且与早期的犬相比个头儿更高、体重更轻、被毛羽化程度更强。莱夫拉克繁育的犬为19世纪70年代建立的品种标准打下了基础。下面这张1890年前后的交易卡展示了早期的英国赛特犬。

拥有完美外貌和性格的乡村家庭犬种，不知疲倦，喜爱开阔空间。

这个品种是最古老的赛特犬，至少可追溯到400年前，该犬名字源自其"蹲伏"的习惯——停下来并面对猎物所在的位置，从而使猎人发现猎物。英国赛特犬的祖先可能包括英国史宾格猎犬（见224—225页）、西班牙指示犬和大型水猎犬。该犬善于在开放的高沼地追踪并发现猎物。

其现代品种是由两个人建立的。爱德华·莱夫拉克在19世纪20年代繁育成了纯种英国赛特犬。19世纪末，R.珀塞尔·卢埃林用一些莱夫拉克繁育的犬繁育出了另一个用于野外工作的不同品系。他的犬与莱夫拉克的犬外貌不同，有些人认为这是不同的犬种，并称之为卢埃林犬。

英国赛特犬现仍作为工作犬使用，不过用于狩猎和犬展的犬来自不同血统。狩猎用犬与其爱尔兰和苏格兰的那些亲戚相比四肢略短。英国赛特犬体态优雅，性格安静、可靠，是优秀的家犬。但该犬还是需要充分的活动和跑动空间。展示犬与狩猎型犬相比被毛更长也更为卷曲。

低位吊坠耳

方形吻部，带有略微摆动的下垂上唇

贝尔顿蓝色

面部带有浅黄褐色斑纹

丰富的羽状毛尾巴

爱尔兰赛特犬 Irish Setter

肩高	体重	寿命
64-69厘米	27-32千克	12-13年

这种活泼、热情的犬既富有魅力，又深情款款，需要一位富有耐心且活跃的主人。

赛特猎犬是指可在猎鸟附近蹲伏或呈"预备"姿势来指示猎鸟所在位置的犬，在16世纪末至17世纪初，第一次出现了与它们有关的英文描述，它们在18世纪被认可为一个不同的品种。爱尔兰赛特犬诞生于18世纪，可能是英国赛特犬（见241页）、戈登赛特犬（见240页）、爱尔兰水猎犬（见228页）以及其他猎犬和指示犬杂交的结果。该犬被繁育用于在高原地区猎取鸟类，以速度、效率和敏锐的嗅觉而闻名。

最初的爱尔兰赛特犬的被毛呈红色和白色，与现在的爱尔兰红白赛特犬（见240页）一样，但在19世纪，饱满的深红色成了爱尔兰赛特犬的标准。

不过，即使在现在，有些犬在出生时身上还有白色小斑纹。

到19世纪50年代，红色的爱尔兰赛特犬在爱尔兰和英国随处可见，并开始出现在犬展上。一只1862年出生的叫帕默斯顿的雄犬是第一只秀场犬和种犬，也是大多数现代爱尔兰赛特犬的祖先。今天，该犬主要用于展示犬或陪伴，但有些繁育者仍在繁育既可工作又有美丽外表的爱尔兰赛特犬。

爱尔兰赛特犬是吸引人而又深情的宠物，喜欢跟孩子们以及其他犬在一起，能给人带来极大的乐趣。这种犬成熟较慢，需在早期进行严格训练。该犬需要一个每天能让其充分活动，包括有机会自由奔跑的家庭。

大红

在北美洲，爱尔兰赛特犬的自由灵魂因1962年迪士尼出品的电影《义犬情深》而闻名。影片在加拿大拍摄，讲述了一只名叫大红的秀场犬与一个叫勒内的孤儿成为朋友的故事。对于成为听话的表演犬，大红显然对跟勒内一起狩猎更感兴趣。结果，它的主人因此抛弃了它。大红翻山越岭与勒内团聚，并一起勇敢地从一只美洲狮的口中救下了大红的主人。

幼犬

红色

低位垂耳，折叠着紧贴头部下垂

杏仁状眼睛，神情友善

柔软而光滑的被毛

深而呈方形的吻部

深而窄的胸部

丰富的羽状毛尾巴

前肢后侧有羽状毛

新斯科舍猎鸭寻回犬
Nova Scotia Duck Tolling Retriever

肩高	体重	寿命
45-53厘米	17-23千克	12-13年

像狐狸般狡猾

诱猎是狐狸常干的事情。一只或两只狐狸在水边靠近水鸟的地方玩闹来引诱水鸟。水鸟一般会飞来驱赶狐狸，但有时靠得太近时就会被狐狸抓住。美洲原住民学会了这种技巧，通过把狐狸皮绑在绳子上来回摇摆来诱捕鸭子。欧洲人繁育了像狐狸一样被毛呈红色的犬，并训练它们做出跟狐狸一样的引诱动作。在新斯科舍猎鸭寻回犬身上就能看到狐狸样的被毛和行为（见下图）。

脾气温和，极具吸引力，如给予充分的活动，会很好地适应家庭生活。

这种加拿大枪猎犬也被称为特勒尔犬（Toller），该犬的名字源自它们在一种独特的猎鸭和猎鹅方法中的作用。该犬狩猎时猎人通常会隐藏起来，扔出一根棍状物，让猎犬动作夸张地去追逐但又不吠叫，这一动作会把那些好奇的鸟引诱或"吸引"出来。一旦鸟进入射程，猎人便会射击，而这些犬则负责把鸟叼回来。

新斯科舍猎鸭寻回犬19世纪中期起源于加拿大的新斯科舍省。它们是那些从欧洲带来的"诱饵犬"的后代，其诱猎方式与库

依克豪德杰犬（见238页）等相似。这些犬与西班牙猎犬、寻回犬和爱尔兰赛特犬（见242页）进行了杂交。该犬现在的名字是在1945年加拿大养犬协会认可这一犬种时确定的。

新斯科舍猎鸭寻回犬小巧而灵活，有厚厚的防水被毛和带蹼的脚趾。其被毛发红，胸部和尾端通常呈白色，像狐狸的被毛。这种犬俏皮、安静又听话的本性使其成为优秀的伴侣犬。同时，它们精力旺盛，需要充分的活动。

三角形垂耳略微立起

红色

杏仁状眼睛，眼神警惕

紧闭的嘴唇

头部略呈楔形，锥形吻部

防水被毛，内层被毛浓密

足部有典型的白色斑纹

尾巴有厚密的羽状毛，尾根粗

德国指示犬 German Pointer

肩高	体重	寿命	
53-64厘米	20-32千克	10-14年	赤褐色 棕色 黑色

全能犬种

德国指示犬属于一组被称为"追踪、指示、寻回"(HPR)的全能型枪猎犬。HPR犬起源于欧洲大陆，那里的猎人一般只喂养一到两只犬来执行多种任务。其他HPR犬包括魏玛猎犬（见248页）、匈牙利维斯拉犬（见246页）和意大利斯皮奥尼犬（见250页）。形成鲜明对比的是，英国繁育者专注于繁育执行特定任务、针对特定猎物的枪猎犬，如繁育用于驱赶出鹬鸟的可卡犬（见222页）。

若能令这一聪明的犬种保持忙碌，它们会表现得温和、友善，对活跃的犬主来说是物有所值的家庭宠物。

德国指示犬起源于19世纪，是一种本领高超的全能型猎犬，能在从荒原到沼泽的任何地形条件下追踪、指示和寻回猎物。以阿尔布雷克特·祖莲·布劳恩费尔斯王子为首的繁育者将德国猎犬与一些寻回犬进行杂交繁育来加强其速度、敏捷性和优雅度，所用的犬种包括施维斯猎犬（一种既可追踪又可指示的大型猎犬）和英国指示犬（见254页）。

德国指示犬有三种，最主要的也是目前最知名的一种是德国短毛指示犬，英国猎人称之为GSP犬。其历史可追溯到19世纪80年代。该犬种是世界上最受欢迎的猎犬之一。德国长毛指示犬大概出现在同一时期。德国硬毛指示犬出现时间略晚，是从德国短毛指示犬繁育而来的。

德国指示犬在其本土既家养也用于狩猎，它们头脑冷静、值得信赖，并且精力充沛，每天需要大量的活动。该犬最适于猎人和喜欢跑步、徒步旅行以及骑自行车的人。

中等大小的
棕色眼睛

额段明显

赤褐色斑块

宽大垂耳，
耳端圆

低垂锥形
尾巴，尾
端呈白色

棕色鼻子

赤褐色带有
白色斑点

腹部向
上收起

硬毛型

被毛触
感粗硬

汤匙形
紧凑足

短毛型

匈牙利维斯拉犬 Hungarian Vizsla

肩高	体重	寿命
53-64厘米	20-30千克	13-14年

这种忠诚而温和的犬是极具吸引力的家庭伴侣，但其精力旺盛，需满足该犬的活动需求。

匈牙利维斯拉犬的祖先是一种典型的欧洲全能型猎犬，14世纪就有对该犬的书面记载，其历史可能还要早。1000年前的石刻上有马扎尔猎人带着猎鹰和与维斯拉犬相似的猎犬的画面。几个世纪以来，匈牙利维斯拉犬颇受匈牙利贵族们的喜爱，并因此使它们的纯正血统得以保持。该犬被誉为"礼物之王"，只赠予王族成员和最重要的外宾。该犬种在第二次世界大战之后几乎灭绝，但匈牙利移民将它们带到了欧洲西部以及美国，现在它们在那里越来越受欢迎。

在狩猎场上，匈牙利维斯拉犬拥有速度和耐力，可一整天在任何条件下工作，不管是在陆地还是在水中。该犬曾被用于猎取多种猎物，包括鸭子、兔子、狼和野猪。它们有追踪所必备的灵敏鼻子和叼回猎物所需的柔软的嘴巴。该犬聪明，较易训练。

匈牙利维斯拉犬虽然是一种猎犬，但也是优秀的家庭伙伴。人们通常说该犬就像孩子一样是家庭的一部分。该犬非常忠诚且富有爱心，但每天需要大量的活动。

有两种类型：最初的短毛型，也叫匈牙利短毛指示犬；于20世纪30年代繁育出的硬毛型，身体更强壮。

展犬冠军约吉

犬展中最有名的匈牙利维斯拉犬是一只叫约吉的雄犬（注册名 Hungargunn Bear It'n Mind）。它于2002年在澳大利亚出生，仅12周大时就获得了第一个"犬展最佳"称号。2005年，约吉被带到英国，在那里度过了辉煌的犬展生涯。到2010年，它共赢得17次英国"犬展最佳"称号，打破了已保持70多年的纪录。它在退役成为种犬之前，又在2010年克拉夫茨犬展上赢得"犬展最佳"称号（下图是它和奖杯及引领员约翰·塞维尔的合影）。

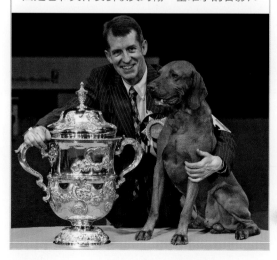

略微弯曲的锥形尾巴

紧凑的圆拱状猫足

硬毛型幼犬

肌肉发达的
强健背部

鼻子颜色与
被毛匹配

肌肉发达的光
滑拱形颈部

独特的光滑被
毛，缺少保暖
的内层被毛

眼睛颜色比被
毛颜色略深

垂耳上的
被毛略短

锥形吻部末
端呈方形

金褐色

长长的前肢

短毛型

硬毛型

魏玛猎犬 *Weimaraner*

肩高	体重	寿命
56~69厘米	25~41千克	12~13年

影像之美

从20世纪70年代以来，美国艺术家威廉·韦格曼（下图）一直以他的魏玛猎犬作为拍照和摄像创作的灵感来源，最早使用的是一只名为曼雷（以超现实主义艺术家和摄影师的名字命名）的犬。韦格曼突出描绘了魏玛猎犬的体态和被毛的完美。他以奇怪的姿态、特别的服饰和神秘的电影来展示这种犬超凡脱俗的外表。

这种优雅、聪明，且毛色特别的犬精力无穷，需要较大的活动空间。

这个19世纪出现的犬种是按照具有追踪、指示和寻回功能的全能型枪猎犬（HPR，见245页）来繁育的，是多种德国猎犬的后代。魏玛猎犬的名字源自繁育该犬的魏玛德国宫廷，而且有很长一段时间基本只有贵族人士才拥有该犬。这种犬最初被用于捕获大型猎物，如狼和鹿，后来用于从陆地或水中寻回鸟类。

魏玛猎犬有着平稳而有力的步伐和极强的耐力。该犬在狩猎场上以仔细、动作轻且无声而闻名。这种狩猎方式加上引人注目的银灰色被毛和灰白色眼睛让它们有了"灰色幽灵"的绰号。优雅的体形、银灰色的被毛及优美的步态让魏玛猎犬成为颇受欢迎的展览犬、宠物犬和工作犬。尽管魏玛猎犬在陌生人面前矜持，但在家人面前却很活跃，对儿童来说可能有点吵闹。该犬需要大量活动，包括跑动和搜寻，以消耗能量。有两种被毛类型：短毛型和不太常见的长毛型。

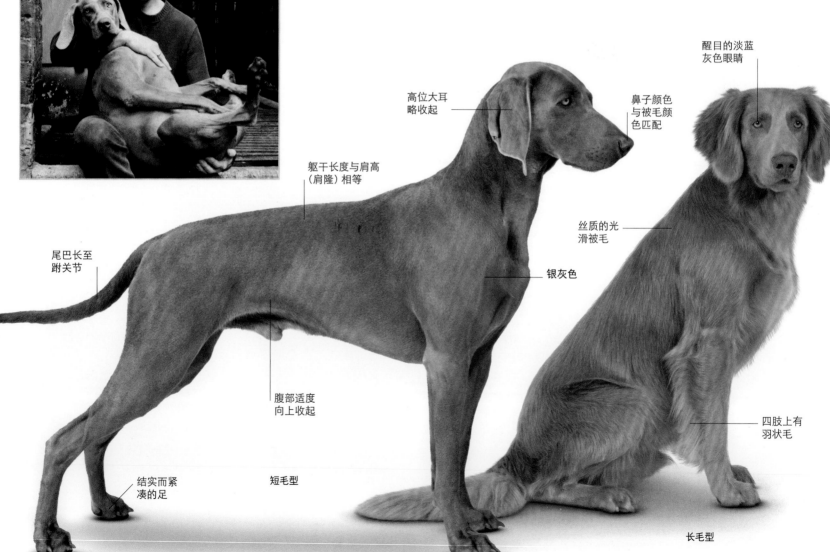

高位大耳略收起

躯干长度与肩高（肩隆）相等

尾巴长至跗关节

腹部适度向上收起

结实而紧凑的足

短毛型

醒目的淡蓝灰色眼睛

鼻子颜色与被毛颜色匹配

丝质的光滑被毛

银灰色

四肢上有羽状毛

长毛型

塞斯凯福瑟克犬 Cesky Fousek

肩高 58-66 厘米	棕色
体重 22-34 千克	棕色被毛在胸部和四肢下部可能
寿命 12-13 年	带有斑纹。

该犬种据称拥有捷克、斯洛伐克或波希米亚血统，现在它们在这些地区仍颇受欢迎，但在其他地方较为少见。该犬忠诚、易训，通常对周围的人友好，但因是天生的猎手，所以与其他宠物在一起时会不太安全。

暗杂色被毛带有棕色斑块

大垂耳

传统上尾巴剪至原长度的2/5

软须

深陷的琥珀色眼睛

浓密的眉毛

硬硬的保护性被毛

紧凑的汤匙形足

科萨尔格里芬犬 Korthals Griffon

肩高 50-60 厘米	赤褐色或赤棕色
体重 23-27 千克	赤褐杂色或白色和棕色
寿命 12-13 年	

这种多能、随和的犬种与德国指示犬（见245页）有亲缘关系，由荷兰人爱德华·科萨尔繁育，并被法国猎人所用。该犬虽然不是奔跑速度最快的枪猎犬，但却深受猎人的喜爱，因其具备作为有价值的狩猎伴侣所应有的素质：温顺、听令，贴身跟随。

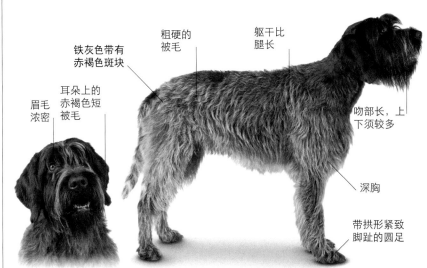

粗硬的被毛

躯干比腿长

铁灰色带有赤褐色斑块

眉毛浓密

耳朵上的赤褐色短被毛

吻部长，上下须较多

深胸

带拱形紧致脚趾的圆足

葡萄牙指示犬 Portuguese Pointing Dog

肩高 52-56 厘米
体重 16-27 千克
寿命 12-14 年

又称葡萄牙佩尔狄克罗犬，字面意为葡萄牙鹧鸪犬，过去曾服务于带着猎鹰或猎网的猎人。葡萄牙指示犬现仍参与狩猎，该犬头脑冷静，对人顺从，是听话的伙伴。但作为性格坚忍的猎犬，它们每天需要大量的脑力和体力活动。

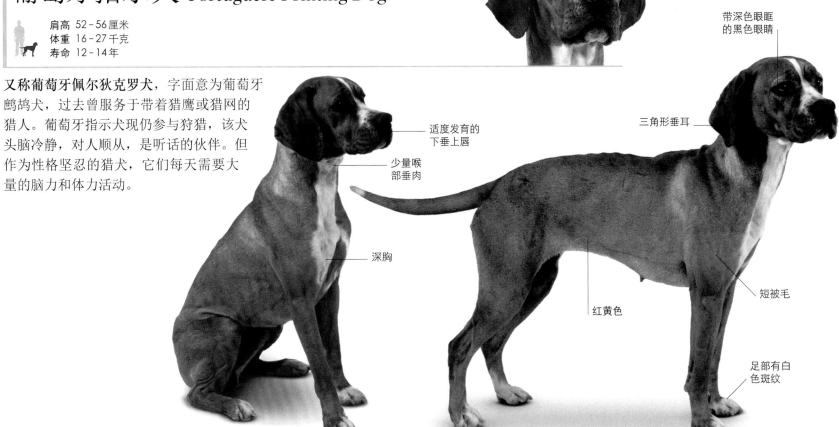

带深色眼眶的黑色眼睛

适度发育的下垂上唇

少量喉部垂肉

三角形垂耳

深胸

红黄色

短被毛

足部有白色斑纹

意大利斯皮奥尼犬 Italian Spinone

肩高	体重	寿命	白色
58–70厘米	29–39千克	12–13年	橙杂色
			白色和棕色或棕杂色

性情随和而又悠闲自在的犬种，注意力很容易被分散，不是那些深居简出人士的理想选择。

意大利斯皮奥尼犬的起源不明，但自文艺复兴时期以来，硬毛指示犬就在意大利为人所知了。15世纪70年代由安德烈·曼特尼亚在曼图亚公爵宫中绘制的壁画《冈萨加宫廷》里就描绘了这样一种犬。

其现代品种起源于意大利西北部的皮埃蒙特地区，并于19世纪得名"斯皮奥尼"。这种多能的"追踪、指示、寻回"品种（见245页）在20世纪以前一直是该地区最受欢迎的猎犬。意大利斯皮奥尼犬在第二次世界大战期间用于跟踪敌人和运送食品，在意大利游击队的作战过程中发挥了至关重要的作用。到战争结束时，这种犬已经很少，因此，从20世纪50年代开始，意大利的繁育者成立了一个协会来避免其灭绝。

意大利斯皮奥尼犬能追踪空气中和地面上的气味，在浓密的荆棘丛生地带也能工作。该犬可安静而仔细地进行追踪，紧跟牵着它们的猎人，以大步幅的之字形路线行进。这种犬的粗硬被毛能保护其在荆棘丛及冰水中穿行。意大利斯皮奥尼犬现在仍参与狩猎，但速度更快的意大利布拉科犬（见252页）在狩猎方面目前在意大利更受欢迎。

近些年来，意大利斯皮奥尼犬因温柔和忠诚的性格在很多国家成为受人喜爱的宠物。该犬每天需要大量的体力活动，不过其奔跑速度比其他许多枪猎犬要慢，散步时也更为惬意。被毛无须进行太多护理，只需偶尔梳理和除毛即可，但其被毛狗味十足。

低垂的粗尾

大圆足

幼犬

带刺的名字

现在名为意大利斯皮奥尼犬的犬种因其起源地区的不同曾有过多个名字。其中的一个是布拉可斯皮奥尼，即"带刺的指示犬"，据说是因为其粗糙而短硬的被毛而得名。斯皮奥尼（Spinone）这个名字与匹诺（Pino）这个词有关，是一种浓密的意大利荆棘的名字，而斯皮奥尼犬有着硬硬的皮肤和粗糙的被毛，是少有的几种可以穿越荆棘丛获取猎物的犬种之一（如此处的一幅1907年的法国画作所示）。

又大又圆的赭石色
眼睛，表情友善

三角形
吊坠耳

背部略弯

长上须混
入下须中

白色和橙色

浅色鼻子

腹部略向
上收起

粗硬而浓
密的被毛

宽而深
的胸部

意大利布拉科犬 Bracco Italiano

	肩高 55-67厘米	体重 25-40千克	寿命 12-13年		白色 白色和橙色、琥珀色或栗色

贵族猎犬

意大利布拉科犬这种类型的犬在文艺复兴时期很受意大利贵族的喜爱。它们与猎鹰一同被用于猎取鸟类。贵族家庭，如梅迪西斯和贡扎加家族，拥有育犬房，繁育具有狩猎技能的犬。1527年，有记载显示一些栗色的犬作为礼物被赠予法国王室；皮埃蒙特犬（见下面1907年的一幅法国画，是意大利布拉科犬两种类型中的一种）也颇受整个欧洲王室成员的追捧。

这种罕见的枪猎犬有着令人惊讶、与其体形不相称的运动能力，但冷静的头脑让其成为合格的家庭宠物。

意大利布拉科犬也叫意大利指示犬，是来自意大利北部的品种，祖先可追溯到中世纪。在14世纪的绘画作品中可以看到该犬种，那时它们主要用于将鸟驱赶入猎网。从猎人们开始用枪打猎以后，这种犬进化成了一种全能型的"追踪、指示、寻回"（HPR）枪猎犬（见245页）。

到19世纪，意大利布拉科犬有了两种类型：来自伦巴第大区的高大强壮且有着白色和棕杂色被毛的布拉科隆巴多犬，以及适合在山区作业、体重较轻、被毛呈白橙色的布拉科皮埃蒙特犬。到20世纪，其数量有所减少，但爱犬者挽救了这个品种，意大利养犬协会于1949年确立了该犬种的标准。这两种类型同属一个品种，体重较重和较轻的两种犬目前仍可见到。

意大利布拉科犬目前仍作为工作犬使用，该犬以一种独特的方式来追踪气味：大步小跑的同时鼻子高抬，意大利人称之为"牵着鼻子行走"。该犬非常喜欢和人在一起，是平静而温柔的伙伴，但需要大量的体力活动，散步的时候应尽可能用牵犬绳拉着，以便控制其强烈的狩猎欲望。

略呈拱形的吻部

鼻子颜色与被毛颜色匹配

吊坠耳，耳端圆

发育良好的下垂上唇

杂色带栗色斑纹

健壮的颈部，有柔软的喉部垂肉

尾巴略呈锥形

椭圆形足

普德尔指示犬 Pudelpointer

肩高 55－68厘米
体重 20－30千克
寿命 12－14年

■ 枯叶色
■ 黑色

这种贵宾犬与指示犬的杂交品种具有工作犬和家犬的双重用途，繁育目的是集这两种犬的优点于一身：聪明强壮，爱好交际，具有全面的工作能力。普德尔指示犬最受猎人的喜爱，是易于掌控而欢快的乡间伙伴。

卷曲的额毛

粗硬被毛，内层被毛浓密

棕色

上须和下须颜色较浅

胸部有白色斑纹

马刀形尾

腹部略向上收起

椭圆形足

斯洛伐克硬毛指示犬 Slovakian Rough-haired Pointer

肩高 57－68厘米
体重 25－35千克
寿命 12－14年

该犬有多个别名，如斯洛伐克指示犬、斯洛伐克刚毛指示犬以及在本土的名字斯洛伐克胡博斯基斯塔维克犬。该犬可能是德国猎犬的后代，也因此显示出典型的聪明、幽默和精力充沛的特点。该犬不适合独处，有人陪伴和经常活动会有助于其健康成长。

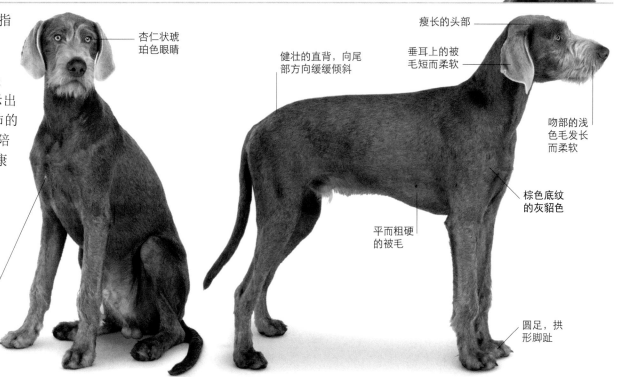

杏仁状琥珀色眼睛

健壮的直背，向尾部方向缓缓倾斜

瘦长的头部

垂耳上的被毛短而柔软

吻部的浅色毛发长而柔软

棕色底纹的灰貂色

胸部有白色斑纹

平而粗硬的被毛

圆足，拱形脚趾

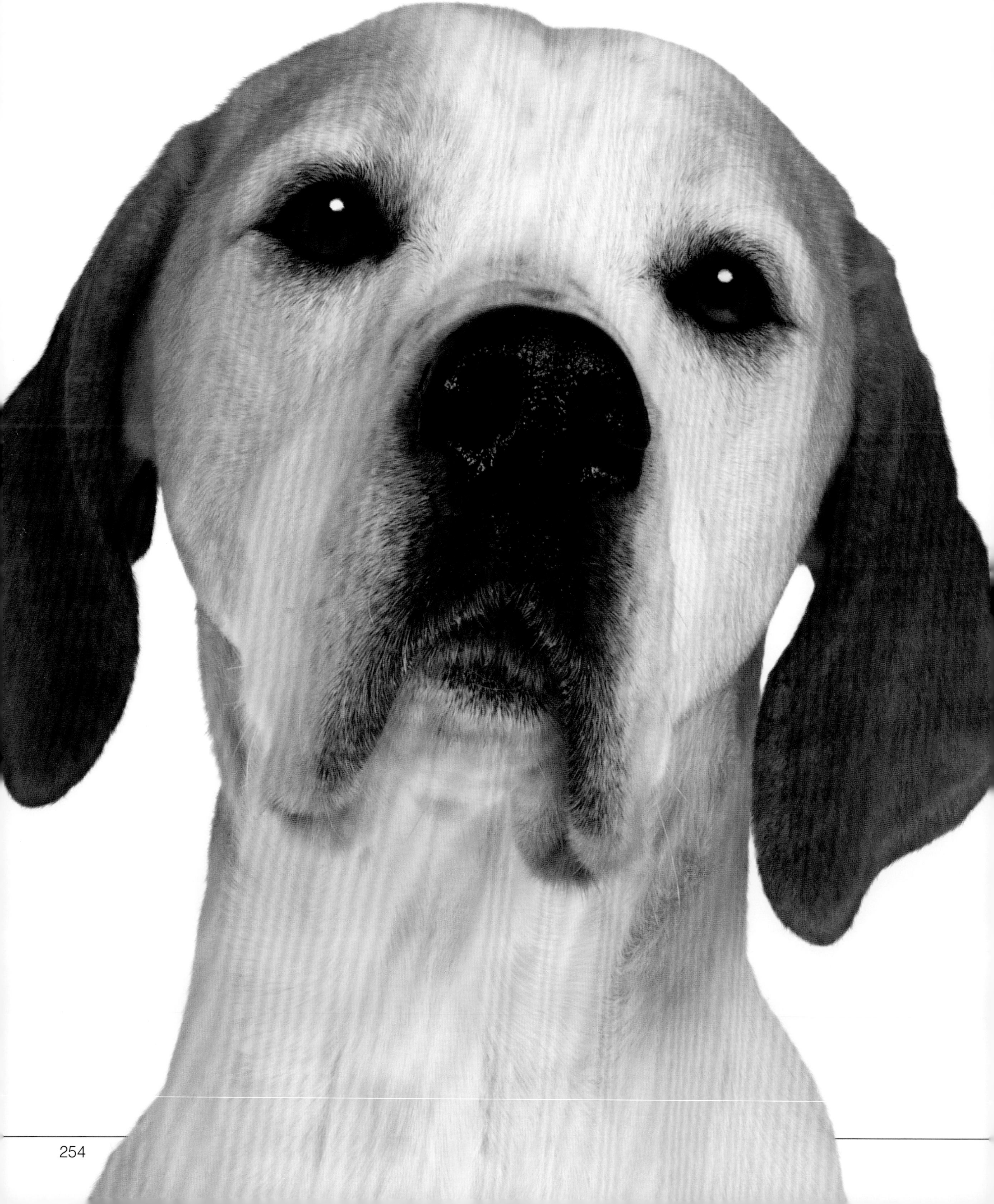

英国指示犬 English Pointer

肩高	体重	寿命	多种颜色
53-64厘米	20-34千克	12-13年	

这种行动敏捷的犬友善而聪明，作为宠物喂养的话，需要充分的脑力和体力活动。

指示犬是一种以其发现猎物后的姿势来命名的猎犬：静立，一只爪子抬起，鼻子朝向猎物所在位置。它们同时在欧洲多个国家进行繁育。在英国，英国指示犬（现在英国简称为指示犬）的祖先约出现于1650年，可能是英国猎狐犬（见158页）和灵猩（见126页）以及一种古老的"西班牙赛特猎犬"的杂交产物。后来又进一步与西班牙猎犬以及赛特犬进行杂交来加强其指示的能力和可训性。

英国指示犬最初用于"指示"野兔所在的位置以便让灵猩去追逐，或者与猎鹰一起配合狩猎。从18世纪开始，射猎飞鸟流行起来，这些犬被用于指示鸟的位置，特别是在丘陵地区。该犬种有优秀的捕捉空中气味的能力，是高效的指示犬。有时也用于寻回猎物，但在这方面的表现要差一些。英国指示犬以速度和耐力著称，目前在英国和美国仍用于狩猎和场地赛跑。

英国指示犬温柔、忠诚且顺从，是性格绝佳的家庭伴侣，可放心地让它们跟儿童在一起，但对于蹒跚学步的幼儿来说其动作可能过于猛烈。英国指示犬保留了用于狩猎的充沛体能，因此每天需要大量的体力活动。

幼犬

1837年版《匹克威克外传》中的插图

额段非常明显 / 垂耳贴近头部 / 略呈拱形的长颈 / 肌肉发达的后躯 / 橙色和白色 / 前肢很直，有橙色斑点 / 长而略倾斜的胶骨 / 椭圆形足，拱形足趾

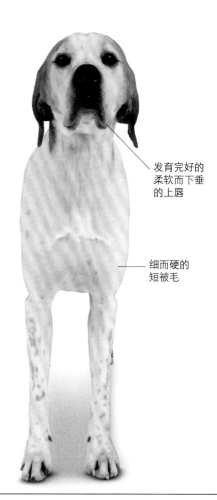

发育完好的柔软而下垂的上唇 / 细而硬的短被毛

255

法国比利牛斯指示犬 French Pyrenean Pointer

肩高 47-58厘米
体重 18-24千克
寿命 12-14年

栗棕色

栗棕色被毛犬种可能带有黄褐色斑纹。

法国比利牛斯指示犬是最受欢迎的法国指示犬，至今数量仍很稀少，主要用于狩猎。该犬是奔跑速度快而不知疲倦的犬种，源自法国西南部地区，用于在山区作业。该犬作为家犬温柔而深情，对于活跃的主人来说是理想的伙伴。

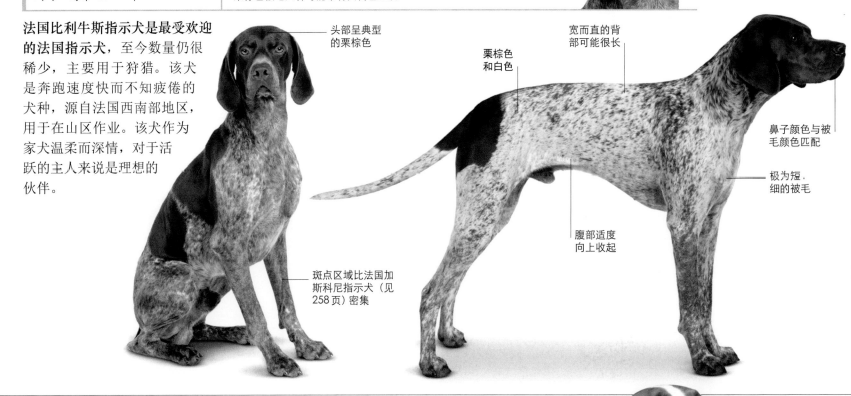

头部呈典型的栗棕色

宽而直的背部可能很长

栗棕色和白色

鼻子颜色与被毛颜色匹配

极为短、细的被毛

腹部适度向上收起

斑点区域比法国加斯科尼指示犬（见258页）密集

圣日耳曼指示犬 Saint Germain Pointer

肩高 54-62厘米
体重 18-26千克
寿命 12-14年

也称圣日耳曼布拉克犬，这是一种行动快速，能在田野、森林和沼泽中用于指示和寻回鸟类的猎犬。但其被毛不足以保护该犬在各种天气条件下工作。圣日耳曼指示犬性格友爱但过于敏感，管理需要恩威并施，非常适应城市家庭生活。

金黄色眼睛

长至跗关节的锥形尾巴呈水平伸展状态

白色带有橙色斑纹

下垂的上唇盖住下颌

粉色鼻子

长而深的胸部

长足，浅色趾甲

波旁指示犬 Bourbonnais Pointing Dog

肩高 48－57 厘米
体重 16－26 千克
寿命 12－14 年

波旁指示犬是最古老，可能也是最稳健的法国枪猎犬，是多能的"追踪、指示和寻回"犬种。这种犬体形健壮，给人以有力的印象，工作时体力充沛，工作之余则悠闲而友善。

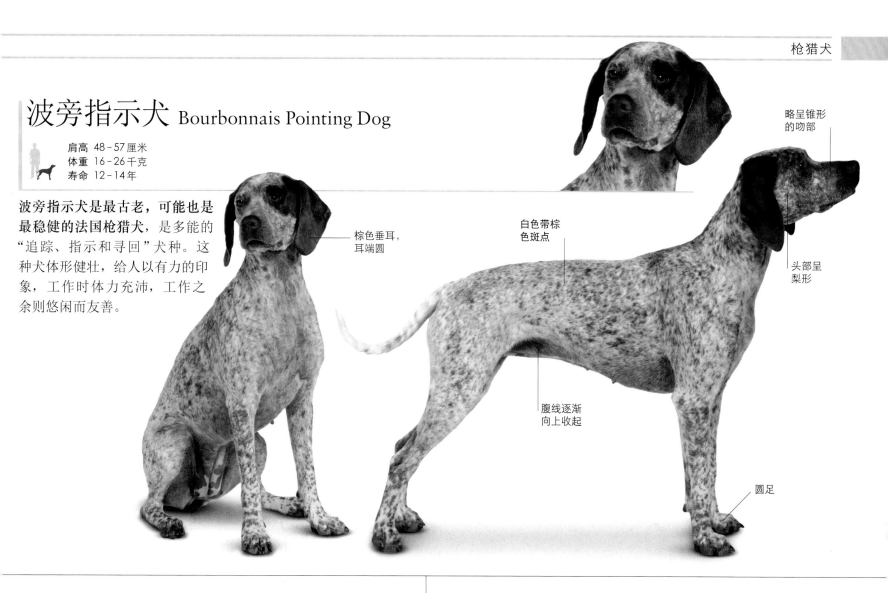

棕色垂耳，
耳端圆

白色带棕
色斑点

略呈锥形
的吻部

头部呈
梨形

腹线逐渐
向上收起

圆足

奥弗涅指示犬 Auvergne Pointer

肩高 53－63 厘米
体重 22－28 千克
寿命 12－13 年

奥弗涅指示犬也称布拉克德奥弗涅犬，是法国中部的猎人们为打猎所繁育的，该犬是顽强的全能型猎犬，可整天长距离作业。该犬友善而聪明，是活泼又深情的犬种，易于训练，喜爱人类的陪伴。奥弗涅指示犬在任何活跃的家庭中都能健康成长。

上唇盖
住下唇

面部和耳朵
上有典型的
黑色斑纹

白色带有
黑色斑纹

白色被毛中的
黑色斑点使被
毛呈现蓝色

艾瑞格指示犬 Ariege Pointing Dog

肩高 56－67 厘米
体重 25－30 千克
寿命 12－14 年

艾瑞格指示犬或称布拉克艾瑞格犬，在其本土的法国西南部也很少见，用于指示和寻回，具有一定的追踪能力。该犬几乎只为猎人们所拥有，需要通过耐心训练来使其热情的本性不会演变为野性，也需要大量工作来防止其变得具有破坏性。

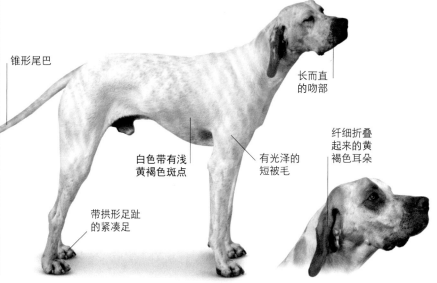

锥形尾巴

长而直
的吻部

白色带有浅
黄褐色斑点

有光泽的
短被毛

纤细折叠
起来的黄
褐色耳朵

带拱形足趾
的紧凑足

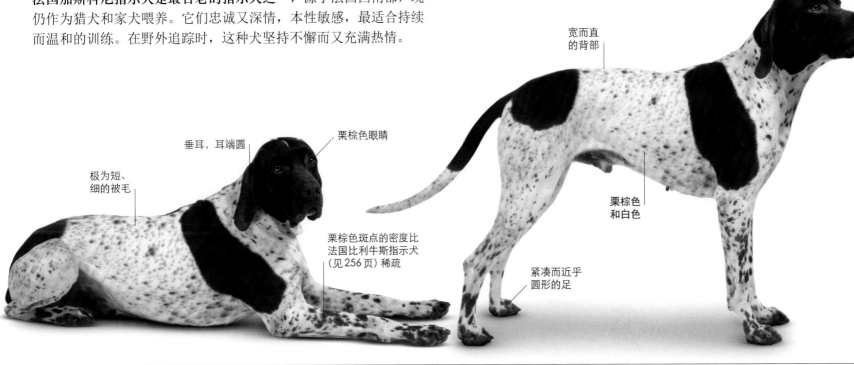

法国加斯科尼指示犬 French Gascony Pointer

肩高 56-69厘米
体重 25-32千克
寿命 12-14年

栗棕色

栗棕色被毛的犬可能带有黄褐色斑纹。

法国加斯科尼指示犬是最古老的指示犬之一，源于法国西南部，现仍作为猎犬和家犬喂养。它们忠诚又深情，本性敏感，最适合持续而温和的训练。在野外追踪时，这种犬坚持不懈而又充满热情。

宽而直的背部

栗棕色和白色

垂耳，耳端圆

栗棕色眼睛

极为短、细的被毛

栗棕色斑点的密度比法国比利牛斯指示犬（见256页）稀疏

紧凑而近乎圆形的足

西班牙指示犬 Spanish Pointer

肩高 59-67厘米
体重 25-30千克
寿命 12-14年

又称佩尔狄克罗·德·布尔戈斯犬，被繁育用于追踪野鹿，但现在主要以小型猎物为目标。它们性情随和，温和可靠，适合家庭生活。该犬是介于嗅觉猎犬和指示犬之间的敏捷猎手，在工作环境下生命力最为旺盛。

头部白斑

传统上将尾巴剪至自然长度的1/3

赤褐色斑块

深褐色眼睛

发育完好的肥厚上唇盖住下唇

赤褐色大理石纹

猫足，圆

古代丹麦指示犬 Old Danish Pointer

肩高 50-60厘米
体重 26-35千克
寿命 12-13年

该犬在当地被称为佳美尔·丹科汉斯犬，意为古代丹麦鸡猎犬或鸟猎犬。该犬目前仍作为执着的追踪犬、指示犬和寻回犬使用，甚至可用作嗅探犬，是温和的家犬，但需让其保持忙碌状态。

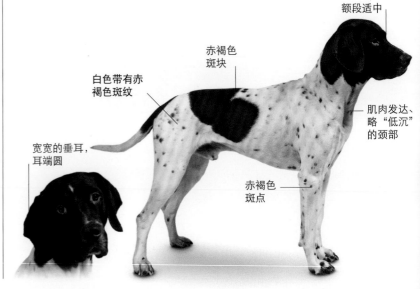

额段适中

赤褐色斑块

白色带有赤褐色斑纹

肌肉发达、略"低沉"的颈部

宽宽的垂耳，耳端圆

赤褐色斑点

金毛寻回犬 Golden Retrieve

	肩高 51-61厘米	体重 25-34千克	寿命 12-13年	奶油色

盲人的引导犬

引导犬（有时称"导盲犬"）是帮助盲人或者有视力障碍的人进行户外活动的一种犬。纯种或半纯种的金毛寻回犬是最多用于从事这一工作的犬之一。它们有引导人行走的体格和力量，聪明才智使它们易于被训练用于从事多种工作。此外，温柔、友善的性格也使它们很容易跟主人亲近。

这种枪猎犬活力四射、性情随和，在许多国家深受人们的喜爱。

金毛寻回犬是世界上最受欢迎的犬种之一，起源于19世纪中期的苏格兰。当时的贵族特威德茅斯勋爵把他的"黄色寻回犬"与现已灭绝的生活在英格兰与苏格兰边境的特威德水猎犬进行了杂交。后来，又与爱尔兰赛特犬（见242页）和平毛寻回犬（见262页）进一步杂交，诞生了一种活跃而聪明的寻回犬，能在地形复杂的丘陵、植被茂密地区以及冰水中长距离作业。该犬还具有易于训练和叼猎物时嘴巴柔软的特点。

金毛寻回犬现仍用于狩猎，以及场地赛跑和守令比赛。该犬能有效地参与搜救及检测药物和爆炸物。也用作盲人的引导、残障人士的助手及治疗。或许该犬唯一不能胜任的工作是作为守卫犬使用，因为它们过于友善。作为宠物极其受欢迎。该犬合群、反应敏捷且脾气温顺，生活的主要目的就是取悦于人。该犬需要人的陪伴及大量的体力活动，喜欢叼衔物品的游戏。

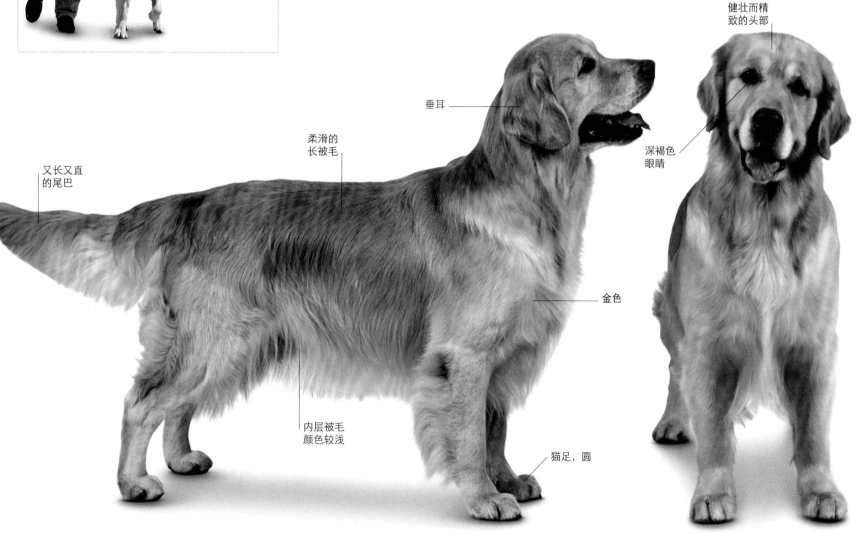

又长又直的尾巴

柔滑的长被毛

垂耳

内层被毛颜色较浅

猫足，圆

金色

健壮而精致的头部

深褐色眼睛

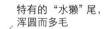

拉布拉多寻回犬 Labrador Retriever

肩高	体重	寿命	巧克力色
55-57厘米	25-37千克	10-12年	黑色

胸部可能带有白色小斑点。

这种特别受家庭喜爱的猎犬，因友善、温顺的性格，以及对运动和游泳的热情而深受欢迎。

拉布拉多寻回犬是人们最熟悉的犬种之一，该犬在过去至少20年的时间里蝉联"最受欢迎的犬种"排名榜首。现在的拉布拉多寻回犬的祖先并不是通常认为的来自加拿大的拉布拉多地区，而是来自纽芬兰省。从18世纪开始，当地渔民繁育了具有防水被毛的黑色犬种，用于帮助拖拽网到的鱼以及寻回漏网之鱼。早期的该类犬现已不复存在，但在19世纪，其中的一些被带到了英格兰，并在此基础上被繁育出现代拉布拉多寻回犬。到20世纪初期，该犬被正式认可，并因其出色的寻回技巧一如既往地得到田园猎手们的青睐。

今天，拉布拉多寻回犬仍广泛作为枪猎犬使用，并能有效参与其他种类的工作，如作为武装警察的追踪犬。特别是稳重的性格让它们成为非常出色的导盲犬，且作为家犬也极受欢迎。拉布拉多寻回犬充满爱心而且也很可爱，易于训练，乐于取悦于人，可以放心地让它们与儿童及其他家庭宠物在一起，但该犬过于和善，不是优秀的守卫犬。

拉布拉多寻回犬精力充沛，需要保持足够的脑力和体力活动。每天长距离的行走是必需的，如果能顺路游个泳就更好了。一旦见到泳池，该犬便会径直跳入。拉布拉多寻回犬如果活动不够或独处太久，可能会过度吠叫或出现破坏性行为。该犬增重很快，若缺乏锻炼再加上极好的食欲会导致肥胖。

特有的"水獭"尾，浑圆而多毛

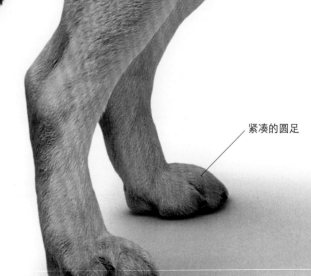

紧凑的圆足

安得列斯小犬

"安得列斯小犬"在40多年的时间里一直是英国卫生纸品牌安得列斯的标志物。这种不可或缺却又不起眼的生活用品因那些金色的拉布拉多寻回犬幼犬的广告效应而给人以柔软、蓬松、引人注目的印象。这种幼犬在澳大利亚及其他30多个国家也成了一种特色，在那里被称为"舒洁小犬"。英国的安得列斯和澳大利亚的舒洁科特耐尔现在用这种犬的幼犬来推广为盲人等残疾人士繁育引导犬的慈善活动。

幼犬

额段适中

健壮的颈部

水平的背线

黄色

宽头

中等大小的淡褐色眼睛

耐候性防水短被毛

随年龄的增长鼻子颜色由黑色变成浅棕色

宽胸

平毛寻回犬 Flat Coated Retriever

肩高 56-61厘米
体重 25-36千克
寿命 11-13年

赤褐色

平毛寻回犬是最早的寻回犬之一，曾是英国猎场看守人的最爱。现在该犬仍从事狩猎工作，但多被当成好脾气而又英俊的宠物来喂养。平毛寻回犬活泼而热情洋溢，冷静又听话。该犬叫声深沉，是优秀的守卫犬。

额段浅

黑色

丰密的羽状毛尾巴

浓密的被毛

胸部有羽状毛

紧凑的圆足

卷毛寻回犬 Curly Coated Retriever

肩高 64-69厘米
体重 27-32千克
寿命 12-13年

赤褐色

这种少见的英国寻回犬被繁育用于捕猎水禽，既作为援助犬使用，也是热情而冷静的伴侣犬。该犬精力充沛，需要陪伴，更适合在乡村生活。

头部的光滑短毛

紧紧卷曲的厚被毛

尾巴几乎长至跗关节

三角形小垂耳

黑色

椭圆形眼睛的颜色与被毛颜色匹配

圆足，拱形脚趾

切萨皮克海湾寻回犬 Chesapeake Bay Retriever

肩高	体重	寿命	介于稻草色和欧洲蕨色之间
53－66厘米	25－36千克	12－13年	赤金色

可能带有白色小斑纹。

沉船幸存者

切萨皮克海湾寻回犬的起源可追溯到1807年，当时，两只纽芬兰型幼犬从马里兰海岸附近的一艘正在沉没的船上被救了出来。这两只幼犬，一只呈暗红色叫水手，另一只为黑色叫坎顿（船的名字），分别被送给了不同的主人。它们热衷于跳入水中叼回被击中的鸟儿（下图），证明自己是出色的水禽寻回犬。它们与当地的犬进行了杂交，包括平毛寻回犬（见262页）和卷毛寻回犬（见262页），产生了第一批切萨皮克海湾寻回犬。

这种性情温和、体格强壮的犬适合乡村生活，喜欢受人关注和运动。

这种也被称为切西的寻回犬来自美国东北部的马里兰州。该犬是一种出色的水犬，被繁育用于在切萨皮克海湾冰冷而湍急的水流中寻回水禽。在19世纪，切萨皮克海湾犬颇受赏识，一家铸铁厂使用名为水手和坎顿的两只创始犬的形象制作雕像作为公司标志。到19世纪80年代，切萨皮克海湾寻回犬成为一个独立犬种，并于1918年被美国养犬协会正式认可。切萨皮克海湾寻回犬现在是马里兰州的州犬。

切萨皮克海湾寻回犬有着典型寻回犬的温柔性情，但个性机警而果断，现仍用于狩猎。该犬可在各种条件下工作，包括在大浪和强风中，甚至可以用前爪破冰来寻取猎物。它们一天可寻回几百只鸟。切萨皮克海湾寻回犬极善游泳，这得益于其趾间的蹼以及短密而具有油性的防水被毛。该犬也是优秀的伴侣犬，但需要大量的运动，特别是需要通过游泳和叼回物品等活动来满足其消耗高能量的需求。

额段适中

棕色

中等长度、略微弯曲的尾巴

兔足

深胸

波浪状的油性双层被毛

鼻子与被毛颜色匹配

墨西哥宠物
吉娃娃犬可以被放进手提袋，这种来自墨西哥的小型犬种对运动的需求不亚于任何体形比它们大的犬。

伴侣犬

几乎所有犬种都可用于陪伴。许多犬昔日担任户外工作，如放牧，现在则走进家庭成为宠物。这些犬种通常是为用于特定的工作而繁育的，因此传统上按其原始功能进行分类。除少数几种外，这里介绍的伴侣犬都是按宠物来繁育的。

大多数伴侣犬都是小型犬种，被繁育用于放置膝上，起外观装饰作用，在不占据太大空间的情况下和主人娱乐。它们中的一些犬种是大型工作犬的玩具型品种。如标准贵宾犬（见229页），过去曾用于放牧及寻回水禽，进行小型化繁育后，变成了一种不再具有实用功能的玩具犬。其他体形较大的归入伴侣犬的品种包括大麦町犬（见286页），昔日该犬曾充当过知名的护卫犬，还短暂地从事过马车护卫的工作，如今这种类型的工作不复存在，大麦町犬也就很少用于工作目的了。

伴侣犬历史悠久。一部分犬种起源于几千年前的中国，那时的宫廷盛行喂养起装饰和陪伴作用的小型犬。到19世纪末，世界各地的伴侣犬几乎都是富贵人士所豢养的养尊处优的宠物。因此，它们常出现在一些肖像画中，优雅地蜷卧于客厅或与儿童待在一起充当玩物。有些犬，如查理王猎犬（见279页），由于以前受到皇室的推崇而长期受到人们的喜爱。

伴侣犬的外貌在繁育过程中至关重要。几个世纪以来，选择性繁育产生了一些无实用价值而只为引人注目的身体特征，有些甚至很怪诞，如北京犬（见270页）和巴哥犬（见268页）扁平的人形面孔和大大的圆眼睛。有些长着夸张的长被毛、卷尾巴，还有如中国冠毛犬（见280页），除了头部和四肢上有少许毛发外，身体其他部位几乎没有任何被毛。

在现代社会，伴侣犬已不再是富贵的象征。它们的主人遍及各个年龄段和各种居住环境，从小型公寓到乡村大院。尽管在挑选伴侣犬时外表依然重要，但同样在考虑之列的是它们能否作为可给予和需要感情的朋友，以及能否顺利适应家庭生活。

布鲁塞尔格里芬犬 Griffon Bruxellois

肩高	体重	寿命		
23-28厘米	3-5千克	12年以上	■ 黑色和黄褐色 ■ 黑色	光滑型 （小布拉巴肯犬）

这种活泼而身材匀称的犬具有㹴犬的性格，能很好地适应都市生活，在欧洲之外较少见。

这种小型犬源于比利时，在那里被作为马厩犬喂养。该犬具有艾芬宾莎犬（见218页）血统，其"猴面"可能遗传自后者。该犬在19世纪与巴哥犬（见268页）和红宝石色查理王猎犬（见279页）进行了杂交，后者的后代中有红色或黑棕色被毛。

尽管布鲁塞尔格里芬犬在19世纪很受欢迎，但到了1945年，该犬在比利时几乎绝迹。后来通过从英国进口才把该犬种保留下来。这些犬曾出现在一些有名的电影中，如《尽善尽美》和《高斯福庄园》，该犬现在仍不多见。

该犬种分为被称为小布拉巴肯犬的平毛型和有着独特面须的刚毛型。在一些国家，黑色粗毛型犬被称为比利时格里芬犬，其他颜色的粗毛型犬则被称为布鲁塞尔格里芬犬。

该犬勇敢、自信，但又深情，是友爱的伙伴，不过对于有小孩儿的家庭来说有些过于敏感。该犬喜欢散步和被人娇宠。

从马厩犬到高贵的宠物

布鲁塞尔格里芬犬是那些常见于布鲁塞尔街头被称为"街头小淘气鬼"的犬的后代。这些犬是布鲁塞尔市马夫们的最爱，它们常被用于在马厩里抓老鼠。在19世纪，该犬作为伴侣犬在社会上流行起来。比利时皇后玛丽·亨丽埃特（见右图，跟她的侍女在一起）是其最有名的追随者之一，她给这个品种带来了国际知名度。

高位尾巴，活动时弯曲在背部上方

粗硬被毛

高位半竖耳，覆有短毛

头部呈圆形，翘鼻

独特的带须颌部

光滑被毛

红色

宽而深的胸部

紧凑的方形身体

猫足，圆

刚毛型
（布鲁塞尔格里芬犬）

平毛型
（小布拉巴肯犬）

美国斗牛犬 American Bulldog

肩高	51-69厘米
体重	27-57千克
寿命	长达16年

多种颜色

早期英国殖民者将斗牛犬（见95页）带到了美国。名叫约翰·D.约翰逊和阿伦·斯科特的两位繁育者用英国斗牛犬繁育出了美国斗牛犬，后者与前者相比更高大、更活跃也更多能。雄犬比雌犬要健壮得多。

又宽又大的头部

红色

短被毛

白色

发育良好的下垂上唇

宽胸

古代英国斗牛犬 Olde English Bulldogge

肩高	41-51厘米
体重	23-36千克
寿命	9-14年

多种颜色

这种强壮的犬是原19世纪斗牛犬的再造品种。该犬于20世纪70年代在美国由戴维·莱维特繁育，以消除现代斗牛犬（见95页）身上所存在的一些健康问题。这些聪明的犬自信又勇敢，非常适合陪伴家人。不过，要在早期对它们进行社会化训练。

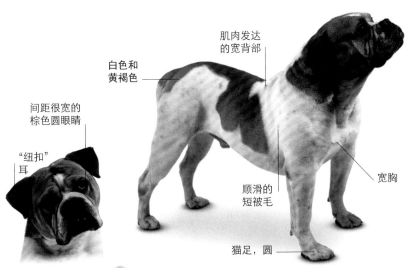

肌肉发达的宽背部

白色和黄褐色

间距很宽的棕色圆眼睛

"纽扣"耳

顺滑的短被毛

宽胸

猫足，圆

法国斗牛犬 French Bulldog

肩高	28-33厘米
体重	11-13千克
寿命	10年以上

黑色斑纹

法国斗牛犬是身体强壮、体形紧凑的小型犬。它们非常适合陪伴，对主人不设防，喜欢跟主人挤着坐在一起。可随时伴人娱乐，但需要控制好。这个品种是19世纪被带入法国的小型英国斗牛犬的后代。

明显的止部

独特的"蝙蝠"耳，耳根宽，耳端圆

短被毛

浅黄褐色

白色为主的杂色被毛

粗壮的颈部

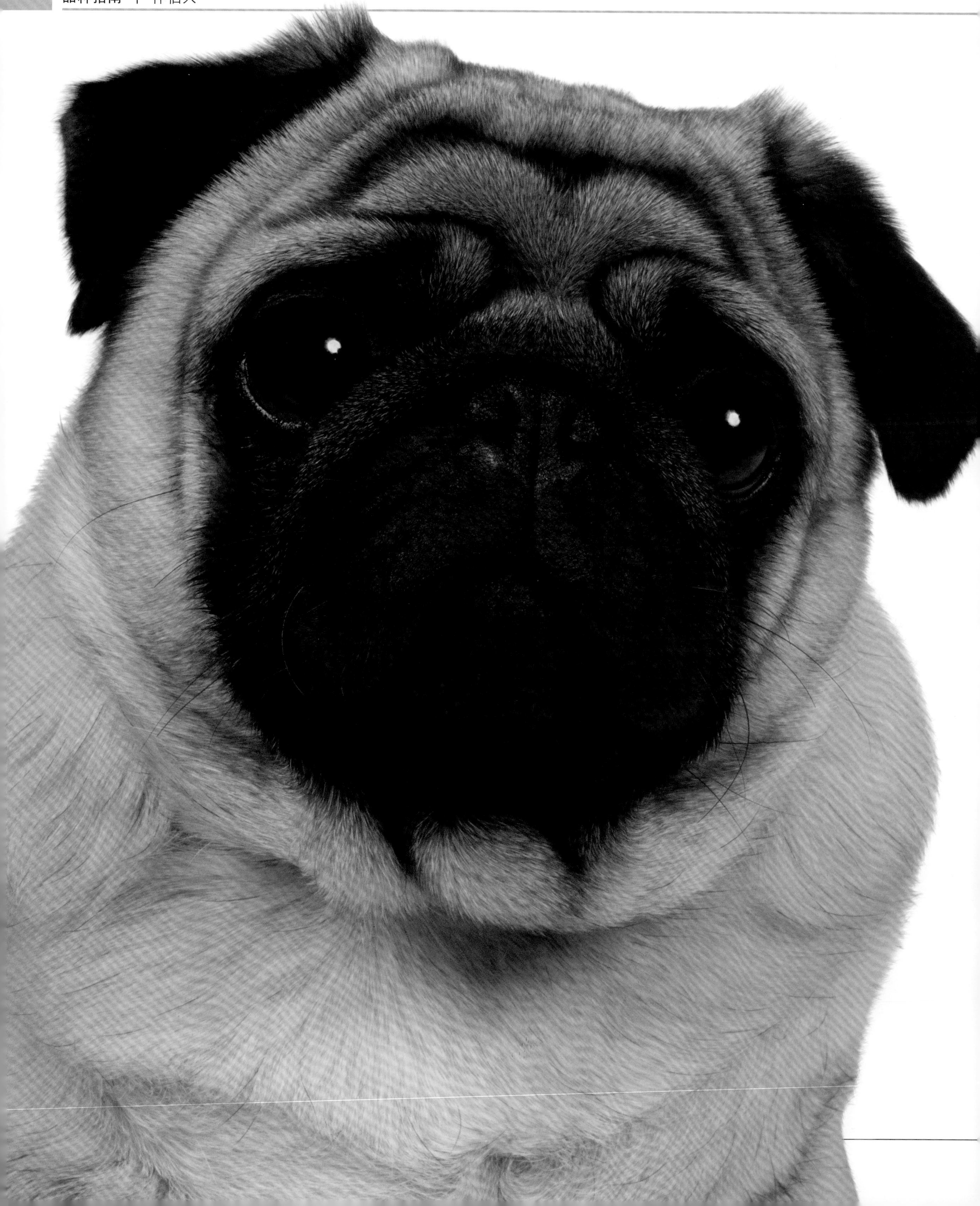

巴哥犬 Pug

	肩高 25－28厘米	体重 6－8千克	寿命 10年以上		银色 杏色 黑色

这种俏皮、温和又聪明的犬喜爱与人相处，但有时也会固执。

一些体形小而壮实，外貌与巴哥犬相似的犬已有几百年的历史了，但巴哥犬这个品种的祖先和起源尚不明确。遗传证据表明，巴哥犬与布鲁塞尔格里芬犬，特别是小布拉巴肯犬（见266页）血缘关系最近。它们与北京犬（见270页）和西施犬（第272页）也有血缘关系。巴哥犬可能是通过已经灭绝的中国哈巴犬的祖先（见270页）与这些犬关联起来的。

在16世纪，荷兰东印度公司的商人把类似巴哥的犬带到了欧洲。这些犬颇受荷兰贵族的喜爱，在1689年奥兰治威廉和玛丽加冕英国王位后将其带

到了英国。这些犬受欢迎的程度在18世纪进一步提高，并出现在了弗朗西斯科·戈雅（1746—1828）和威廉·荷加斯（1697—1764）的画作中（见22页）。巴哥犬在19世纪被进口到美国，并于1885年在那里被正式认可为独立犬种。1877年从中国进口到英国的那些犬产生了该犬种的第三种毛色——黑色，并于1896年被养犬协会认可。

巴哥犬皱巴巴的、看上去悲伤的面孔掩盖了其欢快且有时很淘气的外向性格。该犬非常聪明、友爱且忠诚，对儿童和其他宠物友善。该犬不需要很大的活动空间，但定期活动有利于其健康成长。

幼犬

浅黄褐色

深色"纽扣"耳

高位，紧紧卷曲的尾巴

光滑、柔软的被毛

上翘的鼻子

短粗的颈部

皱纹密布的扁平面部

大大的黑色圆眼睛

黑色面部

宽胸

北京犬 Pekingese

肩高	体重	寿命	多种颜色
15－23厘米	5千克	12年以上	

这种脾气温和的犬仪态端庄，勇敢敏感，思维独立，因此较难驯养。

北京犬以中国的首都命名，又称京巴犬、北京狮子犬、宫廷狮子犬。在中国唐朝就有该犬种的记载，DNA序列分析表明该犬是现存最古老的犬种之一。小型塌鼻犬至少从唐代（618—907）开始就已经与中国古代宫廷联系在一起了。它们的外表与作为佛教崇高象征的狮子相似，因此被认为是神圣之物，只能由皇室所有。普通人见到它们必须鞠躬，偷这种犬的人会被判处死刑。最小的一种是"袖笼小犬"，可放在贵族人士的飘袖中作为看护犬使用。

到19世纪20年代，北京犬在中国的数量达到了顶峰，最好的那些犬由宫廷画家收入《皇家犬册》中，作为血统画册留存。1860年，入侵中国的英法联军洗劫了皇宫，抓了5只这种犬，并把它们带到了英国。在20世纪初，慈禧太后将这种犬作为礼物送给了欧洲和美国的客人。

北京犬非常适合在公寓里喂养，该犬喜欢活动，但不爱长距离行走。该犬是忠诚无畏的伙伴，但容易对孩子和其他犬产生妒意。

狮子和绒猴

在中国有个传说故事，讲的是一只狮子爱上了一只绒猴，但由于体形上的巨大差异，这成为一种不可能的爱。于是狮子到负责保护动物的佛祖那里乞求把自己的身体缩小到绒猴的大小，但保留了狮子的心和性格。随着这两种动物的结合，福临犬或称"狮子犬"诞生了（见下面来自《皇家犬册》中的一幅画，右边是一只中国哈巴犬）。

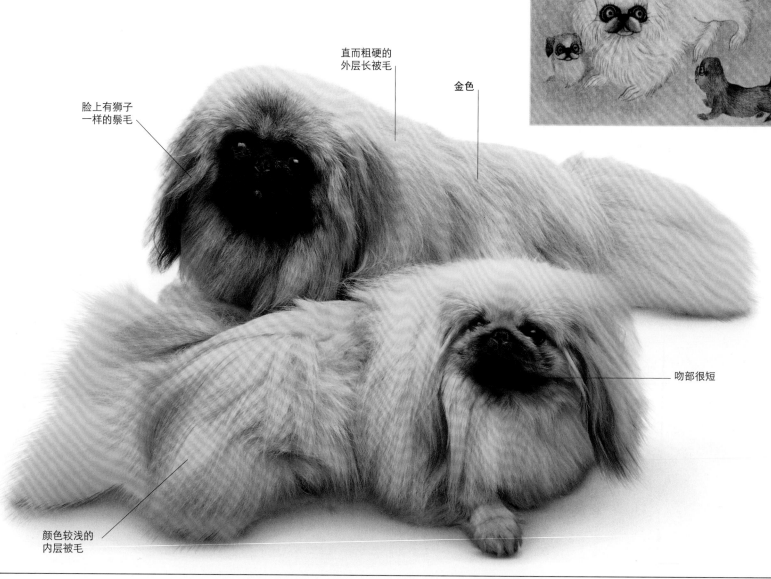

脸上有狮子一样的鬃毛

直而粗硬的外层长被毛

金色

吻部很短

颜色较浅的内层被毛

卷毛比雄犬 Bichon Frise

肩高 23-28 厘米
体重 5-7 千克
寿命 12 年以上

卷毛比雄犬有时也被称为特内里费犬，是法国水犬（见229页）和标准贵宾犬（见229页）的后代，据说该犬是从西班牙的特内里费岛被带到法国的犬种。这是一种欢快的小型犬，喜欢受人关注，不爱独处。

外层被毛比柔软浓密的内层被毛粗硬

圆圆的黑色眼睛

白色

吊坠耳

圆足因修剪过的被毛而显得很夸张

棉花面纱犬 Coton de Tulear

肩高 25-32 厘米
体重 4-6 千克
寿命 12 年以上

这种长毛小型犬以快乐的性格而著称。棉花面纱犬喜欢人们和其他犬的陪伴，不爱独处。该犬有时被称为皇家马达加斯加犬，被引入法国前已有几百年的历史。

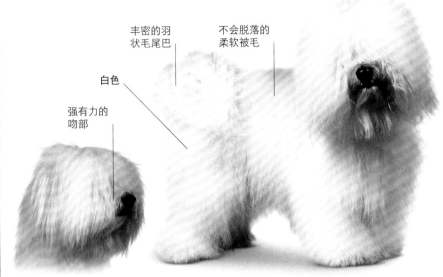

丰密的羽状毛尾巴

不会脱落的柔软被毛

白色

强有力的吻部

拉萨犬 Lhasa Apso

肩高 可达25厘米
体重 6-7 千克
寿命 15-18 年

多种颜色

拉萨犬最初在中国西藏作为寺庙里的看门犬被繁育，在20世纪20年代经印度传入欧洲。该犬是一种强壮的小型犬，能轻松走上几千米。长而飘逸的被毛不难护理。该犬富有激情，不过也很固执。

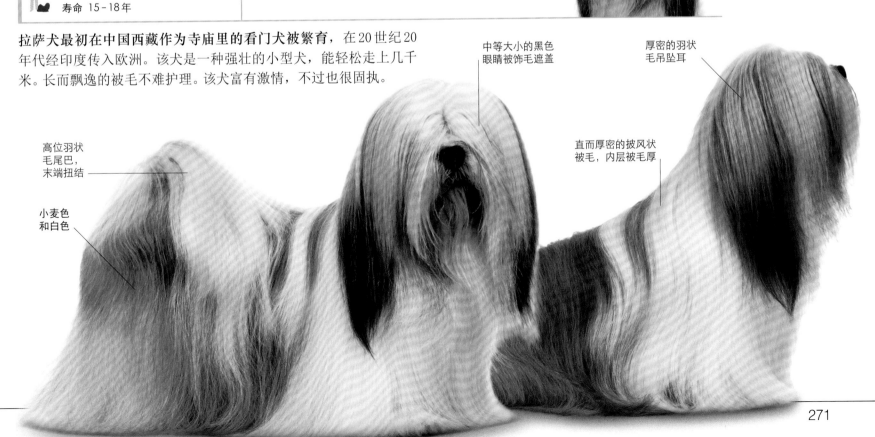

中等大小的黑色眼睛被饰毛遮盖

厚密的羽状毛吊坠耳

高位羽状毛尾巴，末端扭结

直而厚密的披风状被毛，内层被毛厚

小麦色和白色

西施犬 Shih Tzu

肩高	体重	寿命	多种颜色
可达27厘米	5-8千克	10年以上	

聪明外向，身体富有弹性，乐于成为家庭的一员，是在世界范围内
广受欢迎的宠物犬。

这种身体强健的犬种是起源于中国西藏的小型长毛拉萨犬与北京犬的杂交后代。 西藏喇嘛将这种珍贵的犬作为贡品献给中国的皇帝，这些犬进一步与前几个世纪从西方进口的小型犬进行了杂交。与北京犬（见270页）一样，西施犬因为与作为佛教圣物的中国传统的狮子很像，而被尊为神犬。该犬又称"狮子犬"。

西施犬是贵族人士的最爱。19世纪后期，慈禧太后拥有一个西施犬（以及巴哥犬，见268页和北京犬，见270页）的繁育场，1908年慈禧过世后，那些犬也被放掉了。

1912年中华民国时期，西施犬被出口到国外。那些被进口到英国和挪威的犬有一小部分幸存了下来，幸存在英国的那些犬为今天西施犬的存在打下了基础。西施犬于1934年在英国被正式认可。英国西施犬随后被出口到欧洲和澳大利亚，并于第二次世界大战结束后进入美国。然而在其诞生地，其数量却在减少，到1949年，西施犬在中国几乎绝迹。现在，西施犬是世界上最受欢迎的小型犬之一。虽然西施犬有着威严的身姿，却是深情而友善的宠物，不过有时会比较固执。该犬长长的被毛需每天梳理，不易掉毛，过敏人士也可以喂养。

黑色和白色

金色带有
黑色面部

幼犬

新发现

1930年，热心的繁育者布朗里格夫人（见右图）将一雄一雌两只黑白毛色的小型犬进口到英国。另有一只雄犬被带到了爱尔兰。这三只犬的后代是布朗里格夫人犬舍里的种犬，是现存许多西施犬的祖先。这种犬最初于1933年作为中国西藏犬种亮相时，人们很容易发现布朗里格夫人的犬与拉萨犬（见271页）和西藏狸（见283页）的不同，这促成了西藏狮子犬俱乐部的成立以及首个繁育标准的建立。

布朗里格夫人
和她的西施犬

厚密的羽状毛尾巴，尾端呈白色

浓密的外层长被毛

吻部周围向上生长的被毛

前额有白色焰斑

健壮的短腿被长长的被毛覆盖

罗秦犬 Löwchen

肩高 25-33厘米
体重 4-8千克
寿命 12-14年

 任何颜色

罗秦犬起源于法国和德国。罗秦（Löwchen）在德文中意为"小狮子"，因此，有时人们也称其为小狮子犬。该犬体形袖珍，表情活泼，动作迅捷。罗秦犬聪明且性格外向，使得人们乐于与其共处。它们是非常值得推荐的宠物，娇小的体形和不脱毛的特点让其成为理想的家犬。

棕色

尾巴高翘到背上

波浪状长被毛

黑色和银色

被毛通常前部留长，后部剪短

博洛尼亚犬 Bolognese

肩高 26-31厘米
体重 3-4千克
寿命 12年以上

该犬起源于意大利北部，远在罗马时代就有类似的犬存在，并在许多16世纪的意大利画作中有所描述。博洛尼亚犬比其近亲卷毛比雄犬（见271页）略保守和害羞，喜欢跟人在一起，与主人很亲近。该犬跟卷毛比雄犬一样，也不脱毛。

黑色眼线，眼睛圆

高位垂耳

独特的绵密被毛，不脱毛

躯干长度与肩高（肩隆）相同

白色

马耳他犬 Maltese

肩高 可达25厘米
体重 2-3千克
寿命 12年以上

类似马耳他犬的犬种早在公元前300年就有文字记载，是地中海地区的一个古老犬种。这是一种活泼、有趣的小型犬，这种天性与华丽的精致外表形成对比。该犬柔滑的长被毛需要特别注意保养，虽不脱毛，但要每天梳理以防止缠结。

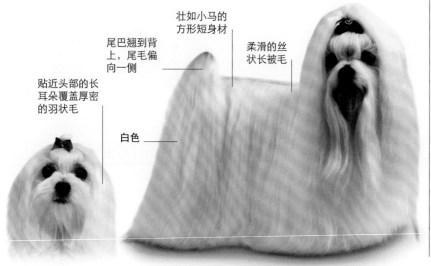

贴近头部的长耳朵覆盖厚密的羽状毛

尾巴翘到背上，尾毛偏向一侧

壮如小马的方形短身材

柔滑的丝状长被毛

白色

哈瓦那犬 Havanese

肩高 23-28厘米
体重 3-6千克
寿命 12年以上

 任何颜色

哈瓦那犬是古巴国犬，在那里被称为哈巴内罗犬。该犬是卷毛比雄犬（见271页）的近亲，可能是由意大利或西班牙商人带到古巴的。哈瓦那犬喜欢引人关注，可以跟孩子们长时间一起玩耍，也是不错的看门犬。

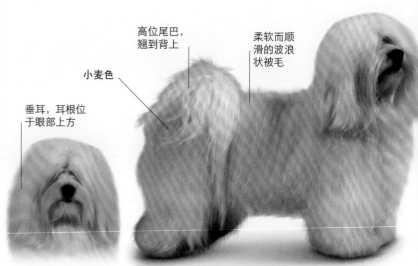

高位尾巴，翘到背上

小麦色

垂耳，耳根位于眼部上方

柔软而顺滑的波浪状被毛

俄罗斯玩具犬 Russian Toy

肩高 20－28厘米	体重 可达3千克	寿命 12年以上		红色 黑色和黄褐色 蓝色和黄褐色

微型㹴犬

小型犬作为宠物一直深受欢迎，并产生了多个不同品种。最近产生的品种之一就是俄罗斯玩具犬，该犬于2006年被世界犬业联盟（FCI）认可，是世界上最小的犬种之一，大小跟吉娃娃犬（见282页）差不多。这种微型㹴犬尽管体形小，但它们身上有两个部位可以用"大"来描述：表情丰富的黑色大眼睛和三角形大竖耳。

短毛幼犬

这种可爱的犬体形娇小，但并不纤弱，个性强，喜欢人类的陪伴。

这种小型犬又称罗斯基犬，是英国玩具㹴（见211页）的后代，在18世纪被首次带到俄罗斯来满足那些热衷于英国生活方式的贵族们的癖好。这种与贵族的关联导致了其在1917年共产革命期间数量严重下降。到了20世纪40年代末，由于当时只繁育具有军事用途的犬种，因而使这种下降趋势进一步恶化。不过，还是有一些小型犬幸存了下来，它们的后代就是现在的短毛俄罗斯玩具犬。1958年，一对短毛俄罗斯玩具犬在莫斯科生下了一只有着柔滑被毛和覆有流苏状饰毛耳朵的幼犬，长毛俄罗斯玩具犬就此出现。

在1991年苏联解体后，随着西方犬种的涌入，长毛和短毛玩具犬的数量均又开始下降。尽管两种类型的俄罗斯玩具犬仍较少见，但俄罗斯于1988年对这一犬种的认可保证了它们能够生存下来。俄罗斯玩具犬尽管有着娇小的身材和柔弱的外表，但却活跃而精力充沛，通常身体很健康。

耳朵有长而丝滑的流苏状饰毛

略呈波浪状的长被毛

丰富的羽状毛尾巴长至跗关节

四肢后侧有稀疏的羽状毛

长毛型

椭圆形小足

明显的止部

浅黄褐色带有黑色覆毛

小而圆的头部

突出的圆眼睛

棕色和黄褐色

贴身的短被毛

短毛型

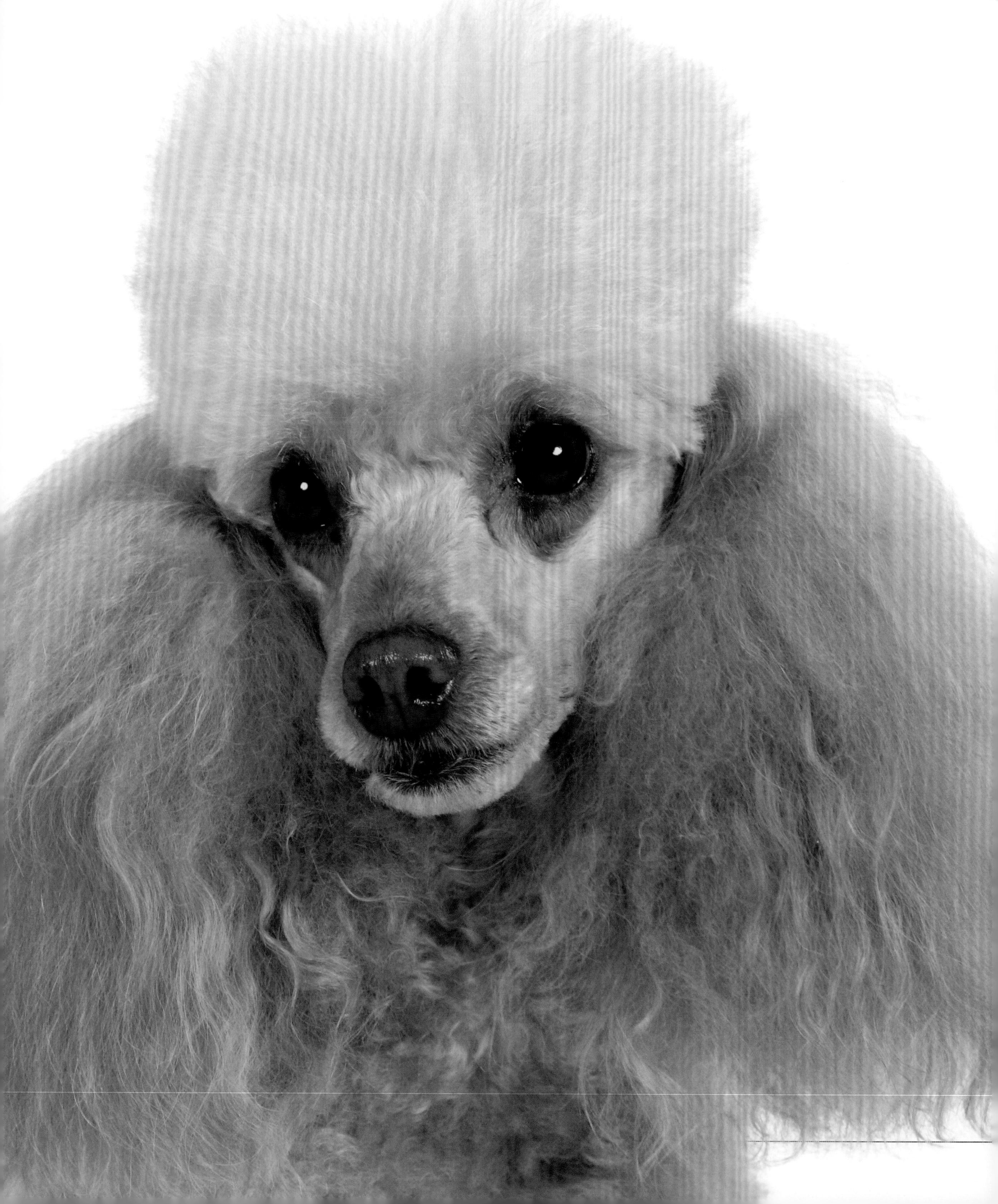

贵宾犬 Poodle

肩高	体重	寿命	任何纯色
玩具型：可达28厘米 迷你型：28-38厘米 中型：38-45厘米	玩具型：3-4千克 迷你型：7-8千克 中型：21-35千克	12年以上	

这种犬非常聪明，个性外向，天生喜欢取悦人。它们活跃而敏捷，学东西很快。

现有的体形较小的贵宾犬是在标准贵宾犬（见229页）的基础上繁育的，是标准贵宾犬出现不久后通过人为减小体形而繁育的。与标准贵宾犬类似的犬出现在了15世纪末到16世纪初德国艺术家阿尔布雷希特·丢勒的版画中。这三种体形的贵宾犬一直作为伴侣犬喂养，在路易十四到路易十六统治时期的法国宫廷极受欢迎，也深受西班牙宫廷人士的喜爱，并于18世纪进入英格兰。小型贵宾犬于19世纪末被引入美国，但直到20世纪50年代才流行起来。不过，它们今天在美国已成为最受喜爱的犬种之一。认可度最高的是迷你型和玩具型贵宾犬。世界犬业联盟（FCI）认可的另一种体形是中型贵宾犬（也称克莱恩贵宾犬或普通贵宾犬）。

小型贵宾犬的一个与众不同的用途是作为马戏团的表演犬——它们的聪明才智使其很容易被训练用于表演各种技巧。据说马戏团的表演生涯和犬展活动造就了多种时尚的贵宾犬造型。

贵宾犬精力充沛、聪明、深情且乐于取悦于人。它们较敏感，倾向于只跟一个人接近。被毛从不脱落，但需要定期梳理和修剪。

修剪造型

贵宾犬由于不脱毛，因此需要对其被毛进行修剪。常见的修剪方式是部分被毛留长，而其余部位剃掉。用于工作用途的标准贵宾犬（见229页）最初被毛样式的设计是用于保护四肢免受灌木丛扎伤以及为重要脏器保暖，而面部、后躯和四肢上部的被毛则被剃掉来保持整洁和便于运动。犬展、表演和专业美容等活动使得多种造型产生，下面这幅19世纪的版画展示了其中的两种造型。

幼犬

短而强壮的背部

额段适中

长长的低位垂耳

杏色

四肢上修剪过的羊毛状被毛略长

迷你型

椭圆形小足被毛发遮盖

基里奥犬 Kyi Leo

肩高 23-28厘米
体重 4-6千克
寿命 13-15年

多种颜色

可能带有黄褐色斑纹。

基里奥犬是富有爱心、热衷玩耍且日益普及的美国犬种，以其种犬的名字命名：基（Kyi），藏语意为"犬"，取自其双亲之一的中国西藏拉萨犬；里奥（Leo），拉丁语意为"狮子"，取自其双亲中的另一只马耳他犬，也曾被称为狮子犬。这种警惕性高的犬适合在室内生活，是很好的看门犬。

长长的、柔滑的厚被毛

短而带胡须的吻部

警觉时尾巴卷曲到背上

长长的被毛盖住眼睛

躯干比腿长

有浓密羽状毛的垂耳

黑色和白色

圆足，趾间有饰毛

骑士查理王猎犬 Cavalier King Charles Spaniel

肩高 30-33厘米
体重 5-8千克
寿命 12年以上

查理王幼犬色（右图，白色带有黑色和黄褐色斑纹）
红宝石色

该犬是查理王猎犬（见279页）的近亲，其祖先在几个世纪前就出现了。骑士查理王猎犬有大大的黑色眼睛、令人内心融化的眼神，以及一条不断摇摆的尾巴。该犬有趣、易于训练，并喜欢和孩子们在一起，是完美的家庭宠物。柔滑的被毛需要定期梳理。

查理王色（黑色和黄褐色）

高位吊坠耳

短吻部

头部有白色菱形斑纹

布伦海姆色（红色和白色）

长而丝滑的羽状毛略微卷曲

四肢后侧有羽状毛

查理王猎犬 King Charles Spaniel

肩高	体重	寿命	
25-27厘米	4-6千克	12年以上	红宝石色 查理王色（黑色和黄褐色）

王室的挚爱

英国国王查理二世（1630—1685）宠爱他的伴侣犬，允许它们在宫殿中四处游荡，甚至在国家典礼等场合上出现。《日记》作者塞缪尔·佩皮斯提到过国王对这些犬的喜爱之甚——包括他"傻"到为了与犬玩，而不去参加有关的会议。国王对查理王猎犬的喜爱一直延续至今——他的犬的后代一直以他的名字为名。（下图，安东尼·范戴克的画作展示了幼年时的查理与他的两个姐妹及两只珍贵的犬在一起的画面。）

这种犬天生乖巧，乐于取悦人，是温柔又深情的伙伴。

这个英国犬种也叫英国玩具猎犬，与骑士查理王猎犬（见278页）有血缘关系，不过后者是更新的品种。查理王猎犬的祖先最早见于16世纪欧洲和英国皇家宫廷里，据说是那些小型的中国犬和日本犬的后代。

早期的"安慰犬"跟其他猎犬很像，有些用于狩猎。从18世纪后期开始，人们将它们与巴哥犬（见268页）杂交，产生了一种时髦的短鼻子犬，完全成为一种玩赏犬。到19世纪末，共形成了四种类型：查理王色（黑色和黄褐色）；布伦海姆色（红色和白色）；红宝石色（深红色）和查理王子色（白色带有黑色和黄褐色斑纹）。所有四种类型在1903年被归入查理王猎犬这一个犬种。

现代查理王猎犬是安静、听话又有趣的犬种，是优秀的家庭宠物。该犬在小型家庭里就能快乐地生活，只需要有适度的活动即可。该犬渴望主人陪伴，不愿长时间独处。长被毛需要几天梳理一次。

短而朝上的吻部有宽大的鼻孔

非常明显的额段

特有的圆头顶

吊坠耳

下颌略突出（下颌比上颌长）

查理王子色（白色带有黑色和黄褐色斑纹）

长而柔滑的被毛

布伦海姆色（红色和白色）

四肢上的黄褐色斑纹

足部有厚厚的肉垫

蓄势待发
这只中国冠毛犬机警的表情、强健的身体和尾巴的姿态，集中体现了它爱玩的个性。长而飘逸的冠毛和耳朵上的流苏状饰毛使其更为迷人。

中国冠毛犬 Chinese Crested

肩高	体重	寿命		任何颜色
23-33厘米	可达5千克	12年		

这种优雅、聪明的犬总能吸引人们的注意力，但并不需要过多的户外活动。

世界上有数个犬种具有无毛的特征。 这是基因突变的结果，起初人们对此只是好奇，后来由于具有这一特征的犬不会藏匿跳蚤、不脱毛且没有体味，因此无毛反而成了一种理想的特征。尽管中国冠毛犬几乎无须梳理被毛，但其裸露的皮肤很敏感，冬天需要穿外套保暖，夏天则要避免过度日晒，否则会使皮肤灼伤和干燥。该犬细嫩的皮肤及几乎不运动的特性，使其不适合那些户外活动较多的犬主。然而该犬欢快、友善和爱玩的个性，使其成为年龄较大人群的理想选择。

中国冠毛犬也有长毛型，如粉扑型，有长而柔软的被毛，需要定期梳理以防黏结。同一窝幼犬可有两种被毛类型。中国冠毛犬中有些身材较为纤弱。这些背骼较细的犬被称为小鹿型，而那些较强壮的中国冠毛犬则被称为矮脚马型。

深棕色带有白色斑纹

长而柔软的被毛

粉扑型

大大的竖耳

长而飘逸的冠毛从吻部延伸到颈部最下方

细腻、光滑的皮肤

蓝色

尾巴下部有羽状毛

独特的额段

环绕四肢下部的袜状白色被毛

吉娃娃犬 Chihuahua

肩高 15-23厘米	体重 2-3千克	寿命 12年以上	▰▰▰ 任何颜色

只有单一颜色，不会有斑纹或夹杂黑斑的蓝灰色。

这种友善、聪明、体形较小的犬拥有大型犬的性格，是忠诚的宠物。

吉娃娃犬是世界上最小的犬种，于19世纪50年代在墨西哥的一个州被发现，并以这个州的名字命名。这种犬很可能是特吉吉犬的后代，后者是一种不叫的小型犬，由原住民托尔特克人（约800—1000）喂养，有时作为食用或宗教仪式的祭祀品。

探险家克里斯托弗·哥伦布和15—16世纪的西班牙征服者们都知道这种小型犬的存在。吉娃娃犬在19世纪90年代首次进入美国，美国养犬协会（AKC）于1904年认可了该犬种。20世纪30—40年代，女演员卢佩·贝莱斯和乐队主唱泽维尔·库加特等名人使吉娃娃犬成为一种观赏犬，该犬现在是美国最受欢迎的犬种之一。

吉娃娃犬通常有个"苹果头"（短鼻圆头），有短毛型和长毛型两种被毛类型，二者的被毛都不需要过多梳理。

该犬是可爱的伴侣犬，通常跟主人很亲密。每天的短距离行走和玩耍对其有益。一般不建议以该犬作为孩子的玩伴；同时，成年人应该把该犬作为犬而不是玩具或时尚饰品来对待。

吉盖特——塔可钟犬

1997年，一只叫吉盖特的吉娃娃犬被选为美国得克萨斯州墨西哥快餐连锁店"塔可钟"的吉祥物。尽管吉盖特是雌犬，但它在广告中扮演的却是带着墨西哥口音的男性嗓音的角色。它成为一个超级明星，并使这个品牌深受欢迎。2000年，吉盖特停止为该品牌代言后，又出现在其他的广告和影片《律政俏佳人2》中。它于2009年去世，终年15岁。

三角形大"蝙蝠"耳

与众不同的苹果形头

圆圆的大眼睛

中等长度的尾巴高耸在背部上方

柔软而有光泽的外层被毛

红色

浅黄褐色

内层被毛颜色较浅

小而精致的足

长毛型

短毛型

西藏猎犬 Tibetan Spaniel

肩高 25 厘米
体重 4-7 千克
寿命 12 年以上

任何颜色

这种小型犬具有欢快、随和的性格。西藏猎犬是由中国西藏的喇嘛繁育和喂养的，历史悠久。1900 年前后，回国的英国医疗传教士第一次将该犬带入英国。这种犬尽管表情略显傲慢，却非常喜欢在花园里奔跑和玩耍。

表情丰富的椭圆形深棕色眼睛

与躯干相比，头部较小

带丰富羽状毛的吊坠耳

白色胸部

黑貂色

西藏㹴 Tibetan Terrier

肩高 36-41 厘米
体重 8-14 千克
寿命 10 年以上

多种颜色

中国西藏㹴很像英国古代牧羊犬（见 56 页）**的迷你版**，最初被繁育用于放牧，也用作西方商人们往来中国路上的看护犬。这种体形中等的犬需要严格管理，管理得当的话该犬会成为忠诚而认真投入的伙伴。长长的被毛需要每天梳理。

盖眼长毛

卷曲到背上的羽状毛尾巴

焦糖色和白色

丝滑的外层被毛

覆盖着雪靴状圆足的羽状毛

日本狆 Japanese Chin

肩高	20-28厘米
体重	2-3千克
寿命	10年以上

 红色和白色

日本狆的祖先据说是中国作为皇室礼物送给日本天皇的。 这种犬专门繁育用于给日本皇宫里的女人们暖腿和暖手。该犬在较小的空间里也能愉快地生活，非常适合住公寓的主人，但其浓密的被毛脱毛比较严重。

羽状毛尾巴卷曲到背上

紧凑的方形躯干

上翻的鼻子

圆顶头上有对称的斑纹

黑色和白色

长而丝滑的直被毛

北美牧羊犬
North American Shepherd

肩高	33-46厘米
体重	7-14千克
寿命	12-13年

 红陨石色
蓝陨石色

这种犬是由美国繁育者用澳大利亚牧羊犬（见68页）繁育出的小型犬种， 有时被称为迷你澳大利亚牧羊犬。该犬非常聪明，容易训练，与儿童相处融洽。北美牧羊犬乐于取悦人，不过如果让其长时间独处的话会变得具有破坏性。

垂耳

黑色

丰富的羽状毛尾巴

棕色眼睛

被毛上有黄褐色和白色斑纹

丹麦瑞典农场犬 Danish-Swedish Farmdog

肩高	32-37厘米
体重	7-12千克
寿命	10-15年

 三色

这种工作犬历史上曾在丹麦和瑞典的农场上作为放牧犬、看门犬及伴侣犬使用。 丹麦瑞典农场犬喜欢玩耍，对儿童友好，是很棒的家犬，但有追逐小动物的倾向。

高位"纽扣"耳

三角形头与躯干相比偏小

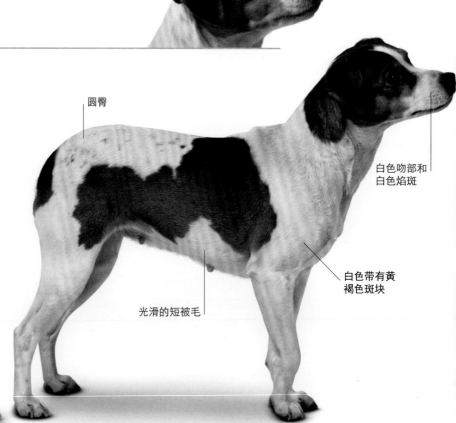

圆臀

白色吻部和白色焰斑

光滑的短被毛

白色带有黄褐色斑块

喜马拉雅牧羊犬 Himalayan Sheepdog

	肩高 51-63厘米		金色
	体重 23-27千克		黑色
	寿命 10-11年		黑色和黄褐色（见右）

这种稀有的来自喜马拉雅山脉的犬也称博迪亚犬（Bhotia），与体形较大的藏獒（见81页）有血缘关系，但其确切的来源和最初的用途并不清楚。这是一种强壮并有强烈放牧本能的犬。作为家犬，它们是优秀的伙伴和高效的看护犬。

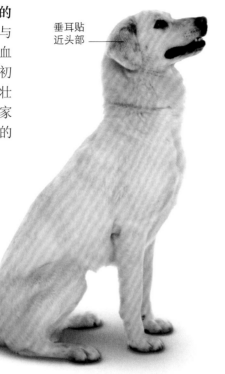

垂耳贴近头部

被毛浓密的粗尾巴

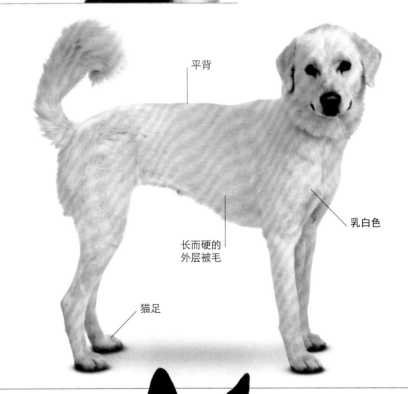

平背

乳白色

长而硬的外层被毛

猫足

泰国背脊犬 Thai Ridgeback

	肩高 51-61厘米		伊莎贝拉色（驼色）
	体重 23-34千克		红色
	寿命 10-12年		蓝色

泰国背脊犬是一种古老的犬种，直到20世纪70年代中期才为泰国以外的人所知，并从那时起得到了其他国家的认可。该犬过去曾用于狩猎、守护马车，也作为看护犬使用。早期在地理上与外界的隔离使其原有的天然本能和特点得以保留下来，因为该犬很少有机会与其他犬种杂交。今天，该犬主要作为伴侣犬来喂养，它们天生具有保护家园和家人的欲望。这种犬是忠诚、友爱的宠物，不过常对其他犬种有戒心，若不进行合理的社交训练，会具有攻击性或过度腼腆。

竖耳

前额有浅皱纹

吻部比头骨长

背部脊毛与其他被毛生长方向相反

黑色

短而光滑的被毛

大麦町犬 Dalmatian

| 肩高 56-61厘米 | 体重 18-27千克 | 寿命 10年以上 | | 白色带赤褐色斑点 |

性格随和，喜爱玩耍，是优秀的家庭宠物，但需要足够的运动和持久的训练。

大麦町犬是现存唯一的斑点犬种。尽管斑点犬种在古代欧洲、非洲和亚洲就已为人所知，但关于其祖先的情况尚不清楚。世界犬业联盟（FCI）将位于亚得里亚海东海岸的克罗地亚达尔马提亚地区定为其发源地。

大麦町犬用途广泛，被作为猎犬、战争犬及牲畜看护犬使用。在19世纪初期的英国，大麦町犬特别流行，那时因被训练用于跟随马车而又被称为"马车犬"，经常参与长途跋涉。该犬不仅身姿优雅，而且还能保护马匹和马车免受流浪犬的攻击。

在美国，大麦町犬被当作"消防犬"使用，它们随着马拉着的消防车奔跑，起开路先锋的作用。有些消防站现在仍以大麦町犬为吉祥物。该犬也是美国安海斯－布希啤酒公司的广告犬，随行在著名的克莱兹代尔马所拉的马车边。

大麦町犬聪明、友善，性格外向。该犬喜欢与人为伴，并仍然乐于亲近马匹。不过该犬精力非常充沛，对其他犬种可能会表现出固执而具有侵略性的一面。因此，对待这种犬，需要让其充分活动，并保证充足的时间来训练。

大麦町犬幼犬出生时为纯白色，4周以后才会出现黑色或赤褐色斑点。白色被毛脱毛比较严重。

101只斑点狗

多迪·史密斯于1956年出版的儿童读物《101只斑点狗》讲述了恶魔邪克鲁拉·德·维尔绑架了一群大麦町犬幼崽，准备将它们的皮剥下来制成外套，但后来被它们的父母庞戈和珀迪塔救出来的故事。华特·迪士尼以此为题材制作了电影，使大麦町犬变得异常受欢迎。但许多新犬主缺乏与这种精力充沛的犬相处的经验，导致不计其数的大麦町犬被抛弃，最终被动物庇护所收养。

黑色斑点呈圆形，边界清楚

尾巴从尾根到尾端逐渐变细

猫足，圆，拱形足趾

幼犬

额段明显

白色带有
黑色斑点

短而厚密的
光滑被毛

高位垂耳，
逐渐变细，
耳端圆

黑色鼻子

金色贵宾犬
这种引人注目的犬是标准贵宾犬与金毛寻回犬的杂交品种，有明显的贵宾犬特征。

杂交犬

杂交产生的犬既有所谓的设计杂交犬，即用两种被认可的不同纯种犬交配产生的；也有通过偶然、随机的杂交而产生的非计划杂交犬（见298页）。有些设计杂交犬现在非常流行。它们大多有着古怪的名字，如可卡颇犬（可卡犬和贵宾犬的杂交品种）。

繁育现代杂交犬的目的之一是将来自某个品种的某种特征与另一犬种不脱毛的特点结合起来。拉布拉多德利犬（见291页）就是目前深受欢迎的这类杂交品种，是由拉布拉多寻回犬（见260页）和标准贵宾犬（见229页）杂交产生的。不过，即使上述用于杂交的犬是很成熟的品种，也几乎不可能去预测生下的幼犬更像哪一方。以拉布拉多德利犬为例，不同窝幼犬间差别就很大，有些遗传了贵宾犬的卷毛，而另一些则更像拉布拉多犬。这种标准化的缺乏在设计杂交犬中很常见，但也存在建立一个标准并以此进行繁育的个别情况。比如卢卡斯㹴（见293页）就是西里汉姆㹴（见189页）和诺福克㹴（见192页）的杂交产物。目前，只有非常少的几个杂交犬种获得了正式认可。

人为将两个特定犬种杂交来产生拥有特定特征的犬的做法自20世纪末开始激增，但这绝非是现代才有的。作为最知名的杂交品种之一的勒车犬（见290页）已经有几百年的历史。这种犬将灵猁（见126页）和惠比特犬（见128页）等视觉猎犬的快速特征与其他品种的特征相结合，如牧羊犬的工作热忱和㹴犬的坚韧。

作为未来杂交犬的主导者，设计杂交犬应具有杂交所用的一对雌雄种犬双方的特征。而二者的特征可能大相径庭，任何一方都可能占据主导地位。此外，杂交所用的雌雄种犬对在护理和运动方面的需求也是设计杂交时需要考虑的一个重要方面。

通常认为，所有杂交犬都比纯种犬聪明，但并没有确切的证据证明这一点。人们常认为随机品种（非计划杂交犬）比纯种犬更健康，可以肯定的是，它们得遗传病的概率确实比某些纯种犬要低。

勒车犬 Lurcher

肩高	55-71厘米
体重	27-32千克
寿命	13-14年

任何颜色

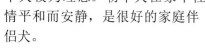

勒车犬被誉为"偷猎者之犬"，用来狩猎兔子，传说是视觉猎犬与㹴犬或牧羊犬产生的第一代杂交犬。今天勒车犬之间也相互交配，灵提体形的勒车犬较为理想。勒车犬在家中性情平和而安静，是很好的家庭伴侣犬。

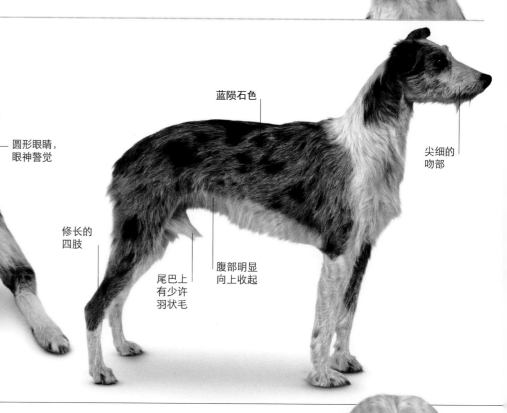

圆形眼睛，眼神警觉

粗硬的被毛

蓝陨石色

尖细的吻部

修长的四肢

尾巴上有少许羽状毛

腹部明显向上收起

可卡颇犬 Cockerpoo

肩高	玩具型：可达25厘米；迷你型：28-35厘米；标准型：38厘米以上
体重	玩具型：可达5千克；迷你型：6-9千克；标准型：10千克以上
寿命	14-15年

任何颜色

大多数可卡颇犬是玩具型或迷你型贵宾犬（见276页）与美国可卡犬或英国可卡犬（见222页）的第一代杂交产物。它们因温顺而富有爱心的性格而受人珍爱。外观不同程度地融合了其父母双方的特点，被毛呈波浪状，很少掉毛。

大大的黑色圆眼睛

覆盖有丝滑长饰毛的垂耳

尾巴上通常有羽状毛

紧凑的方形身体

吻部有长毛

浅黄褐色

标准型

被毛发覆盖的大爪子

拉布拉多德利犬 Labradoodle

肩高	体重	寿命	任何颜色
迷你型：36-41厘米 中型：43-51厘米 标准型：53-61厘米	迷你型：7-11千克 中型：14-20千克 标准型：23-29千克	14-15年	

唐纳德·坎贝尔之犬

在拉布拉多德利犬建种之前就已经有人用标准贵宾犬与拉布拉多寻回犬进行过杂交。其中的一只杂交犬属于唐纳德·坎贝尔二等勋位爵士（左下）所有，他曾于20世纪50—60年代在英国创下了陆地和水上速度纪录。在他1955年出版的名为《冲入水障》的自传中，坎贝尔将他的爱犬马克西，生于1949年的由拉布拉多与贵宾犬杂交的犬称为"拉布拉多德利"，时间远早于澳大利亚的沃利·康伦。

这种犬越来越受欢迎，有着源于父母的俏皮、深情和聪慧的特质。

这种杂交犬是由澳大利亚维多利亚导盲犬协会的沃利·康伦繁育的，当时一位来自夏威夷的视障女士希望能有一种不会加重她丈夫犬过敏症的导盲犬。康伦将标准贵宾犬（一种被毛适于过敏人士的犬种）与拉布拉多寻回犬进行了杂交，生下的幼犬中有一只名为苏丹的雄犬，有着符合要求的被毛和温顺的性格。这是最早获得认可的拉布拉多德利犬——拉布拉多寻回犬（见260页）和贵宾犬（见229，276页）的杂交品种。

拉布拉多德利犬在澳大利亚渐渐成为被认可的独立谱系犬种，但在其他地方，该犬仍属杂交品种，虽然需求量大，但没有正式身份。

第一代杂交犬外貌各异，后经过同品系繁育，外形逐渐稳定。现在的拉布拉多德利犬有两个主要被毛类型：羊毛型（像贵宾犬一样紧密卷曲）和羊绒型（长而松散卷曲）。

拉布拉多德利犬作为家犬很快流行开来，它们友善而聪慧的本性与其外表一样具有吸引力。

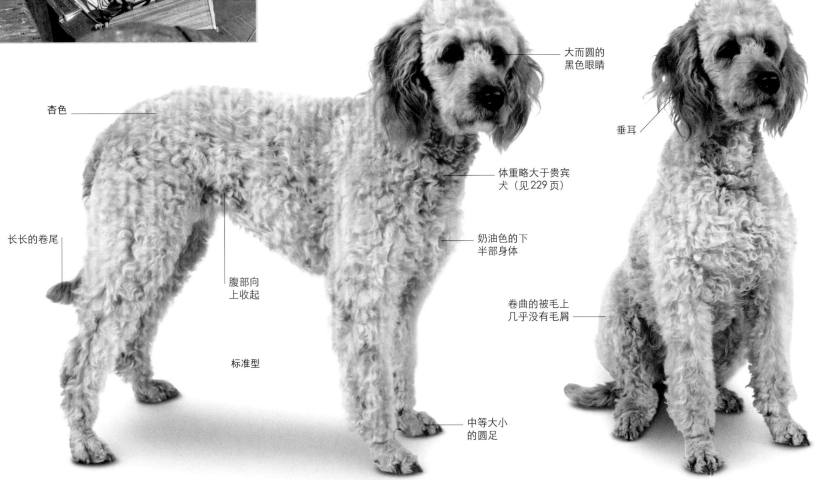

杏色

长长的卷尾

腹部向上收起

标准型

中等大小的圆足

大而圆的黑色眼睛

垂耳

体重略大于贵宾犬（见229页）

奶油色的下半部身体

卷曲的被毛上几乎没有毛屑

比熊约克犬 Bichon Yorkie

肩高 23-31 厘米
体重 3-6 千克
寿命 13-15 年

多种颜色

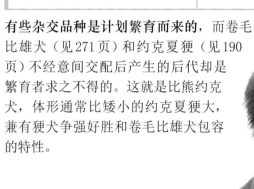

有些杂交品种是计划繁育而来的，而卷毛比雄犬（见271页）和约克夏㹴（见190页）不经意间交配后产生的后代却是繁育者求之不得的。这就是比熊约克犬，体形通常比矮小的约克夏㹴大，兼有㹴犬争强好胜和卷毛比雄犬包容的特性。

高位耳

带有深色羽状毛的尾巴

黑色鼻子

圆圆的黑色眼睛

柔滑而卷曲的双层被毛

橙色和白色

紧凑圆足

斗牛拳师犬 Bull Boxer

肩高 41-53 厘米
体重 17-24 千克
寿命 12-13 年

任何颜色

斗牛拳师犬是温顺的拳师犬（见90页）和斗牛㹴犬，如斯塔福郡斗牛㹴（见214页）杂交的产物，是很受欢迎的品种，但对其他宠物可能不太友善。斗牛拳师犬中和了其亲代的体形和性格，它们需要主人悉心照料，但同时主人也会得到很好的回报。

半竖立小垂耳

黑色

圆形眼睛，眼神警觉

长而弯曲的锥形尾巴

宽而深的白色胸部

顺滑并有光泽的短而密的被毛

腿比如斯塔福郡斗牛㹴（见214页）长

足部有白色斑纹

卢卡斯㹴 Lucas Terrier

肩高	体重	寿命	白色
23-30厘米	5-9千克	14-15年	黄褐色被毛，可能有黑色或獾灰色鞍状背部。白色被毛可能带有黑色、獾灰色和/或黄褐色斑纹。

这种友善而安静的㹴犬喜爱长距离漫步，与孩子和其他宠物可融洽相处。

这种少见的工作㹴是在20世纪40年代将诺福克㹴（见192页）**与西里汉姆㹴**（见189页）**杂交后繁育成的。**卢卡斯㹴以其第一个繁育者乔斯林·卢卡斯爵士的名字命名，他是一名英国政客和运动员，当时他想繁育一种比西里汉姆㹴更小更敏捷的猎犬。从20世纪60年代开始，卢卡斯㹴被进口到美国，受到许多人的喜爱，包括好莱坞明星们。

在乔斯林爵士和他的合作伙伴汉·伊妮德·普拉默去世后，人们于1987年在英国建立了一个品种协会来推广和优化卢卡斯㹴。

1988年，卢卡斯㹴犬协会确立了品系标准，并于近些年试图获得正式认可，但到目前尚未成功。这种犬目前在英国大概有400只，美国有大约100只。

今天，卢卡斯㹴主要作为伴侣犬喂养。该犬顺从、聪明并渴望讨好于人，易于训练。该犬对儿童也很友好，每天户外活动充足的话在家中会表现良好。该犬拥有㹴犬的典型特征，如喜爱玩耍和挖掘，但与其他种类的㹴犬相比较少吠叫。

繁育一种工作㹴

乔斯林·卢卡斯爵士是知名的西里汉姆㹴的繁育者，他不赞成犬展上增大展会犬的体形和体重的做法。这不仅是因为这种做法将使犬不再适合其原本的工作，且他的犬与展会犬杂交后有时会出现生育问题。因此，他决定将他所拥有的犬与诺福克㹴进行异种杂交。他非常喜欢第一次繁育产生的幼犬，便决定继续繁育下去，最终诞生了卢卡斯㹴。

乔斯林·卢卡斯爵士与小型西里汉姆㹴幼犬在一起

粗尾根的尾巴毛绒蓬松

躯干长度大于腿部长度

浅黄褐色

杏仁状黑色眼睛

V形小耳

长毛形成上下须

黑色鼻子

中等长度的粗硬被毛

金色贵宾犬 Goldendoodle

肩高	体重	寿命	任何颜色
可达61厘米	23-41千克	10-15年	

过敏人士之犬

金色贵宾犬常被称为"低致敏性"或"不脱毛"犬，适合那些对犬过敏的人。尽管根本没有所谓的低致敏犬（指很少或不会诱发过敏），但金色贵宾犬确实比其他品种的犬掉毛少，特别是被毛卷曲或呈波浪状的金色贵宾犬，它们的皮肤较少脱屑，这使它们更适合作为那些犬（或犬毛）过敏人士的宠物。

这是一个活泼的新型杂交品种，该犬随和并易于训练，容易相处。

这种贵宾犬与金毛寻回犬（见259页）**的混合品种是最新"设计杂交犬"中的一种**，于20世纪90年代在美国和澳大利亚初次繁育。自此之后，金色贵宾犬不断增长的受欢迎程度使其他地区的繁育者继续其繁育工作。最初的"标准型"金色贵宾犬是标准贵宾犬（见229页）和金毛寻回犬的杂交产物，但从1999年开始，体形更小的"中型""迷你型"和"玩具型"金色贵宾犬陆续繁育成功，体形较小的金色贵宾犬是迷你型贵宾犬或玩具型贵宾犬（见276页）的后代。

金色贵宾犬中的大部分都是第一代杂交犬，外表差别很大。不同外表的金色贵宾犬间也可相互杂交，或繁育回贵宾犬。该犬有三种被毛类型：直毛型被毛，如金毛寻回犬的被毛；卷毛型被毛，如同贵宾犬的被毛；波浪状被毛，有松散的毛茸茸的卷毛。

金色贵宾犬作为看护犬、导盲犬、治疗犬和救援犬需求很大，作为宠物也极受欢迎。2012年，美国歌手亚瑟小子（Usher）花了12000美元从慈善拍卖会上拍下了一只金色贵宾犬幼犬。金色贵宾犬充满活力而又温顺有加，通常易于训练。它们与孩子和其他宠物相处融洽，喜欢人的陪伴。

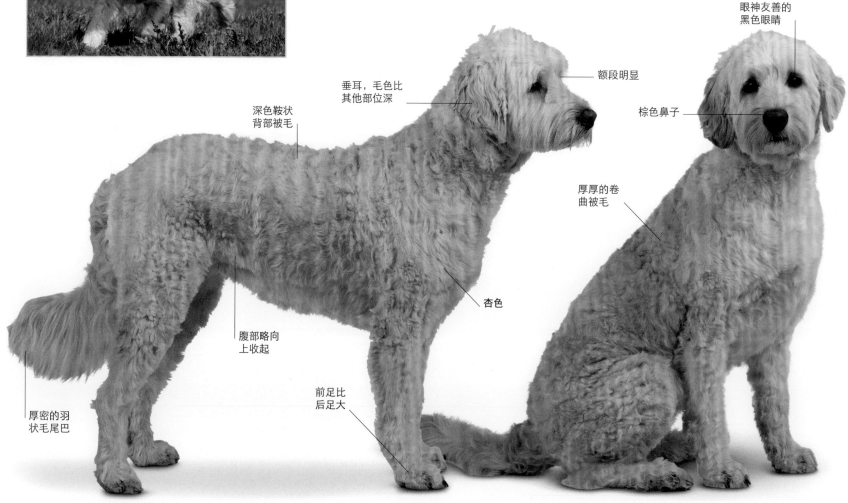

眼神友善的黑色眼睛

额段明显

垂耳，毛色比其他部位深

深色鞍状背部被毛

棕色鼻子

厚厚的卷曲被毛

杏色

腹部略向上收起

前足比后足大

厚密的羽状毛尾巴

拉布拉丁格犬 Labradinger

肩高	体重	寿命	黄色
46-56厘米	25-41千克	10-14年	赤褐色
			巧克力色

军犬特里奥

一只名为特里奥的史宾格犬与拉布拉多犬的杂交犬因其为英军在阿富汗所做的贡献而成了军中英雄。特里奥入伍是因为它有抓人和冲人咆哮的倾向。不过，它与管理员戴夫·黑霍中士一起工作时，在检测军火和爆炸物方面表现出了与众不同的能力。在两次行动中，它检测到了塔利班安装在路边的连环炸弹，炸弹引线解除后，挽救了很多人的生命。它因此获得了迪肯勋章——动物中的维多利亚十字勋章。

特里奥和拿着迪肯勋章的管理员戴夫·黑霍中士合影

这一引人注目、多才多艺的犬可作为枪猎犬，保证足够活动量的话，也可作为家犬喂养。

这种犬是拉布拉多寻回犬（见260页）**和英国史宾格猎犬**（见224页）**的杂交后代**，有时也被称为史宾格德犬。这两个生活在传统乡村庄园的品种的偶然杂交可能已有几个世纪的历史。得益于近来人们对于设计杂交品种，如拉布拉多德利犬（见291页）的兴趣，拉布拉丁格犬现在既受欢迎又有知名度。

拉布拉丁格犬外表各异，但普遍比拉布拉多寻回犬小且轻一些，头部更精致；比英国史宾格猎犬大，四肢也更长。被毛可直而平，或略长而凌乱。

拉布拉丁格犬是一种优秀的枪猎犬，可训练用于像拉布拉多犬那样寻回猎物，也能像激飞犬那样驱赶出猎物。该犬作为家犬也很成功。它们聪明、有趣、亲切，与人非常亲近，需要主人的陪伴和每天大量的活动，包括散步和游戏，来保持新鲜感，防止不良行为的产生。

平背

垂耳，耳端圆

额段浅

琥珀色眼睛

黑色

粗尾巴长至跗关节

柔软的波浪状被毛

紧凑足，拱形脚趾

深胸，有白色斑纹

巴格犬 Puggle

肩高	体重	寿命
25-38厘米	7-14千克	10-13年

红色或黄褐色
柠檬色
黑色

上述颜色均带有白色斑纹（斑驳色），可能有黑色面部。

脾气温顺，聪明可人，若给予足够的运动量，是理想的家庭伴侣犬。

巴格犬是巴哥犬（见268页）**和比格犬**（见152页）**的杂交产物**，是最新建立的"设计杂交犬"中的一种。这些犬于20世纪90年代在美国被繁育而成。繁育者的最初目标是繁育一种兼具巴哥犬的小巧体形和比格犬的温柔性格，但同时又没有那些影响巴哥犬健康问题的犬。这一新的杂交品种目前已在美国杂交犬协会注册。

近十几年来，巴格犬的流行程度大幅提升。该犬曾被美国媒体评为"2005最红之犬"，并深受名流及好莱坞明星的喜爱。2006年，巴格犬曾占全部杂交犬销量的50%以上。该犬是美国最受欢迎的杂交品种之一，其幼犬的售价在2013年高达每只1000美元。

巴格犬看上去像塌鼻子的比格犬，常有卷曲的尾巴和巴哥犬一样的黑色面部。该犬易于训练，是可爱而深情的家犬，与主人亲近，喜爱人的陪伴。该犬对儿童友善，容易接受陌生人和其他犬。适应能力强，能在公寓里生活，因此在洛杉矶和曼哈顿等市区特别受欢迎。巴格犬每天都需要散步，包括玩游戏等来保持快乐。其较短的被毛不需要太多梳理，每周一次足够了。

名人之犬

巴格犬知名度的急速攀升与名流们对该犬的异常喜爱有很大关系。詹姆斯·甘多费尼、杰克·吉伦哈尔、乌玛·瑟曼，以及著名的犬类爱好者亨利·温克勒是其中几个拥有巴格犬的明星。巴格犬常被明星们带到聚会上、电视节目和媒体活动中，并被拍照，这使其吸引了大众的注意。人们想了解这种不同寻常的犬，有些人就会去买一只来满足好奇心。

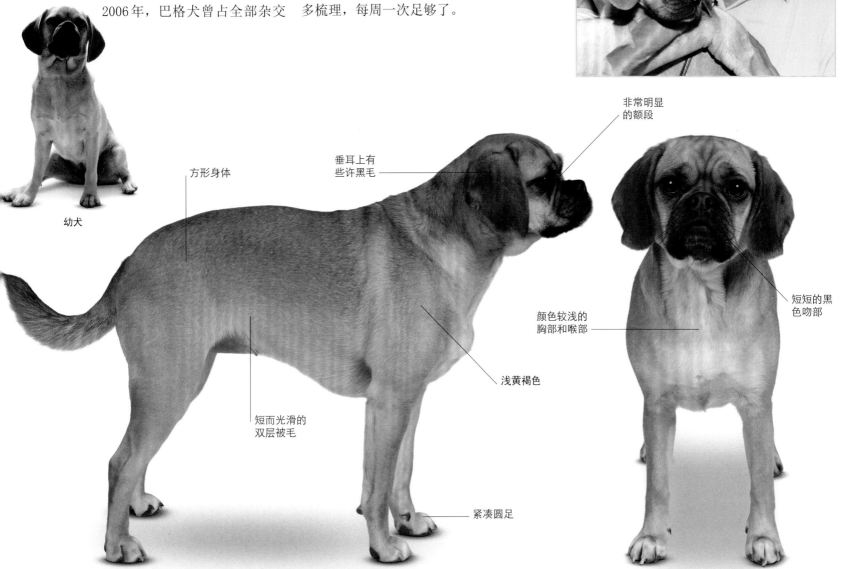

幼犬

方形身体

短而光滑的双层被毛

紧凑圆足

垂耳上有些许黑毛

浅黄褐色

非常明显的额段

颜色较浅的胸部和喉部

短短的黑色吻部

非计划杂交犬 Random Breeds

这些犬可能缺乏正宗谱系，但这不影响它们
给予人们关爱、陪伴和乐趣。

随机繁育的犬通常犬种祖先信息不详，亲代本
身也很可能是偶然杂交的结果。对于那些即将
成为犬主的人来说，选择随机繁育的幼犬就像
买彩票一样，因为你很难预测它们成熟后会长
成什么样子。但这些非计划杂交品种的犬一般
比纯种犬更健康，因为它们遗传致病基因的概
率会较小。许多在救助中心的犬是随机杂交品
种，它们中的大多数都是很好的宠物。

祖先不明的犬

柔软的半长被毛
那些可能具有牧羊犬或猎犬
血统的犬常有丝绸般的被毛，
羽状毛的四肢以及半直立或
下垂贴近头部的覆有流苏状
饰毛的耳朵。

羽状毛的四
肢上有黄褐
色斑纹

像拉布拉多寻回犬
（见260页）的头形

高位垂耳上覆
有流苏状饰毛

与激飞猎犬
相似的丝滑
羽状毛

如同边境牧羊犬
（见51页）般光
滑的丝状被毛

在纯种犬中不
太被接受的不
对称黑色斑块

前肢前侧有短毛

典型牧羊犬
般的半长波
浪状被毛

半竖耳

颈部和胸部
下侧有长毛

耳朵部分半竖立，部分呈"玫瑰"耳

刚毛

高位竖耳

硬而卷曲的被毛
拥有硬而卷曲被毛的犬可能与视觉猎犬、㹴犬或那些畜牧用犬相似，但只有通过 DNA 检测才能确定它们的谱系。

灵猩（见126页）的体形

吻部和面颊的被毛较长且粗硬

深胸

面部有不遮盖眼睛的长毛

蓬乱的被毛覆盖全身

软而卷曲的被毛中夹杂着深色被毛，特别是耳朵上

与软毛㹴犬相似的被毛

被毛显示其与㹴犬和贵宾犬（见229页和276页）都有血缘关系

双层短被毛
这三只犬都有双层短被毛，但外表差别很大。黑色的犬与拉布拉多寻回犬（见260页）相似，而最右侧的犬则更像德国牧羊犬（见42页）。

垂耳与头部相比偏小

粗壮的颈部

大理石纹被毛和垂耳与挪威猎犬（见156页）类似

强健的前部躯干

又长又粗的前肢

大足

大头，间距宽的半竖耳

敦实而健壮的身体

宽面颊支撑着短而强健的下颌

大"纽扣"耳，呈警觉状

黑色吻部

粗硬的短被毛

大小、外形和颜色都表明其具有拳师犬（见90页）的血统

单层短被毛

这些犬短而宽的下颌与短而粗硬的被毛显示出它们与斯塔福郡斗牛㹴的亲缘关系。最右侧的犬虽然比其他两只犬的体形更小，但依然具有㹴犬的特征。

短腿

用体形最小的犬进行计划繁育，其后代体形会有计划地缩小，但短腿也有可能发生在随机繁育出的犬中。短腿犬可能会出现软骨发育不全，这会导致前肢骨骼弯曲。短腿犬有多种不同的被毛类型。

长而蓬松的密毛尾巴高高举起

四肢被毛比躯干被毛短

高位耳朵上覆盖着刚毛

明显弯曲的前肢（软骨发育不全）

典型的㹴犬外形

头大，额段明显，吻部相对略短

典型的狐狸犬所拥有的双层厚密被毛

半长的丝滑三色被毛

外形和颜色与杰克罗素㹴相似，但被毛种类不同

略微弯曲的前肢

面部和躯干形状极像柯基犬（见58页和60页）

短而光滑的双层被毛

间距宽的大耳朵

四肢的姿态显示出与软骨发育不全（侏儒症）有关的弯曲

短而卷曲的被毛覆盖着头部和身体

充分享受生活
在一个能给予充分体力和智力活动的家庭中，像这只㹴犬般的非计划犬能够回馈主人纯种犬所能给予的相同回报。

3

护理和训练

愉快的开始
选择你想要的犬，幼犬或成年犬，也可以从救助站领养，但大小、性别和品种都要考虑，提前做出决定是与宠物长期和睦相处的关键。

成为犬主

犬能成为良好的家庭成员，但是，在将一只陌生的宠物犬带到你的家里生活之前，你要做好充分的准备与计划。你需要精心挑选最符合你需求的犬种，并确保为其营造一个安全的家庭环境。

首要考量

在购买或领养犬之前，首先要明确你需要承担的责任。犬能存活18年之久，而你要确保关爱宠物犬的一生。

你先要自问以下问题：你或你的家人是否有足够的时间训练幼犬或跟它一起玩？你能否负担得起养育一只犬所需的费用？寓所环境是否适宜犬居住？你是否还养了其他的宠物或家里还有很小的孩子？家庭成员中是否有人对犬过敏？

先确定适合你的犬种，然后精心选择你想要的犬。你可以对某一种犬的外形十分着迷，但犬的性格远比它们的样子更重要。你能对付精力旺盛的犬吗？你是否需要一只对孩子友好的犬？大型犬通常需要更多的关爱和训练，当然还有更多的食物，这些需要你投入更多金钱。一只小犬会不会更适合你的生活方式与家居环境？你更喜欢雄犬还是雌犬？雄犬与人更亲近，但在训练中容易分心。雌犬通常在孩子面前表现得比较安静。

多大月龄的犬最适合领养呢？幼犬会随着其成长逐渐适应你家的生活规律，但开始时需要特别的关爱，不能长时间置之不理。如果家里整天无人，那你最好领养成年犬。

通常你可以从宠物收容救助中心得到一只成年犬。一些宠物收容救助中心由慈善机构提供资助，会为不同月龄、不同体形的犬重新找到主人。还有一些收容救助中心则会专门处理特定犬类的收容工作。例如从竞技场上退役的灵缇，或那些需要特别护理和训练的犬，如杜宾犬（见176页）和斯塔福郡斗牛㹴（见214页）。多数纯种犬协会都有品种救援服务。

收容救助中心会对犬的性格进行评估。这里的很多犬都有过苦难的经历，例如被遗弃或疏于照顾。所以收容中心的工作人员会确保它们将来能进入一个充满爱心与安全感的家庭。你会被要求填写申请表格，参加面谈（可能与其他家庭成员一起），并在工作人员进行家访后才能被允许领养犬。相应地，你可以通过询问工作人员来找到符合你生活习惯的犬。救助人员会对护理、医疗和行为方面的问题提供建议。

法律问题

你要为宠物的生活质量负责。很多国家都有法律规定，以确保宠物能从其主人那里得到关爱。你的基本责任包括：确保犬有安全的地方生活，良好的食物及充足的陪伴时间。作为犬的主人，你还要保证宠物不会伤害到你，或伤害其他动物和人类。

养犬前要先买保险。宠物险在宠物生病或受伤时很重要，还能弥补宠物丢失、死亡、伤人或伤害其他动物，以及损毁物品带给你的损失。

宜居准备

室内准备
■ 保持地板干燥，及时擦干湿身的犬。
■ 保持大门关闭，安装楼梯门。
■ 封好所有家具之间和家具后面的小缝隙。
■ 修补好因磨损而裸露的电线。
■ 为橱柜门和抽屉配上儿童安全锁。
■ 使用带有安全盖的垃圾桶。
■ 将清洁用的化学品放在宠物接触不到的地方。
■ 将药物放在柜子中。
■ 扔掉所有的有毒盆栽植物。
■ 确保地板和家具下缘没有细小或尖锐的凸起。
■ 节日期间，让犬远离易碎的装饰品和点燃的蜡烛，放烟火时让犬待在安全的地方。

户外准备
■ 将树篱、栅栏或门下的缝隙补好。
■ 移走或扔掉有毒植物。
■ 确保犬在花园中能享受足够的阴凉。
■ 保持车库或操作间的门关闭，让犬远离机械和尖锐、沉重的工具，以及防冻液、颜料、涂料稀释剂等化学品。
■ 把农药和肥料锁起来或放置于高处。
■ 让犬远离投放灭鼠药或杀虫剂的区域。及时处理被毒死的动物尸体。
■ 千万别把犬单独放在烧烤炉边上，烧红的煤块和尖锐的烧烤签子会对其造成伤害。

迎接准备
迎来一只新的宠物犬是件激动人心的事，但随之而来的是重大的责任。花些时间来布置房间和花园会让你们与宠物犬的初次见面更加愉快。

带你的犬回家

领一只新的宠物犬回家，对你和新犬来说是一件既兴奋又紧张的事情。事先尽可能准备充分，以确保你的犬能平静而安全地度过到家后的最初几天。

到家前的准备

最好在爱犬到家前就准备好必需的物品。首先需要一个狗床。对幼犬来说，结实的纸箱就是很好的居所，在被弄脏、啃坏或犬长大之后可以直接丢弃。也可以用那种易清理而又不容易被咬坏的压模塑料床。无论哪一种，都要确保其有足够的空间能让犬在里面伸展四肢和翻身。要在犬的窝内垫上一层柔软的毛巾或毯子，也可以选用海绵泡沫填充床。后者更为舒适，且很多款式带有可机洗的床罩。这种床适合关节开始老化的老犬，但不适合那些喜欢撕咬或把床弄脏的幼犬。如果领养的是年幼的小犬，让其睡在你卧室的纸箱或篮子里会帮助犬更好地融入家庭生活。

对于需要适应环境和获得安全感的犬来说，使用四周带有金属丝网，顶部带盖且可掀开，底部结实的犬笼会有所帮助，也可以使用一个顶部开放的围栏。把犬笼放在温暖、安静的地方，让犬能看到人的走动并能听到人的声音，这样犬就不会感到孤独。在笼子底部铺上报纸防止弄脏地面，还可以在里面放入垫子和玩具。这样的居所适于犬在学会控制大小便之前的短时间独处或在伤病休养时，但不要让其长时间待在犬笼里，更不要把犬锁在里面作为惩罚手段。

下一个必备物品是吃饭和喝水用的碗。碗需要每天清洗，盛食物的碗最好在每餐之后都清洗干净。瓷碗即使是对大型犬来说也足够结实，但通常瓷碗棱角分明，有不易持握的边缘。不锈钢碗的使用和清洁都很方便。最好选择不易打翻的底部有橡胶圈的平底碗。塑料碗更适合幼犬和小型犬。可以从繁育者或收容所工作人员那里获取喂养清单和基本必需品，并至少为犬储备一周的食物。

你还需要为爱犬配一个项圈。为幼犬准备软织物的项圈，收紧后项圈和颈部之间要有两根手指的空间，并每周确认项圈不会变紧。成年犬可使用布或皮项圈，对强壮的犬需准备胸背带。

除此之外，即便是短毛犬也需要准备一套基本的犬梳理工具（见318页）。为清理户外的排泄物，需准备可降解的小袋子。宠物医院和宠物商店都有卖这种特别设计

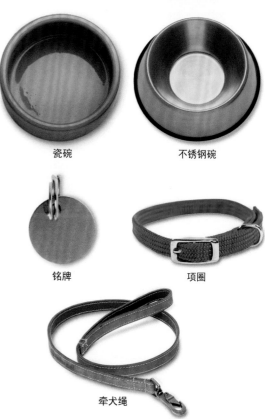

瓷碗　　　　不锈钢碗

铭牌　　　　项圈

牵犬绳

必备物品
稳固易用的食碗和水碗，一个带铭牌的舒适的布制项圈，以及一条结实的牵犬绳，这些就是爱犬到来之前需要准备好的所有重要物品了。

的小袋子。

你还要给犬起个名字。选一个犬容易记住的单字或两个字的名字，但不要用你在训犬过程中会用到的词，如"停"或"不"。

适合犬生活的房子

在带新犬回家前，需检查房间里是否有会伤害犬的东西（见305页）。趴下来在"犬的高度"审视可能存在的危险，如逃跑路线。犬会快速冲出大门，钻过门缝或冲下楼梯，跑到街上。确保把尖锐物品放在犬接触不到的地方，拿走那些可咀嚼的和会导致窒息的物品，如气球。有些人类的食物，如巧克力、葡萄、葡萄干可对犬造成伤害（见344页），应收好。

玩具

玩具能释放犬的天性，如追逐和撕咬。你可以购买这里所展示的这些犬类专用玩具，或者利用旧足球或绳子来自制玩具。选择玩具要注意材质，不能选择那些容易产生碎片的玩具以防犬误吞导致窒息，而且玩具要足够大以免卡在犬的喉咙里。为了不让犬养成坏习惯，请不要使用旧衣服和旧鞋子给犬做玩具。

橡胶耐咬玩具　　　　藏食玩具　　　　咬绳棉结

给幼犬的毛绒玩具　　　　可叼着走的哑铃

让孩子认识犬
等爱犬安顿下来后，可以让它与孩子见面。向孩子演示应该如何温柔地抚摸犬，然后让孩子试试。

幼犬的窝
将幼犬的窝安置在一个温暖且通风良好的地方，让它全天都能看到你和其他家庭成员。窝要足够大，有能充分活动的空间。

当你把犬带回家后，马上带它去户外，因为犬需要放松一下。然后再带它进入房间，让犬自己去探索这个陌生的环境。在第一天，让犬待在窝里，以便能逐渐适应新家。幼犬很容易疲劳，随时可能入睡。

初次见面
把犬介绍给家里的每个人。如果你有孩子，在他们与犬彼此熟悉之前的几天要特别关注。向孩子解释，犬来到新家可能会略感紧张，让孩子在犬的周围时保持安静。让孩子跟犬一起进入房间，静静坐下，喂犬好吃的东西。最初几天的玩耍时间要短，这样犬不会疲劳或过度兴奋。不要让孩子突然抓住或抱起犬，因为这样犬可能会由于受惊而咬人。

过了最初几天，新犬安顿下来后，可以让犬与其他宠物见面，每次只见一个。在"中立区域"，如花园，将新犬介绍给住处附近的犬，这样如果有一方感到紧张可以有足够的空间躲起来。在你将注意力转向新犬之前，务必先与家里原有的犬玩一会儿，避免产生嫉妒情绪。把犬介绍给猫认识时，选一个大房间，在猫靠近犬时要把犬抱住。确保猫有便捷的退路。不要让猫和犬一起进食，因为犬会抢夺猫的食物。

规律早养成
从第一天起就制订好常规，每个人都要遵守。有规律地让犬进食后带其外出。给犬设立基本规矩，包括什么能做，哪里能去。

规律的生活有助于犬养成规律的大小便。喂食后，小睡后，晚上睡觉前以及经历了兴奋的活动后（如见陌生人），应带幼

犬到户外去。对于较小的幼犬来说，可能每小时就要出去一趟。当看到犬不停地在地上闻、转圈或者总想坐下的时候就赶紧带它出去。与犬一起待在户外让它尽情奔跑，并多给予鼓励。

吸尘器和洗衣机等家用电器噪声较大，会吓到犬，所以在这些机器运行的时候可以先让犬在旁边看，但要保持距离，留好"逃跑路线"。如果犬看上去很紧张，可轻声安慰或拿玩具转移犬的注意力。

独处对犬来说意味着焦躁不安，让犬学着认识独自在家是安全的，并相信主人离开后还会回来。开始独处训练时，选择一个犬比较平静或很困的时段，让犬在自己的小窝或房间里先待几分钟。你离开一会儿再回来，但不要跟犬玩耍。在附近安静地待着直到犬平静下来。逐渐加大每次间隔的时间直到犬能独自待上几小时。把犬单独留在家里时，要确保其有床可睡，有水能喝。留下一些它喜欢的玩具，其中可以藏点食物，这样可以让犬玩上很长时间。

交朋友
如果你家里有兔子或其他小动物，将它们与犬分开，在犬靠近它们时要留意。

居家和外出

犬需要对人类、车辆、其他宠物以及外面的世界习以为常。一只具有出色社交能力的犬会让你的假期更惬意，无论是带犬一起旅行或是将犬留在家里。

周边散步

幼犬打过疫苗，最好还植入了微型芯片，这样你就可以带着犬一起去散步了。在最初的3个月，尽可能多地带犬去不同的地方转一转十分必要，此后，它们会变得更为警觉。如果遇到奇怪的东西，它们会本能地跑开。对于年龄大一些的犬来说，散步是让其了解自己"领地"的方式。即便这样，还是会有一些东西是犬之前没遇见过的，例如家畜和野生动物。

建立自信

当爱犬初次在这个陌生的世界中探索时，那种体验可能具有冲击性，如轿车、卡车

认识新犬

允许你的犬在散步时与陌生犬接触，但如果你的犬被其他犬激怒，要马上带犬走开，也可以让别的犬主抱住他们的犬或在你们经过时用牵犬绳拉住他们的犬。

等可能会吓到犬。其他的一些事物可有强烈的干扰效应：如骑自行车或玩滑板的孩子，还有牧场里的小羊羔等。犬需要建立自信，而你要有信心让犬在各种场合下都能淡定自若。

将你的爱犬介绍给其他人。如果你有孩子，可以带犬去学校接他们，这样犬看到陌生的孩子就会习以为常了。

在让你的爱犬与其他犬彼此熟悉的过程中，要从那些你认识的犬开始。例如，跟脾气较好的犬一起散步，也可以去参加幼犬社交课。

周围有家畜和野生动物时最好给它系上牵犬绳——即使是安静的犬，追逐的本

性也可能会突然爆发。在许多国家，法律规定犬主必须要确保家畜免受犬的伤害。

乘车出游

作为犬主，你有义务在出游过程中保证犬及车上其他乘客的安全。如果你的车足够大，可在后座的后面放一个犬用安全座椅，这可以满足1小时以内的短途旅行需求。对于长途旅行，如果你的车够大，可以把犬放入犬笼中。如果旅程中你的犬需要待在车的后座上，可将犬的肩带与安全带进行固定以确保其安全。为防止犬晕车，确保车内有一块防滑的地方供犬站立。

开始旅行训练时，先让犬在引擎关闭和车门打开的情况下在车里坐几分钟。接下来再让犬在关闭车门、打着引擎的环境

适应车辆

■ 在车辆通过时让犬坐在合适的距离之外，来适应那些让其感到惊恐的事物或引起其注意的车辆。

■ 蹲下并按住犬，以免犬有想去追车的冲动，当犬能安静坐好时要给予表扬。

■ 当一辆车驶过之后要给予犬一定的奖励。

■ 逐步让犬对近距离驶过的车辆习以为常，但要与快速驶过的车辆保持一定的安全距离。

■ 要有耐心——让犬有足够的时间去适应。

舒适旅程
确保犬在车里有躺下和翻身的足够空间。如果使用犬笼，里面放一个毯子或枕头，这样犬会更舒服。

安全训练
有一些犬对其他犬并不友好。让你的宠物托管员或训练师知道你的犬是否愿意与其他犬一起进行活动，以及你的犬在面对其他犬时是否会格外害羞或强势，这会影响到你的犬与其他犬相处的方式。

下在车里坐几分钟。然后进行几分钟的短程旅行，逐渐增加旅行时长。在旅行的过程中，不要让犬把头伸到窗外，以免伤到头或眼睛。长途旅行时，带着水和碗，至少每2小时停车一次，让犬喝水并带其下车活动。天气炎热时将空调打开，千万不要将犬单独留在车里（即便车窗敞开）。天气酷热或阳光直射时，短短20分钟就会使犬中暑而死（见345页）。密切关注犬是否流口水、喘粗气，这是晕车的症状。不停地叫或者撕咬内饰也是不舒服的一种表现。

外出度假

预先安排得当的话，带犬出行是件惬意的事。犬在公共场所时要能受控制，而且要接受出行训练。必须给犬植入微型芯片，并佩戴身份铭牌。在出发前要先确认你的目的地没有对犬不友好的风俗。如果计划带犬出国旅行，要了解每个国家关于开车带犬出行的法规，你可以从动物保护组织获取这些信息。同时还要为犬购买旅行保险，检查并确认是否需要为犬注射疫苗，如狂犬病疫苗。了解清楚航空公司或轮渡

公司通常是如何转运犬类的。某些航空公司可能要求把犬放在特殊的笼子里。携带犬常吃的犬粮以及常用的碗。尽可能保留原有的饮食、散步和作息时间，来缓解犬在旅途中的紧张情绪。

留犬在家

如果休假时你不打算带犬出行，在你离开时可以有几种选择。不管选择哪一种都要确保犬能适应离开你的生活（见307页）。

你可以请亲戚、朋友或邻居来当"保姆"，或者把犬送到寄养所。如果可能的话，提前到宠物寄养所去几趟，让犬适应环境。确保犬始终戴着铭牌。给宠物寄养所留足犬粮，留下关于喂养、散步及睡觉时间的注意事项，还要交代好你和宠物医

生的紧急联系方式。如果决定送到宠物寄养所，可以让你的宠物医生及其他养犬的朋友推荐一个宠物寄养所，也可以直接参考宠物寄养所的简介。

结伴寄宿
如果你有两只犬，请确定临时犬舍足够大，可以将它们容纳下。这会确保你的两只犬能待在一起，并有助于它们在一个新的环境中更好地安顿下来。

均衡饮食

犬对饮食的需求远不止肉类，它们需要符合其各自体形的健康而均衡的饮食。大多数犬主会购买成品犬粮，如果你愿意的话也可以自己亲手制作犬粮。

基本成分

良好的饮食应该能提供犬所需的所有营养成分，必须包括下列成分：

■ 蛋白质——细胞的"基石"，有助于肌肉增长，参与机体修复。瘦肉、鸡蛋和奶酪是蛋白质的有效来源。

■ 脂肪——富含能量，让食物吃起来口感更好，同时含有必需脂肪酸，可能参与构建细胞壁，有助于犬类成长和伤口愈合。此外，脂肪还是维生素A、维生素D、维生素E和维生素K的主要来源。脂肪可以通过食用肉类、鱼类的油脂以及亚麻籽油和葵花籽油等油类来摄取。

■ 纤维素——存在于土豆、青菜等，有助于使食物蓬松，减缓食物在犬体内的消化，使之有更长时间来吸收养分，易于排便。

■ 维生素和矿物质——帮助维持犬的身体结构，如皮肤、骨骼和血细胞，还能促进从食物到热量的转化以及凝血等重要身体功能的正常运转。

■ 水分——就像对人类一样，水对犬类也是必不可少的。每天将水碗中的水更换2—3次，以确保犬能喝到新鲜的水。

成品食物

这类食物有湿犬粮、半湿犬粮和干犬粮。干犬粮有助于犬全方位摄取营养，不过要保证它们含有完整的核心营养成分。由于犬类摄入的干犬粮越多，所喝的水也越多，所以还要保证水分供应充足。而湿犬粮里除了含有很多水分之外，脂肪和蛋白质含量也很高。

食用成品犬粮的最大优势在于可以为幼犬、成年犬、怀孕和哺乳期的母犬等不同的特定犬类提供广泛的选择。包装上明确标示了营养成分，方便喂食。但这些食物中可能会含有防腐剂和添加剂等成分，某些犬可能会不喜欢。购买前要注意阅读产品标签。

天然食物

你可以在家用生肉自制天然食物来替代成品犬粮。你需要在自制犬粮中加入煮好的蔬菜以及淀粉类食物以增加饮食中的膳食纤维。此外，咨询宠物医生确认是否需要在饮食中补充维生素。

天然食物更接近于犬类在野外吃的食物，且没有防腐剂或其他添加剂。不过，天然食物在营养平衡方面需要特别注意，有时可能会较难保证营养质量的稳定，或者较难针对犬所需要的不同能量进行调整。每天制作新鲜的食物也会耗费大量的时间。

耐咬玩具

犬用咬胶可让犬有事可做，防止其啃咬家里的物品甚至你的手。这对出牙期的幼犬特别有益，也会对保持犬的牙齿清洁、强壮其下颌关节起到非常重要的作用。

零食

许多犬主在训练犬时会在它们表现较好时给一些好吃的食品来奖励，也有很多情况下仅仅给犬一些零食。犬类喜欢香味浓郁、含肉多的软质零食，多试几种不同的零食看看你的犬到底最喜欢哪一种。通常来说含有鸡肉和奶酪成分的零食最受欢迎。有些零食脂肪含量较高，若经常给犬吃，一定要减少主食来防止过度喂养。对犬来说，一般一天喂少量零食就足够了。你可以买现成的，也可以自己做。

口口香

调味香肠

干酪块

肉干零食　　湿制零食

品种多样的食物

犬用食物的可选范围十分广泛，从专门细分出来的成品食物（湿制、干制和半湿制的）到可以在家自行准备的天然食物都可选择。

湿犬粮

干犬粮

自制犬粮
（天然食物）

好方法
从犬小的时候就开始为其准备健康
均衡的饮食，这样能确保犬获取到
成长所需的各种营养。

饮食调整

无论是处于生长期的幼犬、哺乳期的母犬，还是竞技类的赛犬、年长的家犬，犬类在生命的不同阶段对营养有着不同的需求。让犬能获取其年龄段所需的恰当营养来优化其生活质量是一件重要的事情。

幼犬

幼犬断奶后，需要少食多餐：最初一日四餐，从6个月开始减到一日三餐。幼犬生长很快，需要高能量食物；如果不确定根据幼犬的身材该喂多少时，可以咨询宠物医生。随着犬的生长，慢慢增加喂食量，但要避免过度喂养。为保证食物营养的均衡，成品犬粮是最佳选择。

如果幼犬是从其他宠物饲养者那里买来的，他可能会给你提供一些这只幼犬之前吃的食物。开始阶段可以一直让犬吃那些食物，然后逐渐改变食谱。

成年犬

对成年家犬来说，每天喂两餐（早上和晚上）通常就足够了。绝育犬比未绝育犬需要更少的热量，但也要根据犬的体形大小与活动量进行相应喂食，并对其体重进行监控（见314—315页）。

工作犬

工作犬或运动犬应喂食高蛋白、能量密集、易消化的食物来尽可能增加其力量和耐力。不过，喂食工作犬的食量不应比普通成年犬更多。那些参与短程精细爆发类工作，如赛跑或敏捷性展示的犬，需要适当增加脂肪摄入量。对于从事耐力性工作的犬，如雪橇犬、猎犬及牧羊犬，则需要额外添加富含蛋白质的高脂肪食物。

哺乳期的母犬

怀孕的母犬在孕期最后的2—3周可保持其日常食谱，之后到分娩，能量需求会增加25%—50%。分娩临近时，食欲下降，但分娩完成后会很快恢复食欲。处在哺乳期最初4周的母犬需要的热量是正常情况下的2—3倍，这段时间幼犬对母乳的需求最大。此时需要少量多次喂食为哺乳期母犬特制的能量密集型食物。幼犬开始断奶时（6—8周），母犬仍需要额外的热量，只有到哺乳结束，才能恢复之前的饮食习惯。

成长

坚持给幼犬喂食营养均衡的食物来让其拥有健壮的身体。确保选择为幼犬特制的配方食物，等幼犬长大后再调整为成年犬配方。

康复中的犬

病中的犬需要吃易消化、营养丰富的食物，如煮熟的鸡肉和米饭，或者特制的成品食物；可从兽医那里获得相关指导。要少量多次喂食，确保食物温度与体温相近，这样更易产生食欲。记录每餐食量，食欲下降时要及时向宠物医生说明。

老年犬

大约从7岁开始，犬需要摄入更多的营养、更少的热量。这时期很多犬都能很好地适应成年犬的食物，可略微减少食量，并补充一些维生素和矿物质。你能买到质地更软，以及含更多蛋白质、更低脂肪、额外维生素和矿物质的"老年犬"配方食品。由于新陈代谢减缓会使老年犬更易肥胖，可能需要将喂食频率调整为一天三次。保持健康的体重会提高犬类的生活品质和延长寿命。

气候因素
天气较冷地区和生活在户外犬舍的犬为了保持体温稳定会比生活在温暖地带的犬需要更多的热量。高脂肪的日常饮食可满足其额外的能量需求。

哺乳需求
哺乳期母犬对营养的需求甚至比成长中的幼犬还要多。由于要为幼犬提供更多的奶水，母犬的热量需求会随着幼犬的成长稳步上升。

监测喂养水平

像人类一样，动物也会由于吃得太多或太少而出现健康问题。犬的饮食要保质、保量，以维持相对于其种群和体形来说的最佳体重。

良好的饮食习惯

从一开始就养成良好的饮食习惯，会在很大程度上帮助犬避免在其成长过程中出现各种饮食问题。可遵循下列原则：

■ 设定规律的饮食时间。

■ 保证随时能喝到新鲜的水。

■ 确保每次饭前清洗饭碗。

■ 犬进食后清洗饭碗，特别是在喂食罐装或自制的湿犬粮后。

■ 不要让犬吃人类的食物，犬的需求与人类不同，某些人类食物，如巧克力，对犬有毒（见344页）。

■ 若要调整犬的饮食，请逐步进行，以免造成胃肠不适。

吃得太快？

快速进食是犬类的一种本能，在野外这可以防止其他动物抢夺食物。可尝试使用防暴食碗，这种碗内有很多块状凸起，使犬在进食过程中不得不想办法躲开凸起才能

防暴食碗
防暴食碗可防止犬大口吃食，它们进食时必须绕开那些塑好的凸起。这会让它们嚼得更慢，更从容地享受进食。

凸起

吃到食物，从而降低进食速度。这有助于预防打嗝儿、呕吐和消化不良等问题。

防止肥胖

犬类就像清道夫，因它们不知道下一次何时才能再找到食物，所以会吃光放在面前的任何东西。对那些可以定时获得足够食物的犬来说，这种天性会导致过度肥胖的高发。有些犬种易肥胖，如巴塞特猎犬（见146页）、达克斯猎犬（见170页）和骑士查理王猎犬（见278页）。不过，任何犬都可

能因摄入过多的高热量食物和运动不足而导致肥胖。过度喂食还可导致犬患心脏病、糖尿病和关节疼痛。特别是那些体大腿细的品种，如罗威纳犬（见83页）和斯塔福郡斗牛㹴（见214页），体重过大再加上运动不当会造成韧带出现问题。

为避免犬受体重问题困扰，请参照以下建议：

■ 按照犬的年龄、体形和运动水平来喂养（见312—313页）。

■ 要特别注意不要随手喂食桌上的剩饭，在犬乞求食物时一定不要放弃原则。

■ 小型犬可用家里的体重秤称量体重。如果是大型犬则可前往宠物医院称重。

■ 注意观察犬的体形变化，这跟称重一样有效。如果不放心的话，可每周拍张照片来记录胖瘦的变化。

■ 如果出现肥胖，应咨询兽医来获取减肥食谱方面的建议。

健康的体重

需要定期检查犬的身体状况来确保它们没有变得太胖或太瘦。不同品种的犬体形不同，因此，要了解你的犬的正常体形。如果你不确定正确的喂食量，请务必向宠物医生咨询。

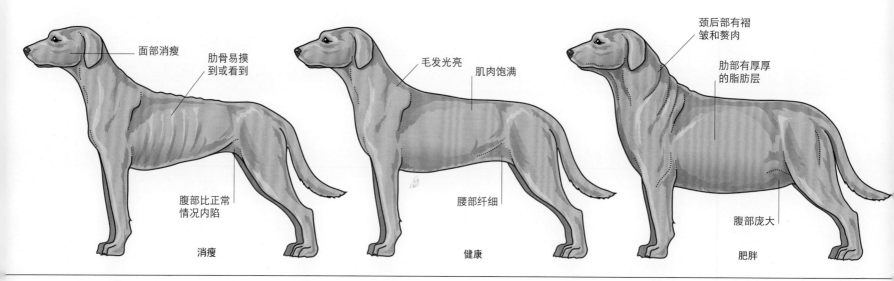

面部消瘦
肋骨易摸到或看到
腹部比正常情况内陷
消瘦

毛发光亮
肌肉饱满
腰部纤细
健康

颈后部有褶皱和赘肉
肋部有厚厚的脂肪层
腹部庞大
肥胖

在兽医处
宠物医生那里有各种不会让动物产生恐惧的称重设备。只要让犬坐在秤盘上，你就可以与宠物医生一起精确地记录犬的体重了。

seca VETERINARY SCALE   Capacity : 330lb x 0.1lb 150kg x 50g

45.10 kg

训练

犬需要通过运动来防止无聊和焦虑情绪的产生。有规律的运动和玩耍除了能帮助建立你与犬之间的亲密关系外，还能帮助犬消耗多余的精力，让其在家里的时候更安静。

散步和游戏

犬需要有规律的日常运动。对于幼犬来说，这有利于增强其肢体力量和强化学习技能。而对于成年犬而言，适度活动有助于防止肥胖和关节疼痛等问题的出现。

猎犬和工作犬比其他种类的犬有着更充沛的精力。每天两次半小时的散步对于约克夏㹴（见190页）和巴哥犬（见268页）来说可能比较合适，而大麦町犬（见286页）和拳师犬（见90页）则可能每次需要至少1小时的散步或跑动外加一些游戏。

犬对运动的需求会随着生长而发生改变。幼犬在接种疫苗后就可以带出去进行短程散步了。成年犬则适合做长距离散步或跑动外加消耗能量的游戏。孕期的母犬、病犬或康复期的犬只可进行短时适量的运动。年长的犬喜欢短而轻松的散步，但仍可能会喜欢学一些新游戏。

如果运动量不足，犬的体重便会增加，还会出现一些行为问题：犬可能会变得多动而不安，很难平静下来。犬可能还会为自己的情绪和精力寻找宣泄口，如啃咬家具、声嘶力竭地吼叫或无休止地跑来跑去。

你可以训练犬融入你的日常活动，例如带犬去学校接孩子，或带犬去便利店。找一大片空地来让犬玩耍或者让其在你的院子里活动。下面的建议有助于犬进行舒适的运动：

■ 不要让犬过度疲劳：要进行"热身"和"放松"，如每次活动结束后慢走10分钟。

■ 天热时带着水，并尽量选择稍微凉爽一些的清晨或傍晚外出。

■ 天冷时考虑让短毛犬或老年犬穿上外套来为其肌肉保暖。

■ 在犬适应硬地之前，不要让它们在上面奔跑，否则会伤到足底的肉垫。同样，也要避免踩在太冷或太热的地方。

■ 散步时带着犬最喜欢的玩具，如球，用来进行快乐而消耗能量的追逐游戏。对犬来说，这种追逐游戏也是很好的思维训练项目。

■ 尽量将活动安排在每天的固定时间进行，这样犬会逐渐适应这种规律的活动时间并学会利用间隙进行休息。

捡回来！
玩捡东西游戏的时候，扔玩具比扔木棍更好。通过玩"扔捡"游戏来训练犬在听到召唤时能回到你身边。

全家的欢乐时光
全家人一起带犬出去活动是件一举多得的事情，这是可以帮助所有家庭成员与宠物建立良好感情的情感纽带。

活跃的生活
精力充沛的犬需要大量的运动和玩耍来保持心态平和与快乐。它们需要在开阔的地方自由奔跑，特别是那些年轻的犬。

散步和慢跑
出于对其自身和其他人安全的考虑，你的爱犬需要做到在被牵引的情况下安静地散步（见326页），一旦完成了这种训练，你就能带犬去几乎所有地方散步了。带犬慢跑对你和犬的健康都有好处。记住带一个可回收的粪便收集袋哦！

自由奔跑
在开阔地带奔跑对于惠比特犬（见128页）和灵猩（见126页）这种精力充沛的犬和赛犬来说是特别好的运动。首先，为了能让犬跑出很远的距离而不会走丢，需要先训练以达到招之即来的程度（见328页）。找一片田野或沙滩这种没有人群也不会打扰其他动物的大空地，要确认这个地方是否允许犬类随意奔跑，因为在很多市区公园的某些区域内，不允许解下犬的牵犬绳。

为确保犬时刻在你的控制下，当犬在

附近跑的时候可以跟它们玩"藏猫猫"或"扔捡"等游戏。除此之外，一些跳跃或穿越障碍等锻炼敏捷性的游戏对犬来说也是格外有趣的。

儿童和玩耍
犬和孩子可以成为最要好的朋友，但都需要时间来彼此适应。在玩耍时孩子对自己

行为的控制能力较差，因此在孩子与犬互动时要有人进行监督。避免导致犬报复的情况出现，必要时请随时介入。跟孩子说不要戏弄家里的犬，因为这样会让犬不高兴甚至咬人。幼犬容易疲劳，如果困了一定让它们睡觉。犬在进食时不喜欢被打扰，因此，不要让孩子玩弄或接近犬的食碗或水碗，只有成人才能给犬喂食。

玩耍时间

通过游戏给犬展示天性的机会并得到训练。学会跟其他犬玩耍的幼犬不易胆怯，不易具有攻击性。游戏时间尽量短一些且内容多样化，这样不会让犬疲劳或过度兴奋。一定要由你来决定游戏开始和结束的时间——这会潜移默化地增强你的控制力。不要鼓励犬去追着人跑——人应该是犬的朋友和管理者，而不是"猎物"。

扔捡游戏
这是能让犬快速消耗精力的游戏。在将玩具捡回来给你之后，犬会发现还能再获得一次追捡的机会，而在这个过程中犬学会了"寻回"技能。由于犬在咬住或捡起木棍时可能会伤到嘴，所以最好用玩具而不是木棍。

拔河争夺赛
应使用特殊的"拔河"玩具（见306页），并保证你赢的次数要比犬多。记住一点，所有的玩具都是你的——你让犬放弃玩具的时候犬必须

放弃。如果犬咬住你的衣服或皮肤，立刻停止游戏，安静地转身离开。一定不要让犬冲着人跳或者从人的手中抢东西。

捉迷藏
这个游戏能满足犬类搜寻食物的本能。在玩具中藏一点食物，犬必须不断地在附近扒寻和嗅探才能找到。还可以两个人一起玩，一个人拿着"扔捡"玩具藏起来，另一个人与犬待在一起。在藏着的那个人叫犬的名字后，另一个人放开犬。藏起来的这个人被找到时将玩具扔还给犬。这个游戏同样也是让犬练习随唤随到的好方式。

吱吱响的发声玩具
发声玩具特别适合追咬游戏，犬甚至试图把玩具咬碎，直到玩具不再发声。犬就像是冒着把玩具吞下去的危险也要把发声的东西找出来一样，所以应随时准备将玩具从犬身边拿开。

美容

不论你的犬是何种类型，日常美容和不定期的洗澡对其健康都十分重要。这对保持犬的皮肤和被毛健康有益，且能最大限度地去除犬身上的尘土、异味以及掉落的毛发等。

美容要点

日常美容对犬有益，所以犬主应将这项内容加入到日常生活中。除了去除掉落的毛发之外，美容还对犬的皮肤有好处，能降低犬身上感染跳蚤和蜱虫等寄生虫的可能性。美容的同时还可以检查犬身上是否有需要兽医关注的肿块、瘀青或伤痕等。美容对犬来说是一件惬意的事，也是帮助加深犬与主人感情的情感纽带。

短毛犬只需要每周梳理一次，而具有更长被毛的犬通常需要更多的日常护理，某些品种的犬甚至需要每天梳理被毛。例

如猎犬的长毛打结形成结团对犬来说很痛苦且一旦形成很难去除。同样应避免犬身上积存污物，因为这容易导致皮肤感染。

在为犬做梳理时要特别关注其腹股沟、耳朵、四肢和胸部这些与其他部位交界的地方。这些区域的被毛很容易打结和缠绕。你还要特别关注犬的脚掌下面以及尾巴，这些地方很容易积存污垢。

要重视梳理，但也需要注意梳理不能过度。要小心使用带金属齿的工具，因为如果手劲过大或在同一区域梳理时间过长

可能会造成伤害并出现伤口，称为梳咬。当所有脱落的毛发都被清理之后，梳理就应该结束了——通常在已清理出半梳子毛发有点梳不动时。

尽量让每次美容都在一种惬意而非强迫的氛围中进行。如果犬感觉不舒服，就慢慢来，用零食辅助引导。使用暴力强迫虽然可能会很快完成美容，但会使未来给犬美容由此而变得更加困难，因为犬会将美容与不舒服的感觉联系起来并试图抗拒。

梳子和修剪工具

日常有很多梳理工具可选，每一种都有其特别的用处，这些工具能使美容过程变得更高效。例如梳子有各种尺寸可选，还包括有柄型和无柄型。选择一个适合犬的被毛类型的毛刷十分重要，同样毛刷头也有不同的形状和大小。花一些时间来选择你握持方便且适合犬体形大小的工具。每次使用工具后及时清理，减少致污的可能性。

钉耙梳　　　理毛器　　　梳子

剪刀

趾甲钳

防缠梳　　　橡胶刷　　　理发剪

为爱犬美容
无论何种种类的犬，都需要确保定期为其美容以去除脱落的被毛并检查是否感染了寄生虫。

长毛犬

被毛较长的犬应每天梳理以防止毛发打结。为使梳理过程变得轻松，可使用专门开结的梳子来将毛结通开。

给爱犬洗澡

多久给爱犬洗一次澡取决于犬的被毛类型。某些长毛犬有双层被毛，包括一层保暖的内毛和一层具有保护作用的外层粗毛。具有双层被毛的犬通常抗污能力较强，所以它们无须经常洗澡，一年只要洗两次就足够了。而那些单层被毛、被毛较短的犬则应该洗得频繁一些，大致每3个月洗一次。像贵宾犬这种卷毛犬不会脱毛，但需要更频繁地洗澡，甚至每个月要洗一次。任何犬洗澡都不要过于频繁，否则会造成被毛分泌更多的油脂，导致体味加重。如果犬在散步之后弄了一身泥，并不需要洗澡，等身上的泥变干后用刷子刷下来就可以了。

洗澡 努力让洗澡成为爱犬的快乐体验。在把爱犬淋湿之前喂一些零食，在洗澡开始前就将洗澡所需的一切用品准备妥当，这样就不会因临时拿东西而留犬独自在浴室无人照看。主人要尽量确保爱犬在洗澡过程中保持舒适和快乐。

1 在淋湿犬毛之前试好水温，应温而不烫。先从头部开始洗，将其从头到尾地淋湿。小心不要将水弄进犬的眼睛、耳朵或鼻子。

2 使用犬专用配方的浴液，从犬的被毛开始按摩，逐渐清洁至皮肤。

3 用温水彻底将爱犬身上的浴液冲洗干净。若浴液残留会刺激爱犬的皮肤。

4 用手挤去爱犬身上的多余水分，然后用毛巾将其从头到尾擦干净。最后用吹风机的低风档（只要犬不惧怕噪声）将犬毛吹干，然后再梳理一下被毛。

美容检查

美容是让犬适应你对其进行身体各部位日常检查的良好时机。过程中需要关注的不仅仅是被毛，牙齿、耳朵和趾甲也同样需要定期检查。

日常检查

要让爱犬从小就习惯进行日常美容，这样你就可以在梳理时对其进行健康检查。爱犬身体出现了哪怕是最微小的改变也要引起重视，以尽早判断、诊治，尽快恢复。

在梳理和进行全身检查时，要一边跟爱犬说话让其放松，一边给出例如"牙齿""耳朵"的命令。先检查体形和站姿方面有无明显变化，然后仔细检查是否有伤口、肿块和外部寄生虫。用手从犬的头部和躯干四周开始检查，下至四肢，直到趾甲。将被毛，特别是臀部的被毛拨开查看，确保被毛中没有跳蚤或跳蚤排泄物，且基本无皮屑，皮肤摸起来和闻起来都不应有异样的感觉。轻轻抚摸爱犬对犬、主双方都是一种很好的情感交流。

检查爱犬的眼睛，确认眼窝中没有过多泪液或黏在眼角的分泌物。让爱犬闭一下眼就可以搞定——简单地将眼睛擦干净，每只眼睛各用一块湿润的棉球擦拭。轻拉下眼皮来检查眼内侧和虹膜周围的眼白有无红肿和变色。

查看尾巴下面肛门附近是否有遗粪和肿胀。母犬需要检查外阴是否肿胀，是否有分泌物。公犬需要检查阴茎是否有损伤，是否有过多分泌物，阴茎顶端是否出血。

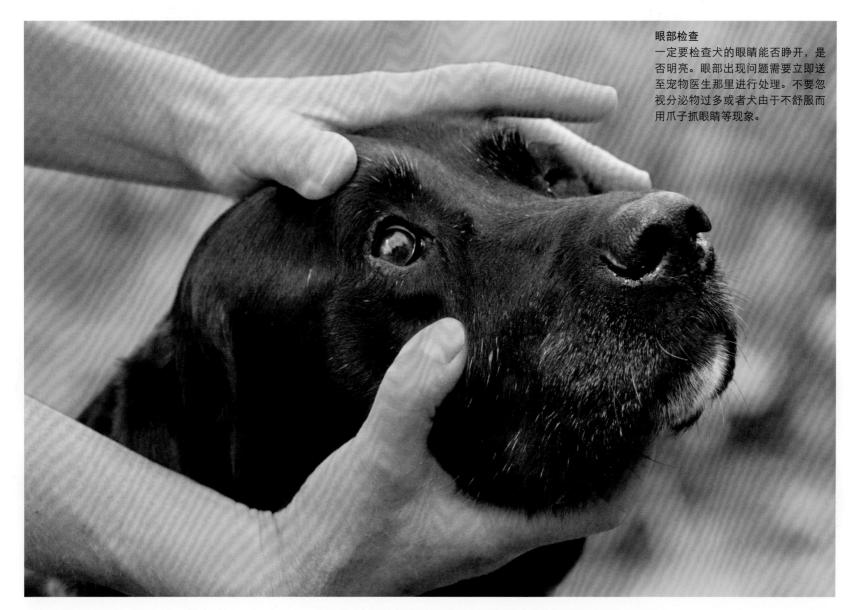

眼部检查
一定要检查犬的眼睛能否睁开，是否明亮。眼部出现问题需要立即送至宠物医生那里进行处理。不要忽视分泌物过多或者犬由于不舒服而用爪子抓眼睛等现象。

牙齿清洁
用普通牙刷或指套牙刷给爱犬做牙齿清洁,不要用力过猛。可顺便检查其牙齿、牙龈以及嘴部的健康状况。

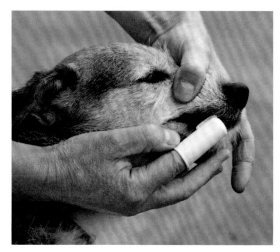

趾甲修剪
给犬剪趾甲要确保趾甲钳不要剪到爪子上的肉。一次只修剪一小部分来防止剪到肉。检查犬的爪子是否肿胀、断裂和开叉。

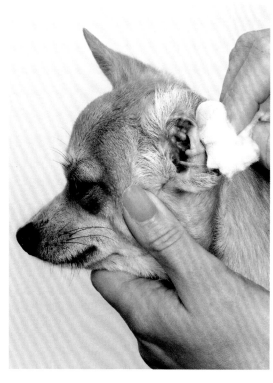

耳部清洁
检查犬的耳部是否肿胀、有异味。用棉球来给犬的耳部进行消毒,擦拭耳部所有可见区域。不要将棉球或其他任何物体放入犬的耳道中。

牙齿清洁
通过训练,爱犬可以接受张开嘴让你检查并为其刷牙。首先,让爱犬习惯你的手轻轻滑过它鼻梁的感觉,同时用你的拇指托住其下巴来将犬嘴闭合。一旦爱犬对这种抚摸感到舒服,便可用你的另一只手轻轻抬起犬的上唇将其下牙床露出来。理想的情况下,这部分应该是白色的,但沿着牙龈会积有少许棕色牙垢。牙龈应是浅粉色且湿润的,口气不应有异味。如果爱犬到这一步还能保持安静,就可以将牙刷伸到它的嘴里。需要清洁的最重要部位是沿着牙龈的一圈和牙齿的外表面。用牙刷轻轻地做圆周运动,避免胡乱地两边来回刷。

每周刷牙会让爱犬牙齿受益,尽可能用犬类专用牙具。你会发现使用指套牙刷更方便,这是一种可带在手指上的带毛刷的空心塑料管,可以清洁爱犬口腔各处,还能避免清洁时用力过猛。

一开始爱犬可能会感觉刷牙很奇怪,所以在每个阶段都要用一些小零食来让其放松。如果爱犬表现出攻击性或出现焦虑的迹象,先停下来并轻柔地抚摸犬几分钟再开始下一次尝试。

趾甲修剪
从爱犬幼年开始就要训练它允许自己的脚被抬起来并接受检查。查看脚趾之间是否有草和亮橙色的螨虫。检查爪子是否肿胀、断裂或趾甲过长。在足部着地完全受力的情况下,爪子应该刚好接触到地面。

间隔多久给爱犬剪趾甲取决于犬的种类和其生活习惯,每月一次的趾甲修剪能满足大部分犬的需求。不要把趾甲修剪得太秃,以免伤及血管和神经。白色趾甲比黑色趾甲更容易分辨趾甲和肉。趾甲中央有一块两种颜色混合的粉色区域。如果趾甲剪得太短就会伤到肉,造成大量流血。紧紧抓住犬的脚避免其在修剪过程中乱动。将趾甲钳放在要剪的部位,轻柔迅捷地每次剪一点点。如果不小心剪到肉,保持冷静,洒一小撮止血粉在趾甲上来帮助止血,然后使劲按压出血处直到血止住。

耳部检查
在触摸耳部的时候,犬不应该有痛感。耳垂处无肿胀,耳部没有异味,在你能看到的耳内尽可能深的地方都应该很干净。

定期检查爱犬耳部看是否有分泌物、异味、红肿、发炎或耳螨。上述任何一种症状都表明耳部感染了,这时你应该向宠物医生寻求帮助。每月例行的耳部清洁能保持耳部的健康并防止感染。这对吊坠耳犬(如猎犬)来说尤其重要。

管理掌控

想要爱犬举止得体，需要依赖你和犬之间所建立的良好关系。学习用一种犬能明白，而且清晰、冷静的方法来与犬进行沟通，确保犬对你的要求能给予积极的回应。

制定规则

犬类是群居动物，像人类一样，它们也寻求社会伙伴关系并倾向建立犬之间的纽带关系。因为它们的祖先曾群居生活，犬会去寻找一个它们能敬畏和追随的领袖。如果没有一个强大的领袖，它们会陷入混乱。犬并非天性顽皮，事实上它们渴望规则与边界。但是幼犬一生下来并不知道什么是规则，甚至成年犬可能也没完全明白你制定的规则。

制定一套你认为重要的规则，然后通过训练，如奖惩训练来不断强调这些规则（见324—325页）。对那些破坏规则的行为要及时制止。犬很快会知道哪些行为是被允许的，哪些不是。

没有必要向犬证明你的力量或统治力。如果犬感受到你的气愤或烦躁，很可能会变得恐惧或失落。一个好主人应是冷静、公平和充满爱心的，不要随便发怒或对犬肆意咆哮，注意这一点对帮助犬理解其犯的错误十分重要。通过表扬和亲昵来对犬的正确行为给予肯定，是让它们感到安全与被爱的最好方式。

基于相互尊重所建立起来的人与犬之间的关系会让双方都感到快乐。只要犬明白你需要它们做什么，犬就会愉快地遵循你的指令。训练中出现的问题通常都是人与犬的沟通问题。由于犬具有与人迥异的本能和需求，你需要花点时间来理解犬是如何学习的，犬有能力遵循哪些信号。

指令与手势

虽然你的声音是一种很有用的训练工具，但容易被忽视的是犬类无法理解人类的语言。犬有能力记住某些单词的发音，以及在听到这些发音后应该做些什么，但犬必须经过重复训练，这些单词还必须每次听起来一致才行。一天让犬"坐"，另一天又让其"坐下"会让犬感到困惑。声音的语调

聚精会神
如果犬被环境中的某些东西吸引而分神，你也不要生气。相反，你要想办法将犬的注意力转回到你身上。用一些小零食或玩具，甚至一场追逐游戏都会帮你转移犬的注意力。

一致也是十分重要的。犬会通过你的语调来判断自己在做的事情是否正确，所以在教犬理解新词汇时应保持语调欢快。

犬还会根据你的肢体语言来推断事态的发展，并搞清你要让它们做什么。但由于犬对语言没有概念，所以无法理解当你指向某个东西时是想让它们将注意力转向那些东西而不是看你的手指。

犬特别是幼犬会觉得学习手势指令比声音指令更简单。这是由于它们大脑中只有一小部分能处理语言信息。

当犬学会了手势指令且每次对这种指令都能做出正确回应，就可以在做手势之前加上语言指令。最终，经过反复训练，犬就能单独对语言指令做出回应了。

要记住，你的犬一次只能对一件事情保持专注。在训练中要保持耐心，确保犬充分学会一条命令之后再教新的命令。

共同欢乐
在人与犬健康的关系中，犬应该是悠然自得的，因为犬知道你的期望，相应地，你也会乐于与这样一只忠心耿耿的犬相处。

避免混淆
如果你在发出手势指令的同时又给出语言指令，犬常常会接受手势指令而忽视语言指令。

基础训练

训练犬对你和犬来说都应该是一件愉快的事。接下来介绍的一些基础指令，会对你训练犬有所帮助。如果你对此还拿不准，请尽早向专业犬类训练师寻求帮助。

训练时机

在训练之前有很多问题需要考虑，但其中最重要的一点是要选择正确的训练时机。考虑每次训练几分钟以及每天训练几次效果会比较好。选择对你来说轻松而空闲的时间段来训练，这样犬不会因感受到你的紧张情绪而总是尝试取悦你，轻松状态可以增大成功率。

同样重要的是要考虑犬的情绪。想要训练一只之前没经历过太多训练又过度兴奋的幼犬十分困难。而一只刚吃过一顿大餐的幼犬会感觉很困，对小零食不会感兴趣。通过限制犬的选择范围来防止犬做出错误的选择，这样可以提高训练的成功率。

刚开始训练，特别是你准备教犬一些较新或较难的指令时，可以选择一处安静且没有干扰的地方，例如起居室。进行户外训练时，要从安静、封闭、远离其他犬和人的地方开始。此后逐渐可以在干扰因素较多的环境内进行训练，例如公园。但是不要过早尝试这样的训练，要确保犬已经得到了足够的训练和指令灌输。

奖赏训练

在训练中对犬的某种行为给予奖励后，被奖励的行为今后会不断重复出现。这也意味着那些不被奖励的错误行为会迅速消失，而由被奖励的行为所取代。对犬来说，如果每次做了符合你预期的行为都会立即得

到奖励，犬就会明白你到底想让它们怎样做。奖励可以是小零食、有玩具的游戏、简单的表扬和爱抚，或仅仅与其他犬一起玩耍。不是所有的犬都喜欢同一种奖励，花一点时间来了解一下你的犬对什么感兴趣，然后用它来作为奖励。

训练时所用的最简单的一种奖励是小零食，可以此来引诱犬走到你指定的地方。用来奖励的小零食最好块小、柔软，并且闻起来很香。当奖励能在训练过程中迅速兑现时效果最好，但也别让犬花太长时间来吃东西。复杂的训练可以分解一下，用一种被称为"塑形法"的方式，并在每个阶段进行奖励。所以，如果你希望

坐 犬类天生就会坐下，所以很容易找到机会在它们正在坐或已经坐下时给予奖励。但是要花一些时间来教犬按照你的指令坐下，确保其迅速并毫不迟疑地在面对各种干扰时坐下。这是最容易教的一个指令，这个指令所有犬都能学会。

1 从站开始 当犬站在你面前的时候，拿一小块零食放在它鼻子前。将零食沿着它的头部从上往后移，引诱犬抬起鼻子。

2 喂食并表扬 当犬就势坐下时，投喂并适度给予表扬。如果犬能坐的时间更长，则继续表扬，并再次喂零食。

3 引入手势 一旦学会了如何坐，就可以训练在犬坐下的同时加入明确的手势：手掌向上的上升动作，重复几次，然后，在做出手势之前说"坐"。

良好的训练实践

为了确保安全，犬在绳。训练你的犬不要你们的散步过程更愉开始这种训练，制定重要。对犬来说，每个挑战，因此，有奖励当犬有了进步并顺利则可以开始在干扰下在旁边的长距离行进拉扯牵犬绳或不能集这一阶段的训练还没安静的地方，重新回

在犬犯错的时候气。训练犬不用牵犬间，你应该安排更长

牵引行进 训练一只犬绳，就要停下来几步就要停下来，

1 让犬就位 用左手零食放得低一些的距离短一点，使犬

4 奖赏与鼓励 喂犬零食时，轻轻地用你的另一只手抓住项圈，拍拍或挠挠其下巴。鼓励并喂它更多的零食，这样犬会意识到回到你身边是多么正确。

行为问题

大部分在幼年时经过基础训练的犬都能快乐地融入家庭环境，但是也有一些犬会养成不当的行为习惯，需要通过进一步训练和专家的帮助才能改正。

破坏性行为

啃咬是犬的天性，但当这种行为过度或啃咬不适宜的东西时，啃咬就会成为主人与犬之间紧张关系的导火索。有时犬会由于其正在经历的疼痛或分离焦虑——一种因主人离开所产生的情绪极度低落的状态，而把破坏性行为当成一种宣泄。不管它们所处的家庭环境如何和谐、欢乐，犬都会遭受焦虑和心理紊乱的影响。如果你的犬正忍受焦虑的痛苦，你应该向宠物医生咨询或请教专业的宠物行为专家。

有时破坏性行为（例如啃咬或刨挖的问题）也会在健康的成年犬身上出现。这通常是犬缺乏鼓励的信号，这时可为犬的这种天性提供一个可接受的宣泄口，例如让犬在沙坑里刨挖零食。但这仅对那些在其他方面例如运动、营养和社交需求都得到满足的犬有效。

训练的第一阶段是将行为与指令关联起来，通过这种方式来提供正确的行为引

导。例如可以让喜欢啃沙发的犬转而去啃那些里面藏有食物的特殊玩具。给犬提供一个藏有零食的玩具，并在犬开始探索的时候给予鼓励，用清晰的发音对其说："做得好，啃吧！"而一些被动的临时措施，如给重要物品喷上苦味喷剂，可能对某时某物起作用，并不如用玩耍和陪伴缓解犬的无聊和焦虑情绪从而减少发生破坏性行为。

当你建立起一套指令与正确行为的良好关联时，在犬行为不当时就有了与其沟通的渠道。当犬淘气时不要惩罚，这只是其天性使然。如果犬啃咬家具被你抓了现行，只需要拍手制止，然后递给犬用来啃咬的玩具，同时说："做得好，啃吧！"

过度吠叫

吠叫完全是犬类的一种正常行为，但是无休止的吠叫会对家庭环境造成影响。当犬被关在房间或花园里时间过长时，常会叫个不停，而给予更多的自由通常会减少其吠叫行为。

控制病态吠叫最简单的方法是训练犬在吠叫时受指令的约束，接下来还可以训练犬听从指令"保持安静"。从做一些通常会引起犬吠叫的行为开始，例如挥舞一个玩具。在犬吠叫之前喊出指令"叫"。赞赏犬叫得好然后接近犬，手拿一块零食在犬鼻子前让其停止吠叫。然后说出指令"安静"并喂零食。将训练融入玩耍当中，并用一个拔河比赛或类似的有趣游戏结束训练。

处理啃咬问题
幼犬天生会用它们的嘴来探索周围的环境，特别是在出牙期。但你千万不能由此惩罚它们，否则它们就会学着在啃咬东西时躲开你。

避免过多关注
如果幼犬扑人，不要大惊小怪或给予过多关注。在犬重新把四只爪子都放回到地上之后给予表扬即可。

如果犬的吠叫充满侵略性就不要进行这样的训练，这时需要一位专业的宠物行为专家介入。

跳起扑人

犬的主人通常都会抱怨犬会跳起来扑人，而这个由于主人自身的原因所引起的问题也让他们深感内疚。幼犬天生会尝试去接近人的脸和手，它们认为这里是人类情感的来源。由于幼犬做出这种动作时显得可爱、有趣，所以人们大多鼓励这种行为。但

是这种行为延续到犬成年以后就会产生问题。因此，从把犬领回家时就开始教幼犬不要跳起扑人，这样会让你避免这个问题。

如果你有一只已经养成扑人习惯的成年犬，需要通过训练来告诉它你无法接受这种行为。为了不让犬扑人，可以教它"坐"（见324页）。如果你的犬实在无法抗拒跳起扑人的诱惑，那就有必要为此设定一组特殊的训练了。领犬出去走一走，让一位朋友慢慢地走向你。当犬听话地坐着时，你的朋友可以靠近并给予犬表扬，一旦犬变得过于兴奋而跳起来，必须要再次走开。在训练过程中，你可以放开牵犬绳但必须时刻提醒犬"坐"。确保每个人都在犬面前遵循这个规则，否则会导致训练没有效果。不要因犬坐着很听话就给予过多夸奖，这很可能会让犬重新将扑人行为视为获取关注的手段。

一去不返

所有犬都喜欢自由奔跑和玩耍，而你可能会遇到一些因犬在身边就会感到不自在的人或另一只不是很友好的犬，所以在放犬自由行动时确保犬能随时被召回到你身边这一点十分重要。

要在一个不会被分散注意力的环境中开始召回训练，例如家里或花园中。从在家练习"招之即来"开始（见328页），一旦犬能迅速做到这一点，就可以转移到户外继续训练。给犬佩戴常用的牵犬绳散步，还要再系上一条又轻又长的绳子，卷好放在你兜里。当走到一片安全、空旷的地方时，可以检验一下你的召回训练成果。犬会认为自己已经脱离牵引，但实际你还握着长绳的另一端。将长绳平铺在地上避免缠绕。然后呼唤犬的名字，加上"来"的指令，直起身并带着灿烂的微笑挥舞你的手臂。犬应该每次都想回到你身边，因为它知道会因此得到奖励或表扬。多变换训练的形式，做若干次召回练习之后，再试试在完全没有征兆的情况下突然叫你的犬。对犬的应召表现，你应始终确保给予某些方式的奖励。

攻击性

当犬在一个环境中感到不舒服的时候，原

攻击的进阶
犬在咬人之前会有一系列的迹象。只有这些迹象全都被忽视之后，犬才会觉得有必要进一步行动。

始的反应是变得具有攻击性。如果要让宠物犬在各种环境下都表现得让人放心，就必须让它们知道对人或其他犬展示攻击性是不可以的。称职的主人要留意，当犬在所处环境中变得紧张时，需及时帮其放松下来，以降低产生攻击性反应的风险。大多数快乐的犬和与外界交往密切的犬，通常不会在经受伤痛或在睡梦中惊醒时表现得那么有攻击性。如果一只犬冲你咆哮，是在告诉你这只犬现在很不高兴，希望你走开。任何粗暴的态度都会让犬觉得需要自卫，长此以往就会变得更加具有攻击性。

不要试图在没有专业协助的情况下纠正犬的攻击性问题。首先你要确认有妥当的防护措施，例如在外出时给犬戴上口笼和牵犬绳。然后请宠物医生帮忙找一位职业的、行业认证的犬类行为专家协助解决。

走失的犬
外面的世界充满了各种诱惑，吸引着犬从你身边跑开，一定要让犬知道在你召唤时要立即回到你身边。

会晤宠物医生

犬从出生到衰老，一生中需要不断地进行身体检查。为犬做定期检查有助于发现隐藏的健康问题，使问题能在变成大麻烦之前得到缓解。

新生幼犬健康检查

幼犬一生下来就要尽可能早地带它们去进行健康检查。除非幼犬已经接受了全面的免疫接种，否则一定要带它们做检查，也别让幼犬接触地面。你应给幼犬套上项圈和牵犬绳以免它们从你的臂弯中跳出来。你也可以选用一个宠物提箱。候诊室里可能还有其他的动物，屋里会很吵，所以要确保幼犬的安全。

宠物医生很喜欢见到幼犬，所以你可能会受到热烈的欢迎。医生会询问幼犬刚出生时的各种细节：出生日期，出生时的大小，抚养地与抚养方式，采取了何种防虫特别是防跳蚤的措施，以及该犬种的各项筛查检测结果。如果幼犬已接种疫苗，请向宠物医生出示接种证明。应先为幼犬称体重，然后宠物医生会做一系列详细的检查，包括用耳镜检查耳朵、用听诊器听心脏。

宠物医生还会为幼犬扫描，看是否已植入芯片。在幼犬肩部皮下位置植入一个微型芯片，这个过程类似于接种疫苗。这样可以确保幼犬的身份能被识别。通过扫描芯片可得到一个唯一的编号，你所提供的联系方式等信息会全部被存入一个中央数据库中。

如果需要接种疫苗，可以随诊进行。你可能需要做几次后续跟踪预约来完成整个接种过程，让宠物医生负责掌控幼犬的接种进度。在走之前，宠物医生会给你一些关于饮食、防跳蚤、去势、社交、训练以及乘车出游等方面的建议。如果你需要获取更多的信息，也可以向宠物医生咨询。

看医生
应让幼犬放松并享受地完成在诊所的第一次预约检查。在宠物医生给幼犬做检查时尽量给予安抚，让其保持平静。

接种疫苗

保护犬免受疾病困扰是你为犬做的最好的事情之一。接种疫苗能极大地降低罹患主要犬类疾病的概率，如细小病毒症和犬瘟热，还能防止包括狂犬病和细螺旋体病在内的其他传染病。幼犬出生时，体内有在子宫中从犬妈妈那里获得的免疫力（需要为犬妈妈提供及时的疫苗接种）。这种免疫会在幼犬出生后持续数周的时间，在那之后幼犬就应该接种疫苗了。宠物医生会建议疫苗加强针的接种时间。如果在初次接种的12个月之后进行加强接种，一些疫苗能对某些疾病产生3年的免疫。

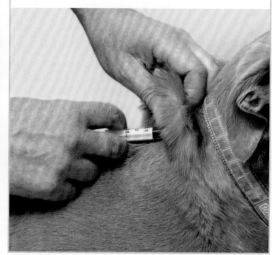

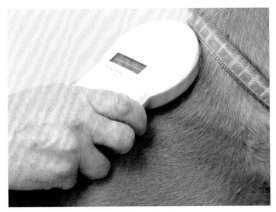

扫描芯片
检查微型芯片能否被扫描仪识别是非常重要的，应保持芯片注册号码所对应的联系信息是最新的。

幼犬跟踪检查

宠物医生会建议你在幼犬4—5个月时做进一步的检查，以确保其健康成长，并在生理和心理方面都正常发展。你能够依据新生幼犬预约检查结果的报告来确认幼犬的健康状况。在这样的跟踪检查中，宠物医生还会像给人类做类似检查一样查看幼犬的牙齿是否有脱落。这个过程十分重要，因为只有在乳牙脱落之后恒牙才能在口中适宜的位置萌发，以确保形成正确的咬合方式。

年度体检

除了可以自己在家完成的日常检查之外（见320—321页），你还应该向宠物医生预约做一次年度检查。宠物医生会从头到尾检查你的犬并询问各种问题，例如关于犬的吃喝拉撒，以及日常习惯与锻炼情况。如果以上问题有哪些需特别关注，他会建议你们做更详细的诊断为犬排查。可能会要求你带犬尿的样本，特别是年纪比较大的犬，以提供关于肾和膀胱的重要信息。应该在清晨把尿的样本收集到一个合适的容器中。宠物医生还能够针对犬的整体健康状况如体重、身体和被毛，以及对防虫包括防跳蚤及其他寄生虫方面给出建议。其他例行项目还可能包括修剪趾甲，注射疫苗加强针来延续对传染病的预防。

有些犬不喜欢接受检查，在这种情况

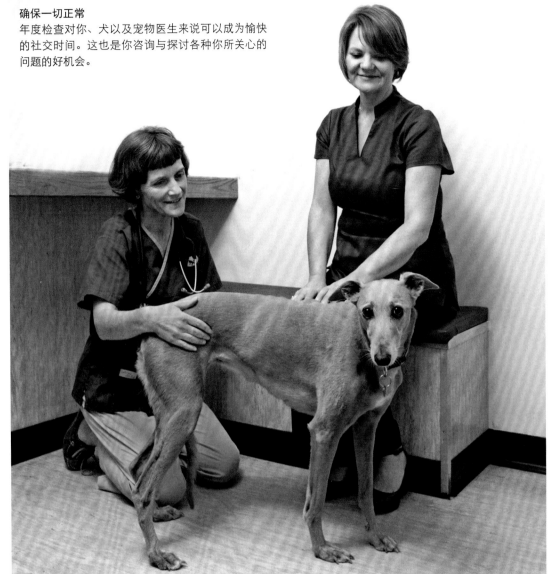

确保一切正常
年度检查对你、犬以及宠物医生来说可以成为愉快的社交时间。这也是你咨询与探讨各种你所关心的问题的好机会。

下宠物医生会建议给犬带上口笼或要求你回避并请护士进行协助，这是因为一些犬在主人不在时反而会表现得更勇敢更听话。

一些宠物医生会经营特定的诊所，例如主要处理超重问题。如果犬的体重能在固定的诊所进行定期记录，任何体重上的变化都能被及时监测并尽早得到关注。

牙齿检查

健康的口腔不仅让犬能够享受食物，对整体健康也是十分重要的。因为龋齿和牙龈感染会导致身体其他部分的疾病。牙齿可以在每年定期或不定期的体检中进行检查，也可以考虑送犬去固定的牙科诊所。这种诊所能在家庭牙齿保健技术方面给你建议并跟踪整个过程。如果你的犬需要做牙科护理，例如洗牙，他们会在犬进行牙科诊疗的过程中给予支持。

去势咨询

如果你像大多数犬主人一样决定给犬去势，在进行初生幼犬健康检查时便是很好的咨询机会。宠物医生会向你说明公犬、母犬去势的步骤各有哪些，并就最佳的实施时机给出建议。对于犬类去势的理想时间，宠物医生的意见各有不同，建议的实施年龄从几周到几个月不等。在英国最普遍的意见是在发情期到来后实施手术。很多主人担心去势之后会产生副作用，可以将你关心的所有问题都在初生幼犬健康检查时与宠物医生进行讨论。

健康状况

对于一只健康的犬，可以很容易通过其外表和举止来甄别出个体差异、犬种和年龄。一旦你对自己的犬熟悉了，就能毫不困难地判断出犬是否一切安好。

表情敏锐专注

被毛光泽亮滑

站姿从容

尾巴摆动自如

身材匀称

完美的健康状态
与这只犬外形有关的一切都表明它处于健康状态。它看起来敏锐而优秀，身体状况良好，状态平稳。

健康的外表

明亮的眼睛、有光泽的被毛以及冰凉湿润的鼻头通常被看作是犬健康的典型标志。然而，衡量指标并非一成不变。犬明亮的眼睛会随着年龄的增长而黯淡；刚毛犬类的被毛看起来并不那么有光泽；此外，健康犬的鼻头也可能是温暖而干燥的。

也许更有用的健康指标是犬的体形与体重，这两个指标需要保持协调，异常的臃肿、突然的体重下降以及腹胀都可能是健康问题的早期征兆。你可以通过每周称体重的方式来监控幼犬体重的增幅和速度，然后把体重的变化记录在一张图表上，并定期拍照来备份这些数据。

健康状况的变化还会反映在犬的粪便和排泄习惯中。你的犬应按照自己的惯常节奏进行大小便。因为你负责清理犬的排泄物，所以很容易以排泄的频度、排泄物的黏度及颜色来判断哪些状况是正常的。

一只健康的犬应该看起来愉快而敏锐，且能与家人及其他犬和宠物和睦相处，并行动自如、不僵硬，渴望运动且不会因此而表现得过度疲劳。此外，正常的食欲、适当的饮水量也是犬处于良好健康状态的标志。

身体健康
健康的犬有良好的食欲，并表现出对运动的热衷。它们看起来阳光，充满好奇心，甚至顽皮。

健康出现问题的征兆

- 懒于运动、嗜睡，并对散步出奇地厌倦
- 失去平衡或总是撞到东西
- 呼吸节奏紊乱或呼吸时发出异常的声音
- 咳嗽或打喷嚏
- 开放性伤口
- 肿胀或出现异常的肿块
- 关节疼痛、肿胀和发热
- 眼睛或眼皮肿胀
- 出血：伤口出血；尿血（呈粉色或有血块）；粪便或呕吐物中带血
- 跛行或身体僵硬
- 晃脑袋
- 意料之外的体重下降

- 体重增加，特别是腹部膨胀
- 食欲减退或拒绝进食
- 贪食或饮食习惯发生变化
- 呕吐或食后不久反流出消化不完全的食物
- 腹泻或便秘
- 腹部膨胀
- 大小便时因疼痛而吠叫
- 痒症：抓挠嘴部、眼睛或耳朵；在地上蹭屁股"坐滑车"，或不停地舔那里；全身瘙痒
- 异常的分泌物：来自任何部位，如口腔、鼻子、耳朵、阴部、包皮或肛门。上述部位要么通常不会产生分泌物，要么分泌物的气味、颜色或性状发生了改变

- 被毛的变化：油腻、黯淡或过度干燥；有碎屑，例如跳蚤排泄物、跳蚤、结痂或皮屑
- 过度脱毛造成的局部斑秃
- 毛色的变化（变化发生得不明显，只有在与原照片对比之后才能发现）
- 牙龈颜色的变化：变得苍白或发黄；牙龈上带有淡淡的蓝色；牙龈线有灰白色分泌物
- 高热

辨别是否生病

犬身上的任何改变都可能是健康出现问题的前兆。即便是最不起眼的迹象，例如下垂的眼皮，也不应被忽视，因为这可能是十分重要的问题。犬可能会出现胃部不适等内在问题，以及影响到被毛和皮肤的外在问题，或者两者都有。你可能注意到犬的一些迹象，例如嗜睡或不爱运动，或发现一些明显的症状，如犬开始跛行，或由于草穗掉进耳朵而不停地晃头。

很多常见问题都不严重，且容易处理，特别是发现早的话。一定要在进行自行治疗之前向宠物医生咨询。那些针对病人的处理方法对犬可能是有害的。一般按照宠物医生的建议来操作就足够了。如果对某个问题尚没有明确的结论，宠物医生会按照排查法找出原因。

在获取犬的病史并对其进行全面检查后，宠物医生可能仍需要进行进一步的检查，例如验血和拍片子。有的犬会被诊断出严重的问题需要住院甚至手术，后续则需很长的康复期。但是所幸多数时候只是些小毛病。犬身上瘙痒更多是因为有跳蚤而不是神经系统所导致的问题。

你和宠物医生有一个共同目标，就是

识别危险前兆
清楚地了解犬的正常状态是什么样的，这非常有用。由此，你就能识别任何不对劲儿的地方，例如对食物或运动兴趣的减退，这可能是因健康问题所导致的。

让爱犬生活健康，与你长久相伴。如果需要更多的医疗保健建议或信息，可以随时寻求宠物医生的帮助。

异常口渴

如果犬比平时更多地光顾水碗或户外水源，可能是异常口渴造成的。你可以把水碗清空，然后记录每次加入的水量（以毫升计），用这种方式计算犬24小时之内的饮水量。24小时后，量一下剩余的水量并从总量中减去。用这个数字除以犬以千克衡量的体重，如果结果约等于每千克50毫升，那犬的饮水量是正常的，但如果是90毫升甚至更高则需要联系宠物医生。

遗传性疾病

遗传病是指由上一代传给下一代的疾病。这类疾病在纯种犬身上出现得更多，而且一些遗传病常常是某一类犬种所特有的。一些常见的例子描述如下。

患病概率

有限的基因池以及在过去一段时间内普遍的近亲繁殖，使得纯种犬比杂交犬更容易受到遗传病的影响。对杂交犬来说，虽然患遗传病的概率较低，但是它们仍然有可能受到来自双亲基因的影响而罹患某种遗传病。

髋关节和肘关节发育不良

这是两种主要出现在大中型犬中的病症。由于发育不良，髋关节或肘关节结构上的缺陷造成关节变得脆弱，导致出现疼痛或跛行。诊断需基于犬的病史，同时还要进行关节检查并拍 X 光片。

这类遗传病的治疗手段包括止痛、减少运动量和保持理想体重。此外，还有包括解决髋关节发育不良的完全髋关节置换术等多种手术治疗方法可供选择。在到达一定的年龄后（一般是一岁以后），易感犬种的犬可以进行髋关节和肘关节发育不良的筛查。

主动脉狭窄

作为一种出生时就有的先天缺陷，主动脉狭窄是指心脏动脉瓣的一种狭小现象。这种疾病可能没有任何症状，当宠物医生给幼犬做检查时可以通过听诊器听到病犬心脏的杂音。接下来可做进一步的检查或者仅继续观察，只有一小部分犬需要进行手术治疗。一些主动脉狭窄的犬会发展为充血性心力衰竭。

凝血障碍

最常见的遗传性凝血障碍（无论对犬还是人来说）是血友病。这是缺少一种重要凝血物质而导致复发性出血的疾病。致病基因通过患病的雄犬所生的雌性后代遗传下去。那些没有患病的后代会携带有缺陷的基因。血友病在纯种犬或杂交犬身上都会出现。

另一种遗传性凝血障碍是冯·威利布兰德症，这种疾病会影响很多犬种的雌雄个体。对于某些犬种来说，可以通过 DNA 检测来进行筛查。

眼部疾病

犬会被一些遗传性眼部问题所影响。包括眼睑内翻（见右图）在内的一些眼部疾病比较容易被发现，而有些则需要用专业设备对眼睛内部进行检查才能发现。一种纯种犬和杂交犬都可能出现的眼部疾病是进行性视网膜萎缩（PRA）。在这种疾病的影响下视网膜（眼底的感光细胞层）会退化，最终导致失明。当犬出现视力问题时，起初可能仅仅发生在晚上，这时主人就应该意识到犬可能患有 PRA。可通过眼底镜检查视网膜来确诊，宠物医生可能会建议做更多有针对性的检查。该病无法治愈，且由此造成的视力丧失是永久性的。某些犬种可以通过 DNA 检测来进行筛查。

髋部 X 光片

当已知某犬种易感髋关节发育不良时，在用此犬繁育之前建议先拍片进行筛查，包括提交一份这只犬髋部的 X 光片，以此进行评分（见下框）。

髋部评分

拍髋部的 X 光片需要犬背部朝下躺着，两条后肢伸直。为了达到最佳效果，可以对犬施以麻醉剂来保持合适的姿态。每一个髋关节按六档评分，覆盖从正常到问题严重的六个等级。每个髋关节的最高分为53分，理想情况下分数越低越好。将两个得分相加得出最终结果。当要做出繁育选择时，最好选择那些评分低于此犬种群现有平均分的犬。

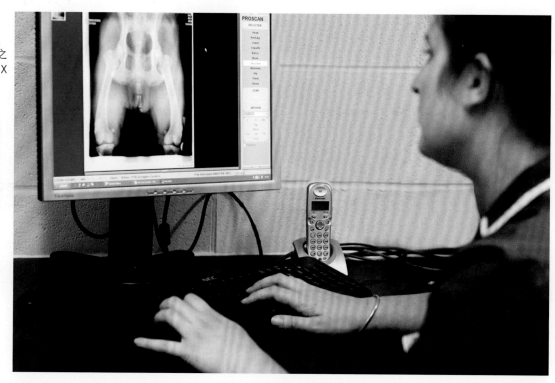

沙皮犬的眼部问题
眼睑内翻是一种痛苦的眼皮内翻疾病，这对于沙皮犬来说很普遍，通常在犬很小的时候就会形成。无论上眼皮还是下眼皮都会受到影响。

各个类型的牧羊犬（苏格兰牧羊犬、短毛牧羊犬、边境牧羊犬、喜乐蒂牧羊犬及澳大利亚牧羊犬）和一些其他犬种会受到一种被称为牧羊犬脉络膜异常症（CEA）的影响。这种疾病是指脉络膜（眼底的一层纤维组织）发生畸变。CEA 从一出生就可被诊断出来，所以幼犬在三月龄之前就要进行体检。轻微的 CEA 对视力的影响很小，但最严重的可能导致失明。可通过 DNA 检测进行筛查。

遗传性血液病
包括德国短毛指示犬在内的很多犬种都会受到冯·威利布兰德症——一种遗传性凝血疾病的影响。

疾病筛查

例行筛查对于降低遗传性疾病的发病率十分重要。对于髋关节和肘关节发育不良的犬来说，可通过拍摄 X 光片进行筛查（见

336页框内文字）。过去，例如 PRA 和 CEA 这些眼科疾病只能通过面诊方式来确诊，但随着 DNA 筛查技术的出现，极大地提高了确诊上述两种疾病以及其他很多遗传性疾病的概率。

牧羊犬脉络膜异常症（CEA）
澳大利亚牧羊犬等牧羊犬在幼犬时就必须进行 CEA 筛查。这是因为随着犬的成熟，该症的早期症状会被掩盖。

寄生虫

即便是经过精心梳理的犬也极易受到皮肤寄生虫的侵害，而宠物犬成为寄生虫携带者也是普遍存在的情况。相比之下，预防寄生虫比治疗寄生虫感染更有效。

跳蚤

预防跳蚤需要全年不断地进行。用专门篦梳跳蚤的梳子梳理犬的被毛，特别是臀部，如果捕捉到跳蚤，可以用手在梳齿上捏死它们。你还可能发现像黑色碎屑一样的跳蚤排泄物。去除跳蚤的手段包括涂抹药剂（用在脖子后面），服用药片和佩戴项圈。此外，还可以给犬使用喷雾剂、洗剂或涂抹粉状药末。同时也要为家里的其他宠物去除跳蚤。跳蚤大部分时间是在地毯或家具里度过，所以你可能需要使用隔离产品才能将跳蚤从你家中根除。

蜱虫

这是一种季节性问题，多发于春秋两季。蜱虫能寄生在犬身上并可传播疾病。一些蜱虫会携带博氏疏螺旋体菌，一种在啮齿类和鹿等动物身上发现的致病菌，能导致人类或犬类罹患莱姆病。

迅速去除蜱虫能降低被感染的风险。使用镊子或蜱虫钩，捉住位于犬类体表的蜱虫但不要用力捏挤，轻轻地扭动将其去除。如果蜱虫的头部已嵌入到犬的皮肤内，要试着将这部分也去除。落下的口器会造成过敏反应并形成肿块，但通常无须治疗，这些肿块会自行消失。如果你们生活在蜱虫高发区或正在蜱虫高发区旅行，可以为犬涂抹药剂或使用项圈等手段来进行预防。

螨虫

蠕形螨很可能是在幼犬出生时通过母犬传给后代的，通常会感染头部和眼周皮肤，在其他部位也会出现，造成被毛变稀、斑秃、散发出发霉的味道。这种螨虫能在健康犬的皮肤碎屑中找到，但只在由于压力或疾病导致犬的免疫系统功能减弱时才会发病。蠕形螨导致的轻微皮癣可不治自愈，严重情况下则需要特殊的手段来杀灭这些螨虫，药物需要一直使用直到皮屑被清除干净。如果涉及皮肤感染可能还需要使用抗生素。

像蜘蛛一样的疥螨通常是由狐狸传给犬类的。它们会导致高传染性、奇痒无比的疥螨皮癣、脱毛和皮肤溃疡。宠物医生会向你推荐最佳治疗方案。

在夏天，当犬从田野里跑过时，亮橙色非寄生的秋螨会沾染到犬身上。秋螨一般是在脚趾的皮肤、耳朵和眼部周围被发现。这种螨虫很容易被抓挠下来，通常不会造成过敏反应，但有可能会导致一种被称为季节性犬瘟的严重疾病。

皮肤瘙痒

跳蚤是引起犬类皮肤刺激的最主要原因。如果使用细齿梳没有找到跳蚤，可以让宠物医生为犬做检查看是否存在其他问题。

危险的蜗牛
如果被遗忘在户外的玩具上或碗里出现受到感染的蜗牛或蛞蝓，而犬有意或无意吃下它们，就会受到肺线虫的侵害。

虱子

长虱子会让犬挠个不停。虱子通常在被毛里或皮肤上，幼虫或卵则附着在毛发上。虱子的整个生命周期都在同一只犬身上，时间少于3周。虱子可通过亲密接触传播，如其他犬或者梳理工具，但不会通过人类传播。宠物医生会推荐治疗方法。

蛔虫

成虫像线状的意大利面，生存在犬的肠子里，产的卵通过粪便排出体外，在具备传染性之前需要1—3周的时间成熟，可传染给人类。这就是为什么妥善处理犬的粪便是极其重要的原因了。犬可能通过土壤沾染或通过吃掉其他宿主如啮齿类动物而感染蛔虫。幼犬出生前会在子宫内被母犬体内的蛔虫幼虫传染。

预防蛔虫需从怀孕的母犬开始做起，并在生产之后继续为幼犬和犬妈妈做预防，且需要在犬的一生中定期防治。可以向宠物医生询问使用哪种产品，并在幼犬成长过程中不断更新防虫计划。

绦虫

最常见的绦虫是犬复孔绦虫，其卵可被跳蚤携带，犬会在舔并吞下身上的跳蚤时感染绦虫。扁平的节状成虫在犬的肠子中发育，排出含有虫卵的体节就是能在犬类肛门或粪便中看到的蠕动的"米粒"。绦虫会造成瘙痒，使犬在地上"坐滑车"一样蹭自己的屁股。治疗手段包括防治绦虫专用药品，应与跳蚤一起防治。

犬会因吞食垃圾、生肉、野生动物或动物尸体而成为其他种类绦虫的携带者。有些种类的绦虫对人类健康也具有严重威胁。

肺线虫

这种寄生虫（脉管圆线虫）会在犬捡食携带幼虫的蜗牛或蛞蝓后进入犬体内。它们在心脏的右心室（房）或肺动脉中生长。雌虫产的卵中带有第一阶段的幼虫，通过血流进入肺部。它们在这里孵化，钻入犬的肺部组织中造成伤害。犬会将它们咳出再吞掉，通过粪便排出，其粪便会进一步感染蜗牛和蛞蝓。

肺线虫较难诊断。包括嗜睡、咳嗽、贫血、鼻衄、体重减轻、食欲不振、呕吐和腹泻在内的各种症状都可出现。患病的犬还可能出现行为改变的现象。诊断化验检查包括气管冲洗物和粪便，以及 X 光检查和血液检查。宠物医生会向你推荐治疗和预防肺线虫所需的药物。及时清理犬的粪便（如果你发现狐狸的粪便，也要及时清理）。肺线虫不会直接传染其他宠物或人类。

犬心丝虫

这种寄生虫通过被感染的蚊虫叮咬传播。犬心丝虫在犬类的心脏、肺部和周围血管中生存。如果犬没有得到及时治疗会导致死亡。在犬心丝虫高发区，如果在蚊虫肆虐的季节发现犬类开始咳嗽或变得昏睡，犬主人应立即带犬就医。诊断需要进行血液检查，而治疗过程会有一定的风险，之后需要病犬休息数周时间。全年不断的犬心丝虫药物防治通常十分有效。

防虫

日常的防虫措施能降低感染的可能性。宠物医生会针对幼犬或成年犬向你建议最佳治疗方案。如何选择最理想的方案取决于已知的风险，这些风险可能很大，例如你经常带犬在公共场所散步，犬很热衷于捡食啮齿类动物的尸体，或者犬与小孩子一起生活。严格的跳蚤防治是防止绦虫感染的关键。你必须要给犬称体重，特别是处于生长期时，这样才能确定使用药品的剂量。

护理病犬

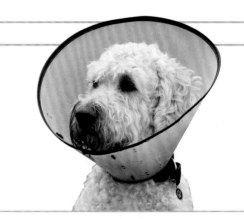

有时候，犬会由于生病或术后康复无法自理，一些日常的事情需要由你照料。遵循宠物医生的指导，有疑问及时咨询。

术后家庭康复

犬在经历常规手术如去势之后通常不用住院。宠物医生会就护理相关的注意事项给予建议，并给犬开具一些例如止痛类的药品。如果犬仍然觉得很不舒服，需要联系医生。

与通常观点相悖的是，犬用舌头舔舐暴露伤口的坏处比好处更多，这会造成溃疡和感染。大多数犬都能接受戴一个伊丽莎白项圈，这是一种贴合在颈部和头部的巨大圆锥形塑料项圈（见右上图）。防舔条也能阻止犬出于好奇而舔舐，还能防止犬去蹭包裹在爪子和腿上的包扎物。

当你带犬出去活动时，可以为其穿上靴子或套上塑料袋来保持包扎物的洁净与干爽。如果犬十分不喜欢包扎物或包扎物已变脏变臭，需要尽快去寻求宠物医生的帮助。

用药

处方药只能由宠物医生来开具，而且宠物

喂药片和液剂药
将药品拌入食物是一种简便的投喂方式。喂药前先看说明书：一些药品需空腹服用，或禁止碾碎。如果配方药是悬浮液体，要摇匀使其充分混合。将一次的剂量直接喂到犬嘴里或拌进食物中。

医生必须是成年人。确保其他宠物不会误吞药品，特别是将药品混合食物投喂时。如果为犬开了抗生素，则一定要让犬完成整个疗程。液体药品在用药前可能需要摇匀以确保充分混合。

最理想的情况是将药直接喂到犬的嘴里，这样便于确认犬是否已经将其吞咽下去。若这个过程比较困难，可以向宠物医生咨询，有些药品可以混在食物或零食中服用（必须空腹服用的药品除外）。除非药品味道不错，否则不要将其碾碎后拌到食物中，因为犬可能会因此拒绝进食。如果犬在用药过程中出现了胃部不适等症状（呕吐或腹泻），在咨询宠物医生之前先中止用药。

滴眼药
在滴眼药时，用拇指和食指拿好药水瓶，从眼睛前方滴进药剂。滴完之后轻轻地扶着犬的眼皮令其闭眼几秒钟，然后给予表扬。

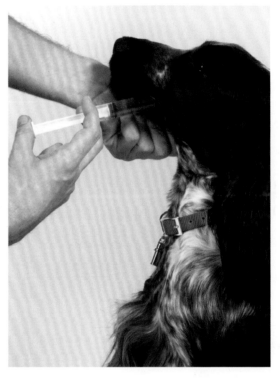

食物和水

确保犬能自如地取食和饮水，你可以将食盆从地上端起来，这样犬就不用低头了。你还可以为犬准备配方饮食来帮助其康复，但如果犬不吃就得询问宠物医生是否有可替代的恰当饮食。如果犬出现拒绝饮水的问题，推荐使用体液补充剂。在这种情况下要鼓励犬饮用凉开水，或者将一些水混进食物中。

休养和锻炼

处于术后恢复期的犬需要一个安静的场所，有一个暖和但不过于炎热、温度适宜的窝来休养。犬可能愿意远离家人独自休息，也可能想找个伴儿。术后应禁止马上进行锻炼，除非医生建议如此。在花园中的缓慢短程散步对保持关节、膀胱和胃肠的正常功能很关键。

急救

犬对大自然充满了好奇，但它们不像我们那样对危险有所了解。防止发生意外很重要，要做好在犬意外受伤时为其提供紧急救护的准备。

救护伤犬

一般的轻微伤可在家里自行处理，如果犬经受了严重的意外伤害就必须去宠物医院外科医生那里进行检查。如果你熟悉急救的基本知识，就有能力在犬被送到宠物医院进行手术前为其提供帮助。

在照顾伤犬时，可能需要给它带上口笼。如果犬经历了疼痛又受到惊吓，可能会咬人。若非必要，不要挪动它。

如果犬流血不止，试着通过直接按压主要伤口来止血，有必要的话可以小心地将受伤部位抬到高于心脏的高度。

如果伤犬陷入昏迷，要将其放置成恢复体位。通常需要这样做：摘下其项圈，让犬身体右侧向下侧卧，头、颈部和身体处于一条直线上。轻轻将犬的舌头拉出，从嘴边耷拉出来。

伤口

千万不要让伤口自行恢复，即使是最小的伤口也可能会感染，特别是犬去舔的话。如果犬的伤口很严重，需尽快寻求宠物医生的帮助。如果伤口是由于其他犬或宠物造成的，也需要尽快请宠物医生来处理，因为可能会感染。

小而干净的伤口可以在家里自行处理。用生理盐水（已配好的，或用一茶匙盐溶解于半升温水中）轻轻冲洗伤口以去除污垢或碎屑。如果可能的话，敷以纱布或绷带以防止犬舔舐伤口。用手边合适的材料进行包扎，临时用棉袜或紧身裤袜覆盖四肢上的伤口，用T恤包扎胸部或腹部的伤

口。用胶带固定绷带比用安全别针更好。注意绷带不要绷得太紧，保持绷带干燥，定期更换并查看伤口。如果发现伤口散发出异味或从绷带里渗出液体，一定要及时寻求医嘱。

较深或创面较大的伤口需要到宠物医院紧急处理，因为可能需要缝合。最好先用绷带临时包扎以止血。如果伤口在四肢上，可以将肢体抬高，直接用药棉签或其他填充物按压，并用绷带将填充物固定起来。不建议使用止血带。处理存留在伤口中的异物时要格外小心，防止其进一步深入伤口，不要尝试自行将其移除。

对于胸部的伤口，可将药棉签浸泡在温的生理盐水或凉开水中，然后用绷带或T恤将它们固定到伤口上。下垂的耳朵上的伤口只要犬摇晃头部就会将血溅得到处都是，可用药棉签将伤口覆盖并用绷带将下垂的耳朵与头部绑在一起。

后续治疗方案取决于伤口的种类。根据兽医的建议，绷带需要每2—5天更换一次。任何时候绷带都要保持干燥，犬在户外时可以在绷带外再加一个防水层。

紧急耳部包扎
为了保护受伤的耳部，防止犬抓挠，需要将下垂的耳朵平放至头顶并固定起来。一双旧紧身袜是绷带的理想选择。

如何包扎爪子

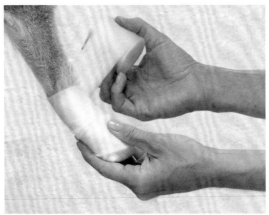

使用无菌包扎物 用柔软的绷带从腿前方向下缠，兜住爪子后再从腿后面向上缠，缠回到爪子上，来回几次。

绕着腿部缠绕绷带 一直向下缠到爪子，然后再向上重新缠到腿部。用弹性纱布绷带重复之前的步骤。

最后用胶带再缠一遍 向上一直缠到毛发处进行固定。也可使用氧化锌胶带在包扎的顶部做固定。

烧伤

接触热源、电流或化学品时皮肤会产生痛感，有时还会受到严重的损伤。带火或热的物品如电烙铁造成的烧伤，以及滚烫液体造成的烫伤的医治方法相同。将犬从危险源旁边带走以免二次伤害，然后立即联系兽医寻求帮助。

烧伤和烫伤有可能非常严重，会对身体深层组织造成不可见的伤害。在去宠物医院的路上要让犬保持温暖、不要乱动。需要给犬用一些止痛药，如果创口面积过大还需采取必要的措施以应对休克。

道路交通事故

尽可能地保护犬远离交通事故，在道路上或临近道路的地方一定要使用牵犬绳。如果犬遭遇了交通事故，在救援到达前确保它保持体温。照顾犬的同时务必要保证自己的安全。

嘴部被电流灼伤通常是由于啃咬电源线造成的。在照料犬之前首先关闭电源。伤犬需要兽医进行紧急处置和护理以缓解疼痛，还要面对因电击而休克可能造成的危险的并发症。

如果犬被化学品灼伤，在照料犬的时候一定注意不要让你自己也沾染上。辨识并记录造成灼伤的物质名称，然后立即联系兽医。

心肺复苏

当犬需要进行心肺复苏时你要保持镇定。给兽医打电话寻求帮助，最好请别人来打电话，先将犬按照心肺复苏的体位放好。

如果犬已停止呼吸，需立即进行人工呼吸。将双手叠放在犬肩部正下方的胸腔上。每隔3—5秒施以短促下压，每次下压间隔要允许胸腔恢复原位，直到犬开始恢复自主呼吸。

可以通过感受其脉搏（位于大腿内侧）或心跳（肘部后方胸腔一侧）来检查犬的心肺循环功能。如果心脏停搏则需进行心脏按压。对小型犬来说，可用一只手的拇指和其余四指环放在位于犬的肘正后方的胸部位置，每秒挤压两次，同时另一只手要托着其

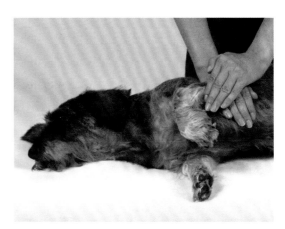

心肺复苏
如果犬的心脏停止跳动，复苏的概率取决于心肺复苏是在心脏停搏之后几分钟内开始的。心脏按压是一种可维持循环运行的简单技术，有可能挽救生命。

脊柱。对中型犬来说，可将一只手的掌根放于其肘部后方的胸部位置（见上），将另一只手叠放其上，每分钟按压约80—100次。

如果是大型犬或体重过大的犬，让其背朝下躺好，尽量让头略微低于身体。将一只手放在其胸部胸骨下缘位置，另一只手叠放，向犬头部的方向施以每分钟80—100次的胸部按压。

实施胸部按压每15秒钟后检查一次脉搏。如果仍然没有心跳就继续进行心脏按压直到你能感觉到脉搏。如果有其他人和你一起，可以让他们同步给犬进行人工呼吸。

窒息与中毒

咀嚼或吃下任何看起来可口的东西是犬类的天性。但这种天性会给它们带来麻烦，如果发生意外，你需要迅速做出反应。包括骨头、狗咬胶和儿童玩具在内的任何东西都会造成犬窒息。如果有东西卡在嘴里，犬会流口水或疯狂地抓自己的嘴。如果阻塞了气管就会导致呼吸困难。

只有在确保你不会被犬咬也不会将其嘴里的异物捅得更深时才可尝试从犬口中取出被卡的异物。找件合适的东西放在犬上下颌之间来防止其合上嘴是取出异物的一个好办法。最好是用橡胶制品或一块布料来避免对牙齿造成损伤，千万不要使用口笼。

如果无法取出异物或担心犬的口腔会受到伤害，就将犬直接送到宠物医院。

如果看到犬吞下了它不该吃的东西，要联系兽医寻求帮助。足够小的物体可以随着犬的排泄物排出体外而不会造成任何伤害。一些稍大的物体需要人为取出，最好在进入肠道前就从胃中取出。

犬中毒通常是由于捡食了不宜食用的东西。如果怀疑犬可能误食了有害的东西，或者出现持续呕吐或腹泻的现象，应带上犬的排泄物立即联系兽医寻求帮助。

应采取防范措施，务必将任何可入口的东西存放在犬够不到的地方。这些东西应包括：所有的药品，无论是兽用还是人用的；防冻剂（乙二醇），一种有甜味但会引起肾衰竭的物质；很容易能在花园找到的除草剂和杀虫剂；家用清洁剂（即便放在犬接触不到的橱柜里，但犬可能会喝卫生间里的水，这些水可能在冲水时混入化学物质）。

使用和储存灭鼠剂时应远离犬类能够到的地方。很多鼠药会影响体内维生素K功能的发挥，这种维生素对身体的凝血过程十分重要，由此会导致不会立即显现的内出血。如果你确信或怀疑犬吃了鼠药或被鼠药毒杀的啮齿动物，应立即带着犬和它吃过的残留物去宠物医院。

巧克力对犬来说极具诱惑，但可可净含量过高会对犬类致毒。洋葱及类似蔬菜，包括韭菜、大蒜和葱对犬来说也是有毒的。

通常情况下，犬的体形越小，对其产生影响的毒物剂量就越小。但是对葡萄来说却不是这样，无论是新鲜葡萄还是其风干制品（葡萄干、无核葡萄干或黑加仑干）都被认为对犬类有潜在的毒性。

蚊虫叮咬

犬类对大自然充满了好奇，喜欢用鼻子探索周围的世界，所以被有毒动物或虫类蜇咬的部位多在头部和四肢上。

无论在室内还是户外，蜜蜂和黄蜂对犬来说是常见的威胁。如果犬被蜇伤，应将其快速移开避免被再次蜇咬。检查犬的被毛中是否还有隐藏的蜂类，并寻找被蜇咬的部位。蜜蜂会在犬身上留下蜇刺，用镊子小心地去除螫针，但要避免挤破毒囊。黄蜂能多次进行蜇咬。将碳酸氢钠也就是小苏打溶于水（针对蜜蜂蜇咬）或用醋（针对黄蜂蜇咬）清洗被蜇咬部位，然后涂上抗组胺乳霜，覆盖创口防止犬舔舐。如果犬的痛感强烈或身体状况转差，应将其送到宠物医院。如果犬的蜇伤在嘴里或引起严重的过敏反应（见对页过敏性休克）则应立即送其去急诊。

翻垃圾桶
犬轻率的饮食行为包括翻食垃圾桶里的东西，主人应尽可能选用带踩踏开关或机械按键开关的垃圾桶。

危险的骨头
一根骨头如果足够小，会卡在上腭或牙齿之间，如果被吞下的骨头碎片卡在食道里就可能引起窒息。

灌木丛中的潜在危险

螫刺昆虫、有毒蛇类和其他的危险都可能隐藏在茂密的草丛中，而草丛的平静可能会被一个探索的鼻子打破。如果犬被蜇咬，要尽快采取措施，并让犬保持镇静。

过敏性休克

犬有时在接触到一些特别敏感的东西例如蜂毒之后，在很短时间内便会出现极端反应，特别是如果被多次蜇咬的话。这种被称为过敏性休克的严重过敏反应有可能危及生命。过敏性休克的早期症状包括呕吐和亢奋，并迅速导致呼吸困难、瘫痪、昏迷直至死亡。只有迅速得到兽医的救治，犬才有可能存活。

犬可能会遇到有毒的蟾蜍，毒液会从蟾蜍皮肤上的腺体中分泌出来。如果犬舔了蟾蜍或用嘴将其叼起，就可能摄入毒液并出现不断流口水和焦虑的现象。这时请小心地用水冲洗犬的嘴部，如必要应咨询兽医。

犬在世界各地都可能遇到毒蛇。蛇的毒性大小取决于它们的种类，并与注入体内的毒液量以及犬的体形大小和被咬的部位有关。犬被蛇咬后会在2小时内快速出现反应。通常你能在犬身上看到被咬的齿痕，并发现犬出现疼痛、肿胀。被咬的犬会变得嗜睡或出现其他中毒反应，包括心跳过速、气喘、发热，黏膜苍白、口水不止或呕吐。严重时犬会休克或昏迷。抢救时间是关键，所以要尽快将犬送到宠物医院。

中暑与体温过低

当体温过高时，犬无法像人类出汗一样将自身体温降下来。如果在炎热的天气被关在车内或关在家里的温室中，特别是在无法饮水的情况下，会迅速导致犬中暑。这将对其自身的温度调节机制构成威胁。如果得不到宠物医生的紧急救治，犬在20分钟之内就会死亡。犬中暑表现为气喘、忧虑、牙龈变红，并迅速瘫痪、昏迷直至死亡。犬发生中暑情况后，先将犬移至凉爽

的地方，为其盖上潮湿的被单。将犬放入装有凉水的澡盆，或者用花园软管中的持续水流冲洗。冰块或风扇也会派上用场。

中暑通常是由于将犬遗留在车里引起的。即使你将车停在阴凉的地方，仅仅将车窗打开也是远远不够的。如果车内有多只犬，或犬因为刚运动完而很热并大口喘气，则发生中暑的风险就会更高。

与中暑相反的是低体温症，指的是犬身体的核心体温降低到危险的程度。在冬季，如果犬被放置于透风的犬舍，或被遗留在没开暖风的车内或房间里，或进入池塘、湖泊，就会导致体温过低。幼犬和老年犬更易

过热的危害

即便打开车窗，仅仅是微热的气温下车内也会很快变成"烤箱"。被遗留在车内的犬会有中暑的风险。

罹患此症。患低体温症的犬会出现颤抖、举止僵硬或昏睡的症状。这时需要用一条毯子将犬包裹，使其逐渐暖和起来，直到被送到宠物医院。宠物医生会直接通过静脉注射能让犬温暖起来的营养液来应对犬休克现象。

痉挛

痉挛是由于脑部的异常活动导致的。对幼犬来说，痉挛很可能是由于癫痫引起；对老年犬来说，导致痉挛的原因可能有很多种，其中之一是脑部肿瘤。如果犬发生痉挛，则需要记录发生痉挛的时间及其他相关细节，例如这时是否打开了电视、犬是否刚吃完东西或散步归来。痉挛通常发生在犬打盹的时候，症状可能会是颤抖和抽动，或者犬侧躺时腿不断地蹬，就像在奔跑。痉挛只会持续数秒至几分钟。犬在经历痉挛或刚从中恢复时可能会表现出攻击性。

犬在若干小时或几天之内会经历不止一次痉挛。更糟糕的情况下，犬可能会长时间内多次发生痉挛，在每次发生痉挛的间隙无法保持完全清醒。这种被称为癫痫持续状态的症状是一种紧急病症，需要宠物医生紧急介入。治疗癫痫有多种用药选择，需要对犬进行定期监测来保证用药处于控制痉挛的适宜剂量。

繁育

不要轻率地做出让犬生养下一代的决定。因为这不仅是一个耗费时间和金钱的过程，还可能会导致流浪犬的过度泛滥。

充分考虑

人们很容易被成群的可爱幼犬在家中嬉戏的幻想迷得神魂颠倒，但现实中喂养一群幼犬是件极其困难的事情。你需要做很多准备，将每件事都计划妥当并咨询值得信赖的喂养专家才行。如果你决定不让犬进行生养繁殖，最好为其做去势手术。

怀孕与产前护理

犬类的孕期为63天，但幼犬可能会提前或错后几天出生。让兽医提前知晓母犬的交配时间，兽医会在犬怀孕期间提供宝贵的意见，还会建议你采取一些措施来预防母犬感染寄生虫，这样就不会将此传给下一代。

在怀孕的初期没有必要增加犬的喂食量，但是从约六周开始，需要每周增加上一周喂食量的10%。这时犬的锻炼方式可能需要改变。最好进行距离更短、次数更多的散步，避免剧烈运动。

产崽

在犬生产之前就要准备好产崽的地方。选择位置十分重要，应将产仔地点选在家里，这样母犬在感到舒适的同时，幼犬们也会对家里的环境逐渐熟悉起来。此外需避免选在有通道的地方，这样在幼犬出生时就不会有太多人走过。选取的位置应温暖、干燥、安静和避风。给幼犬准备的纸箱可以从商店购买也可以自己制作。

产崽过程可能很艰难，但正常情况下都比较顺利。顺产的关键是做好准备，这样你就会清楚将要发生的事情以及出现意外时应如何应对。

虽然不同的母犬生产过程表现得差别很大，但还是有一些迹象可预示即将临产。产崽约24小时前，母犬会由于子宫准备生产造成的不适而变得焦躁不安。母犬还可能拒绝进食、喘粗气、抓挠纸箱，你可以给它找来纸张用于撕扯。在要产出第一只幼犬时，母犬看起来十分镇静，你能看到它腹部周围肌肉的收缩，这是在将第一只幼犬推出产道。等待每只幼犬被产出的时间可能差别很大。在此期间应鼓励已出生的幼犬学着吸奶，并督促母犬来照料它们。如果过了一段时间以后母犬放松下来并将注意力集中到幼犬时，生产过程就结束了。

产后护理

对生产过程的担忧已经过去了，现在你所有的注意力必须转移到确保母犬能获取其

自然生产

产下幼犬之后，母犬会撕掉幼犬身上羊膜囊上的黏膜，并用牙齿咬断脐带。你只有当它将脐带留得太长或咬断脐带出现困难时才能介入。

产区
花一些时间和精力以确保母犬在产区感到舒适，并让它习惯你的陪伴。将母犬喜欢的玩具或毯子放在产区的纸箱中，使产区更有吸引力。

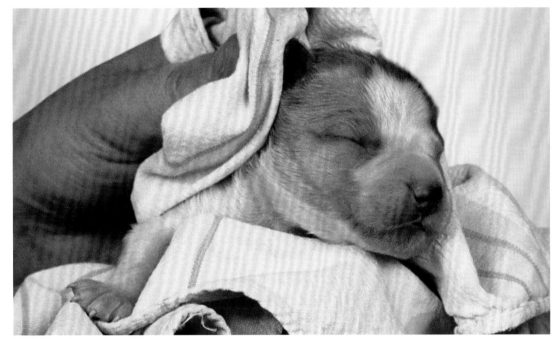

照料新生幼犬
花一点时间仔细检查每只幼犬，用干净的毛巾将它们擦干，然后立即放回母犬身边。

家庭训练
虽然总有破坏事故出现，但如果让幼犬习惯于用报纸来宣泄情绪的话，就能让新主人的训练变得简单。

所需的全部以及幼犬能够顺利地开始生活。

鉴于哺乳期对能量的需求巨大，这时母犬需要比生产前消耗多一倍的卡路里（热量），而且要少吃多餐。同时母犬还需要大量饮水。由于它可能不愿意离开幼仔，所以可以直接在幼犬的纸箱里喂它。此时无须任何形式的锻炼，每天只要带它出去短时间散步几次即可。

母犬的母性本能意味着在幼犬刚出生时你无须做任何事情。最好不要去打搅它们，除了逐个检查幼犬是否健康或给它们称重，以便幼犬能去吮吸母犬的初乳。最初的乳汁被称为初乳，能为幼犬提供重要的抗体，对其健康十分重要。在一两周之内你就需要为幼犬修剪趾甲，防止它们在吃奶时抓伤母犬。

幼犬护理

到幼犬几周大时，对它们的护理将变成一项全日制工作。这是幼犬一生中最重要的时间，需要为它们做很多事情。

幼犬很快会开始长牙，这时它们的饮食中就需要加入固体食物，还要为它们提供咀嚼玩具来帮助牙齿生长。添加固体食物要循序渐进，开始时要少量喂食，以让幼犬适应消化固体食物。确保购买专为幼犬设计的配方食品，这些食品热量高且营养均衡。

在哺乳期内教幼犬一些简单的规则会让幼犬变得自信、听话，从而减少产生行为问题的可能。在幼犬被送走之前就可训练，如训练它们只对报纸着迷而不撕咬家具。这会让新主人训练它们时更加顺畅。此外，每天在每只幼犬身上都多花一些时间有助于它们的训练，也有利于训练它们按照命令做一些基本动作，例如坐下。

训练中最关键的是要将幼犬置于能进行日常经验积累的环境中。让它们融入家庭活动十分重要，这有助于它们今后与各个年龄段的人进行沟通。多数幼犬最终都会进入家庭环境中生活，所以在最初几周的时间里，让它们熟悉伴随着家庭成员进进出出的情景和声音至关重要。在它们只有几周大的时候，只要有最基本的安全感，幼犬就会欣然接受新的生活环境。如果幼犬早期与饲养者之间建立起良好的关系，就会拥有一个充满自信的童年。

幼犬的新家

在花费了大量的时间来计划并养育幼犬之后，你会心系它们。下一个责任就是确保给它们找一个最好的家庭。

■ 与当地的纯种犬协会或养犬协会取得联系来发布广告，也可以在你常去的宠物医院发布广告。

■ 花一些时间与每只幼犬的新主人增进了解，来为幼犬规划未来的生活。

■ 鼓励新主人能常带幼犬回来看看，提供尽可能多的信息来让他们做好准备，包括总体注意事项、抚养须知以及护理与训练方面的信息。

专业词汇解释 按英文原版书顺序排列

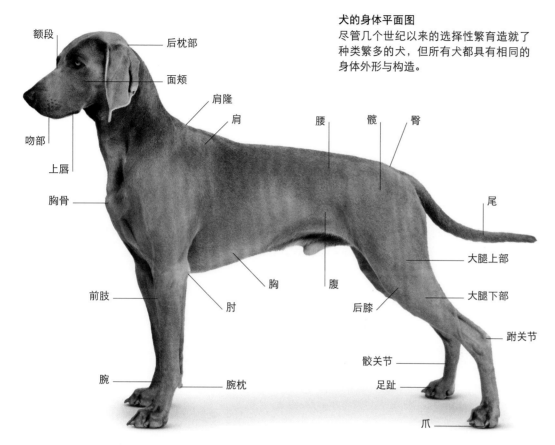

额段
后枕部
面颊
肩隆
肩
腰
髋
臀
吻部
上唇
胸骨
尾
前肢
胸
腹
大腿上部
肘
后膝
大腿下部
腕
腕枕
足趾
跗关节
骹关节
爪

犬的身体平面图
尽管几个世纪以来的选择性繁育造就了种类繁多的犬，但所有犬都具有相同的身体外形与构造。

ACHONDROPLASIA 软骨发育不全症 侏儒症的一种，影响四肢长骨发育，导致它们向外反弓。这是选择性繁育中出现的基因突变所导致的，如达克斯猎犬（腊肠犬）等短腿犬种。

ALMOND-SHAPED EYES 杏仁眼 眼角略呈扁平的杏仁状眼睛，常见于如库依克豪德杰犬和英国史宾格猎犬等犬种中。

BEARD 下须 出现在面部下方区域的毛发，有时粗硬而浓密，多见于刚毛（硬毛）犬种。

BELTON 贝尔顿色 白色和其他色（杂色）混合的被毛颜色，可能呈现斑点或对勾状外观。

BICOLOUR 双色 任何与白色斑纹结合的被毛颜色。

BLACK AND TAN 黑色和黄褐色 黑色和黄褐色间有清晰界限的被毛颜色。黑色通常见于躯干上，黄褐色见于身体下侧、吻部，有时在眼部上方表现为斑点。这种颜色分布也体现在赤褐色和黄褐色、蓝色和黄褐色被毛上。

BLANKET, BLANKET MARKINGS 披毯状被毛，披毯状斑纹 背部和身体侧面所覆盖的大面积颜色，常见于猎犬。

BLAZE 焰斑 从头部顶端向下延伸至吻部的宽宽的白色斑纹。

BRACHYCEPHALIC HEAD 短头型 由于吻部短小而表现为宽度几乎和长度相等的头型。斗牛犬和波士顿㹴是这种头型犬种的典型代表。

BRACKE 布若卡犬 指大陆猎犬，专用于追猎如兔子或狐狸等小型猎物。

BREECHES 马裤 腿股部生长的缘饰状长毛，称为马裤状被毛。

BREED 犬种 经过选择性繁育并具有相同的特有外观的家犬。符合由某个犬种俱乐部或国际犬类机构认可的犬种标准，如英国养犬协会（KC）、世界犬业联盟（FCI）或美国养犬协会（AKC）。

BREED STANDARD 犬种标准 有关一个犬种的详细描述，包括外观、认可的体色和斑纹、肩高和体重等。

BRINDLE 斑纹 深色被毛在浅色被毛如黄褐色、金色、灰色或棕色上形成的条纹所呈现的混合毛色。

BRISKET 胸骨 胸部骨骼。

BUTTON EARS "纽扣" 耳 半竖耳，耳朵的上半部分向眼部方向下折并盖住了内耳，常见于猎狐㹴。

CANDLEFLAME EARS "烛焰" 耳 像烛光火焰形状的狭长竖耳，常见于英国玩具㹴。

CAPE 披肩 覆盖肩部的厚毛。

CARNASSIAL TEETH 裂齿 颊齿（上颌第四颗前臼齿和下颌第一颗白齿），像一把剪刀，能切碎猎物的肉、皮和骨头。

CAT-LIKE FEET 猫足 足趾紧凑的圆形足。

CONFORMATION 标准设立 由个体发育特征和彼此关联而决定的犬种的外观一致性。

CROUP 臀部 尾根所在的后躯部位。

CROPPED EARS 剪耳 通过手术去除部分耳部软骨所形成的竖立尖耳，手术通常在幼犬 10—16 周时实施。包括英国在内的许多国家将此视为非法手术。

DANDER 皮屑 从身上脱落的死皮。

DAPPLE 花斑色 浅色被毛上由深色斑纹形成的斑点被毛。通常只用来描述短毛型犬种，长毛型犬种的此类被毛被描述为陨石色。

DEWCLAW 狼趾 足部内侧生长的非承重的足趾。有些犬种如挪威伦德猎犬有双狼趾。

DEWLAP 喉部垂肉 某些犬种颌部、喉部和颈部堆叠的松弛皮肤，如寻血猎犬。

DOCKED TAIL 剪尾 根据犬种品系标准将尾巴剪到特定长度。通常在幼犬出生后的几天内实施手术。剪尾手术在英国等部分欧洲国家被视为非法行为，但对像德国指示犬一类的工作犬的剪尾除外。

DOLICHOCEPHALIC HEAD 长头型 长而窄的头部形状，额段不明显，如苏俄猎狼犬的头型。

DOUBLE COAT 双层被毛 由厚实而保暖的内层被毛和防水的外层被毛组成的被毛类型。

DROP EARS 垂耳 从耳根处悬垂的耳朵，吊坠耳是垂耳的极端类型，更长更厚。

ERECT EARS 竖耳 直立或竖起的耳朵，耳端尖或圆。"烛焰"耳是竖耳的极端类型。

FEATHERS, FEATHERING 簇状绒毛，羽状毛 在耳际、腹部、四肢后侧和尾巴下侧常见的流苏状饰毛。

FLEWS 下垂的上唇 通常用来描述獒犬类肥硕而悬垂的上嘴唇。

FORELOCK 额毛 从双耳间垂至前额的簇状绒毛。

FURROW 皱纹沟 部分犬种从头顶到额段的皱纹浅沟槽。

GAIT 步态 行走时的姿态。

GRIFFON 格里芬被毛 指粗硬被毛（刚毛）。

GRIZZLE 斑白色 通常为黑色和白色的混合毛色，使被毛呈现蓝灰色或铁灰色的底纹，多见于㹴犬。

GROUP 犬组 犬组被英国养犬协会（KC）、世界犬业联盟（FCI）和美国养犬协会（AKC）按实用功能划分为不同组别，但名称、认可的犬种和每一犬组的犬种数量各不相同。

HACKNEY GAIT 哈克尼马步 具有此种行走步态的犬如迷你宾莎犬，行走时腿的下部抬得很高。

HARLEQUIN 哈利青 由白底色上不规则的黑色斑块组成的颜色图案，仅见于大丹犬。

HOCK 跗关节 犬类后肢上的关节，相当于人类的脚后跟，因犬靠足趾行走，因此该关节的位置较高。

ISABELLA 伊莎贝拉色 见于部分犬种的驼色、浅黄褐色被毛颜色，包括贝加马斯卡牧羊犬和杜宾犬。

MERLE 陨石色 由深色斑块或斑点形成的大理石纹被毛颜色，蓝陨石色（蓝灰色被毛上带有黑色）是最常见的陨石色。

MESATICEPHALIC HEAD 中等头型 底部和宽度长度适中的头型，这类头型的代表犬种有拉布拉多寻回犬和边境牧羊犬。

MEUTERING 去势 使犬类丧失生殖能力的手术。通常雄犬在 6 月龄阉割，雌犬在首次发情期后 3 个月内摘除卵巢。

OESTRUS 发情期 母犬交配期内的 3 周时间。原始犬种一年发情一次（与狼相同），其他犬种通常一年发情两次。

OTTER TAIL "水獭"尾 又粗又圆的厚毛尾巴，尾根处宽，尾端渐细，尾巴下侧毛分开。

PACK 群猎犬 通常指群体狩猎的嗅觉猎犬或视觉猎犬。

PASTERN 骹骨 腿的下端，前肢腕骨以下及后肢跗关节下端。

PENDANT EARS 吊坠耳 从耳根处悬垂的耳朵，是垂耳的极端类型。

PENDULOUS LIPS 下垂唇 松弛且悬垂的上唇或下唇。

ROSE EARS "玫瑰"耳 向后向外折的小型垂耳，部分耳道暴露，常见于惠比特犬。

RUFF 领毛 颈部周围长而厚的立毛，形成了衣领状。

SABLE 黑貂色 在浅色被毛上覆盖有黑毛尖色的被毛颜色。

SADDLE 鞍状背部被毛 在背部延伸的深色被毛区，呈马鞍状。

SCISSORS BITE 剪刀咬合 中等头型和长头型犬种的正常牙齿咬合状态，上门齿（前齿）略超过下门齿，但口腔闭合时上下门齿可紧密咬合。其他牙齿间无咬合缝隙，形成紧密的"剪刀"切割边缘。

SEMI-ERECT EARS 半竖耳 仅耳端向前倾斜的竖耳，如苏格兰牧羊犬。

SESAME 芝麻色 黑色和白色均匀混合的被毛颜色。黑芝麻色即黑色毛多于白色毛，红芝麻色是红色和黑色的混合毛色。

SICKLE TAIL "镰刀"尾 尾巴向背部上翘形成半圆形。

SPOON-LIKE FEET 汤匙形足 与猫足相似，但更接近于椭圆形，中间的脚趾长于外侧脚趾。

STOP 额段 位于吻部与头顶之间、两眼中间的凹陷处。长头型犬种几乎没有额段，如苏俄猎狼犬；而短头型和圆顶头型的犬种额段非常明显，如美国可卡犬和吉娃娃犬。

TEMPERAMENT 性情 犬的性格脾性。

TOPCOAT 外层被毛 顶层防护被毛。

TOPKNOT 顶髻 头顶上的簇状长毛。

TOPLINE 背线 从犬耳朵到尾部的身体上半部轮廓线。

TRICOLOUR 三色 有三种颜色的被毛，颜色之间界限清晰，通常为黑色、黄褐色和白色。

TUCKED UP 上提 指腹部向后腹方位收起，常见于灵提和惠比特犬等。

UNDERCOAT 内层被毛 底层被毛，通常短而厚，有时卷曲，是外层被毛和皮肤间的保暖层。

UNDERSHOT 下颌突出 下颌比上颌突出的面部特征，见于斗牛犬等犬种。

UNDERSHOT BITE 下颌突出式咬合 如斗牛犬类的短头型犬的标准咬合方式。因下颌长于上颌，因此下门齿位于上门齿前方。

WITHERS 肩隆 肩部最高点，颈部和背部的交接处。犬的肩高一般指从地面到肩隆的垂直高度。

索引

此索引列出的部分犬种是KC(英国养犬协会)、FCI(世界犬业联盟)和AKC(美国养犬协会)的认证品种。有些犬种同时获得KC、FCI和AKC的认可,但所使用的名称与本书不同,该名称也会在此索引中按音序出现。有些犬种已被FCI暂时接受,这些犬种在索引中标注FCI*。

其他没有标注组织名称英文缩写的犬种可能已获得一些国家和地区官方组织的认可,并在KC、FCI或AKC的认证审批过程中。

粗体数字表示主要条目所在页码。

C

D

Y

致谢

多林金德斯利（DK）感谢以下人员对本书的帮助：

Vanessa Hamilton, Namita, Dheeraj Arora, Pankaj Bhatia, Priyabrata Roy Chowdhury, Shipra Jain, Swati Katyal, Nidhi Mehra, Tanvi Nathyal, Gazal Roongta, Vidit Vashisht, Neha Wahi for design assistance; Anna Fischel, Sreshtha Bhattacharya, Vibha Malhotra for editorial assistance; Caroline Hunt for proofreading; Margaret McCormack for the index; Richard Smith (Antiquarian Books, Maps and Prints) www.richardsmithrarebooks.com, for providing images of "Les Chiens Le Gibier et Ses Ennemis", published by the directors of La Manufacture FranÁaise d'Armes et Cycles, Saint-Etienne, in May 1907; C.K. Bryan for scanning imagcs from Lydekker, R. (Ed.) The Royal Natural History vol 1 (1893) London: Frederick Warne.

本书出版商感谢以下狗主人允许我们拍摄他们的狗：

Breed name: owner's name/dog's registered name "dog's pet name"

Chow Chow: Gerry Stevens/Maychow Red Emperor at Shifanu "Aslan"; English Pointers: Wendy Gordon/Hawkfield Sunkissed Sea "Kelt" (orange and white) and Wozopeg Sesame Imphun "Woody" (liver and white); Grand Bleu de Gascognes: Mr and Mrs Parker "Alfie" and "Ruby"; Irish Setters: Sandy Waterton/Lynwood Kissed by an Angel at Sandstream "Blanche" and Lynwood Strands of Silk at Sandstream "Bronte"; Irish Wolfhound: Carole Goodson/CH Moralach The Gambling Man JW "Cookson"; Pug: Sue Garrand from Lujay/Aspie Zeus "Merlin"; Puggles: Sharyn Prince/"Mario" and "Peach"; Tibetan Mastiffs: J.Springham and L.Hughes from Icebreaker Tibetan Mastiffs/Bheara Chu Tsen "George" and Seng Khri Gunn "Gunn". Tibetan Mastiff puppies: Shirley Cawthorne from Bheara Tibetan Mastiffs.